Hoimar v. Ditfurth (Hrsg.)

Evolution II

Ein Querschnitt der Forschung

Mit 37 mehrfarbigen
und 90 einfarbigen Abbildungen

Hoffmann und Campe

Titelbild: Schematische Darstellung der Entstehung einer Mutation im Verlaufe der Reduplikation eines DNS-Moleküls. Oben der noch ungeteilte DNS-Strang, bestehend aus der Doppelkette der beiden komplementären Nukleotidpaare Guanin und Cytosin bzw. Thymin und Adenin, deren Reihenfolge die genetische Information darstellt. Unten rechts und links die beiden Hälften des Ausgangsstrangs, aus denen durch die Anlagerung der jeweils komplementären Nukleotide zwei neue mit ihm identische DNS-Stränge entstehen. Die alte Hälfte des rechten neuen DNS-Moleküls enthält ein prämutativ verändertes Cytosin* (»Text«). Dieses hat wegen seiner veränderten Bindungsfähigkeit ein Adenin anstatt, wie normal, ein Guanin angelagert. Dieses verbindet sich bei der nächsten Teilung dann mit einem zugehörigen Thymin, womit eine fertige Mutation entstanden ist, da dann an dieser Stelle des »Textes« statt des bisherigen Cytosin-Guanin-Paares ein Adenin- Thymin -Paar steht. (s. Beitrag KAPLAN, S. 13f.)

CIP-Kurztitelaufnahme der Deutschen Bibliothek

Evolution: e. Querschnitt d. Forschung / Hoimar v. Ditfurth (Hrsg.). – Hamburg: Hoffmann und Campe.

NE: Ditfurth, Hoimar von [Hrsg.]

2.–1.–15. Tsd. – 1978.
ISBN 3-455-08922-4

1. bis 15. Tausend 1978

Zeichnungen Hermann Kacher und Erwin Poell
Gesetzt aus der Cicero Walbaum
Satz Ehapa Verlag GmbH, Stuttgart
Druck- und Bindearbeiten Richterdruck, Würzburg
ISBN 3-455-08922-4 · Printed in Germany

Inhalt

Vorbemerkung

Die Bände dieser Reihe verdanken ihre Entstehung dem Entgegenkommen des Pharmaunternehmens Boehringer Mannheim GmbH und dem Einverständnis der Autoren.

Alle hier veröffentlichten Aufsätze sind ursprünglich für die Zeitschrift »n + m« (Naturwissenschaft und Medizin) geschrieben worden, die in den Jahren zwischen 1964 und 1971 von dem genannten Haus für Ärzte herausgegeben wurde. Die Zielsetzung bestand darin, dem von beruflicher Pflichtlektüre überlasteten Arzt Informationen über bedeutsame und interessante Fortschritte und Entwicklungen in naturwissenschaftlichen Disziplinen außerhalb seines eigenen Fachbereichs zu geben. Alle Beiträge stammten »aus erster Hand«: aus der Feder namhafter Wissenschaftler des In- und Auslands, die in enger Zusammenarbeit mit der Redaktion in einer für den Außenstehenden verständlichen Form aus ihren Arbeitsgebieten berichteten.

Im Verlaufe dieses – im deutschen Sprachraum einmaligen – Projekts kam es so zu einer repräsentativen Selbstdarstellung der modernen Naturwissenschaft und zu Beiträgen, von denen viele unter Kennern heute als »klassisch« gelten. Auf die Bitte von Herausgeber und Verlag haben sich das genannte Unternehmen und die Autoren damit einverstanden erklärt, daß in der vorliegenden Buchreihe eine nach Themengruppen geordnete Auswahl der Beiträge aus »n + m« jetzt auch einer breiteren Öffentlichkeit zugänglich gemacht wird.

Einführung

Der vorliegende Band setzt die Sammlung von Beiträgen zum Thema »Evolution« fort, zu dem in der gleichen Reihe 1975 eine erste Auswahl erschien. Er ist in sich selbständig und so zusammengestellt, daß alle entscheidenden Aspekte und Probleme der biologischen Entwicklungslehre behandelt werden.

Ausgangsmaterial allen evolutionären Wandels sind, wie CHARLES DARWIN als erster erkannte, individuelle, vor allem durch Mutationen bewirkte genetische Variationen. Darüber und insbesondere über die sich aus dem Zufallscharakter aller Mutationen ergebenden Fragen berichtet REINHARD W. KAPLAN, bis zu seiner Emeritierung 1977 Direktor des Instituts für Mikrobiologie an der Universität Frankfurt/M. und namhafter Mutationsgenetiker, in seinem einleitenden Beitrag »Die Mutation als Motor der Evolution«. Speziell den sich aus dem »ziellosen«, ungerichteten Charakter allen evolutiven Fortschritts ergebenden Fragen ist der anschließende Beitrag »Das Problem der stammesgeschichtlichen Sackgassen« von WOLFGANG WICKLER gewidmet. Der Autor ist Schüler und Nachfolger von KONRAD LORENZ als Direktor des bekannten Seewiesener Max-Planck-Instituts für Verhaltensphysiologie.

Anpassungs- und damit Artenvielfalt werden in der Evolutionsforschung als Folgen einer differenzierten Umweltstruktur mit dem Angebot einer entsprechenden Vielfalt unterschiedlicher »ökologischer Nischen« erklärt, an die eine spezialisierte Anpassung möglich ist. Widerspricht dieser darwinistischen These nicht die Existenz einer relativ großen Artenfülle bei den frei im Wasser schwebenden, planktonischen Mikroorganismen, deren Umwelt strukturlos zu sein scheint? Diesem »Plankton-Paradoxon« geht JÜRGEN JACOBS nach, Direktor am Zoologischen Institut der Universität München.

ADOLF PORTMANN, Basel, als Zoologe, Entwicklungsforscher und Naturphilosoph weit über die Fachgrenzen hinaus bekannt, weist in seinem Beitrag »Erhaltung und Erscheinung als Aufgabe des Lebendigen« auf die Möglichkeit von außerhalb des darwinistischen Erklärungsmodells gelegenen Entwicklungsfaktoren hin.

Die anschließenden vier Aufsätze schildern ausgewählte Fälle differenzierter Anpassungen und geben gleichzeitig einen anschaulichen Einblick in die Arbeitsweise der Verhaltensforschung. Eberhard Curio (»Wie Insekten ihre Feinde abwehren«) ist Leiter einer Arbeitsgruppe für Verhaltensforschung an der Ruhruniversität Bochum. Irenäus Eibl-Eibesfeldt (»Formen der Symbiose«), Verfasser zahlreicher bekannter Sachbücher über Meeresforschung und vergleichende Völkerkunde, leitet im Rahmen der Max-Planck-Gesellschaft eine Forschungsabteilung für Humanethologie in Starnberg. Jürgen Nicolai (»Der Brutparasitismus der Witwenvögel«), wie Eibl-Eibesfeldt Schüler von Konrad Lorenz, ist Direktor des Instituts für Vogelforschung in Wilhelmshaven.

Konrad Lorenz, Nobelpreisträger und Mitbegründer der Verhaltensforschung, bedarf keiner eigenen Vorstellung. Sein Beitrag über »Die ›Erfindung‹ von Flugmaschinen in der Evolution der Wirbeltiere« ist in der für den Autor charakteristischen Verbindung von souveränem Überblick und anschaulicher Erzählkunst zweifellos einer der Glanzpunkte dieses Bandes. »Die Geschichte der Pflanzen« ist der Bericht über ein Thema, mit dem im Unterschied zur Entwicklung im Tierreich nur relativ wenige Laien eine konkrete Vorstellung verbinden: den Ablauf der Evolution im Pflanzenreich. Der Autor, Karl Mägdefrau, war bis zu seiner 1972 erfolgten Emeritierung Direktor des Instituts für Spezielle Botanik an der Universität Tübingen.

Die beiden folgenden Beiträge handeln von der Rekonstruktion bestimmter und aus verschiedenen Gründen besonders interessanter Entwicklungslinien. Erich Thenius, Direktor des Paläontologischen Instituts der Universität Wien, beschreibt in seinem Aufsatz »Die Herkunft der Säugetiere« den entscheidenden evolutiven Übergang von den Reptilien zu jener neuartigen Klasse von Lebewesen, die am Anfang unserer eigenen vormenschlichen Ahnenreihe stehen. »Die Evolution des Pferdes« stellt so etwas wie das »Paradepferd« der Entwicklungsforschung dar: In diesem Falle ist es gelungen, die angesichts der unermeßlichen Zeiträume unvermeidlichen Lücken der fossilen Funde so weit auszufüllen, daß die Entstehungsgeschichte des heutigen Pferdes als aufgeklärt gelten kann. Wesentlich mitbeteiligt an diesem Erfolg war der Autor, George G. Simpson, früher Paläontologe an der Harvard-Universität, seit einigen Jahren Präsident der Simroe Foundation in Tucson, Arizona.

Den Abschluß bilden zwei Beiträge, deren Themen das (bisherige) Ende der Evolution auf unserem Planeten anvisieren. Bernhard Rensch, bis zu seiner 1968 erfolgten Emeritierung Direktor des Zoologischen Instituts der Universität Münster i. W., nicht nur als Zoologe und Entwicklungsforscher, sondern auch als Autor naturphilosophischer Überlegungen bekannt geworden, schildert in seinem Aufsatz »Über ästhetische Faktoren im Erleben höherer Tiere« ein Beispiel für den stufenlosen evolutionären Zusammenhang auch im Bereich psychischer Funktionen. Der 1973 verstorbene namhafte Paläoanthropologe Gerhard Heberer schließlich hat in seinem Aufsatz »Von der Abstammung des Menschen« das zusammengestellt, was über den Ablauf und die Bedingungen der entwicklungsgeschichtlichen Entstehung unseres eigenen Geschlechts bekannt ist.

Hoimar v. Ditfurth

Reinhard W. Kaplan

Die Mutation als Motor der Evolution

Vor wenigen Jahrzehnten erst hat der Mensch begonnen, die »Umwelt« der Bakterien durch Antibiotika zu manipulieren. Und heute schon gibt es Bakterienstämme, die sich dieser Veränderung in Gestalt des Phänomens der »Resistenz« angepaßt haben. Hier spielt sich vor den Augen des Bakteriologen der für die Evolution grundlegende Vorgang ab: Die Entstehung zweckmäßiger Anpassungen als Folge zufälliger Mutationen.

Leben ist vor allem Entwicklung, Anpassung, Ausprobieren immer neuer Möglichkeiten. Zum Wesen des Lebenden gehören sicher auch die Potenzen und Aktivitäten der Selbsterhaltung des stofflichen Gebildes »Organismus«, wie Ernährung, Stoffwechsel, Schutzreaktionen, und weiterhin die Möglichkeit zur identischen Reproduktion, d. h. zur Vermehrung unter Vererbung der Eigenarten der Eltern auf die Nachkommen. Jedoch sind diese Aktivitäten nur Voraussetzungen, gewissermaßen »Mittel» für den erstgenannten, den höchsten feststellbaren »Lebenszweck«, den Wandel.

Wir kennen bei den Lebewesen zwei Arten von Entwicklungsvorgängen. Die erste ist die Entwicklung des Einzelwesens während seiner Lebenszeit, die *Ontogenie.* Ihre individuelle Vielfalt nimmt mit der Organisationshöhe und damit der Komplikation des Organismentyps zu. Bei den Einzellern ist sie oft nur Wachstum und Teilung, bei niederen Tieren und Pflanzen ist sie fast nur eine starre Wiederholung der immer gleichen Folge von Entwicklungsstadien. Erst bei den höheren Tieren und am stärksten beim Menschen wird sie als Folge der neu hinzukommenden Fähigkeiten des Erfindens, Erfahrens und Lernens zur individuellen, einmaligen Geschichte.

Die zweite Art von Entwicklung betrifft alle Organismen als Gesamtheit und umfaßt viele, ja alle Generationen. Es ist die stammesgeschichtliche Evolution, die *Phylogenie.* Sie begann vor etwa vier Jahrmilliarden mit dem Entstehen erster, primitiver Urformen von Lebewesen und ließ aus diesen in einer grandiosen schöpferischen Geschichte die große, verzweigte Vielfalt des heutigen Lebensreiches entstehen. Als ein letzter Ast dieses Lebensbaumes entstanden vor etwa zwei Jahrmillionen die ersten menschenhaften Wesen und aus ihnen vor etwa 100 000 Jahren die heutige Form des Menschen, der »Homo sapiens«. Im folgenden wollen wir die wichtigsten Ursachen dieser schöpferischen Evolution behandeln, insbesondere ihren »Motor«, die Mutationen.

Die Phylogenie ist ein sehr langsamer Vorgang. Erkennbar wird sie erst bei der Untersuchung vieler Generationsfolgen. Aus diesem Grunde und auch deshalb, weil sie zum größten Teil vergangene Geschichte ist, können wir sie in der Regel nur indirekt erschließen. Dies geschieht vor allem durch die Untersuchung von Fossilien, durch die Analyse der Merkmalsordnung mit Hilfe der geographischen Verteilung und schließlich der genetisch meßbaren Verwandtschaft verschiedener Organismentypen. Direkt analysieren kann der Forscher phylogenetische Vorgänge nur bei Lebewesen, die sich relativ zu seiner eigenen Lebensdauer außerordentlich schnell vermehren. Das gilt vor allem für Mikroben. Viele Bakterien haben z. B. Generationsdauern von nur einer halben Stunde. Bei ihnen kann man daher die grundlegenden Prozesse der Evolution, wie z.B. die Neubildung von Typen bei Umweltänderungen, aber auch in konstantem Milieu, und die dadurch zustande kommende Anpassung und Aufgliederung im Laboratorium analysieren.

Die durch die Evolution entstandenen Organismenarten, Gattungen, Familien usw. unterscheiden sich voneinander – und von ihren eigenen Vorfahren – durch erbliche Merkmale, d. h. durch morphologische und physiologische Besonderheiten, die durch die Generationen hindurch erhalten bleiben, und zwar auch dann, wenn die verglichenen Typen in der gleichen Umwelt leben. Diese Erbdifferenzen sind durch Unterschiede in den Erbstrukturen der Zellen bedingt. Voraussetzung der Evolution ist also ein erblicher Wandel und damit eine Änderung dieser zellulären Erbstrukturen. Eine der wichtigsten Aufgaben der phylogenetischen Kausalforschung ist es daher, die Ursachen dieser Erbänderungen zu klären, die der Evolution zugrunde liegen.

Das erste Problem, auf das man bei diesem Ausgangspunkt sogleich stößt, ist das der *Zweckmäßigkeit.* Alle Lebewesen sind ja zweckmäßig gebaut. Die Evolution muß daher das Entstehen dieser Zweckmäßigkeit einschließen. So ging die Diskussion zunächst um die Ursachen der Zweckmäßigkeitshäufung im Organismenreich. Dabei trat oft in den Hintergrund, daß die Evolution nicht nur in »Richtung« auf Zweckmäßigkeit verläuft, sondern daß sie gleichzeitig auch zu anwachsender Typen*vielfalt* sowie zunehmender Komplikation und *Differenzierung* der Organe und Prozesse innerhalb der lebendigen Gebilde führt. Sie ist also auch auf eine zunehmende Verzweigung des Stammbaumes und auf Zunahme der Organisationshöhe gerichtet.

Ein früher Versuch, die Häufung von Zweckmäßigkeit in der Evolution zu erklären, wurde vor etwa 170 Jahren von LAMARCK unternommen. Er ging von der alltäglichen Erfahrung aus, daß Organismen sich ihrer Umwelt durch Zweckreaktionen anpassen, daß sie z. B. zum Schutz gegen die Sonnenstrahlung Pigment in der Haut ablagern, ihre Muskeln durch Gebrauch verstärken oder ihr Gedächtnis durch Übung verbessern. Sehr viele Änderungen an Organismen sind in der Tat die Folge solcher höchst zweckvoller Reaktionen. LAMARCK nahm nun an, daß diese Reaktionsfolgen erblich werden könnten, daß z. B. also die Bräunung der Haut durch die Sonne im Verlaufe vieler Generationen zu einer Änderung der erblichen Veranlagung führen könne, welche eine stärkere Pigmentierung hervorriefe. Die meisten Erbänderungen entständen nach diesem Modell durch solche Zweckreaktionen und müßten daher auch selbst zweckmäßig sein, wodurch sich die Ansammlung von Zweckmäßigkeit bei den Organismen von selbst erkläre.

So einleuchtend diese Hypothese zunächst auch erscheinen mag, so wenig hat sie der logischen und experimentellen Analyse standgehalten. Selbst wenn es ein Erblichwerden von Zweckreaktionen, eine »Vererbung erworbener Eigenschaften« gäbe, würde LAMARCKS Vorschlag noch immer keine wirkliche Erklärung für die Häufung von Zweckmäßigkeit im Laufe der Evolution darstellen. Denn sie verschiebt das Problem nur, indem sie die Frage völlig offenhält, wodurch die Organismen es eigentlich fertigbringen, auf Umwelteinflüsse zweckmäßig zu reagieren. Aber abgesehen davon hat die Forschung ohnehin längst auch experimentell bewiesen, daß Zweckreaktionen der beschriebenen Art an den Erbstrukturen keine entsprechenden Veränderungen bewirken und daß aus anderen Gründen auftretende Erbänderungen keineswegs vorwiegend zweckmäßige Folgen haben. Die Fähigkeit zu solchen Zweckreaktionen ist zwar erblich. Weiße Menschen z. B. bräunen in der Sonne und bleiben im Schatten blaß, während Neger sich von den Weißen durch starke Pigmentbildung in Sonne wie Schatten erblich unterscheiden. Jedoch entsteht keine entsprechende Erbdifferenzierung zwischen gebräunten und blaß gebliebenen Weißen. Die Entstehung der zwischen Negern und Weißen bestehenden Erbdifferenzen wird vom *Lamarckismus* nicht erklärt. Dieser ist allein aus logischen Gründen eine ungenügende und heute auch schon experimentell überholte Hypothese.

Vor etwa 120 Jahren begründete dann CHARLES DARWIN seine Theorie der Evolution, die erstmals wirklich eine Erklärung bot und deren Grundlagen seither durch eine Fülle von Beobachtungen und Experimenten bestätigt worden sind. Es ist die Theorie einer natürlichen Selektion von Erbvarianten. Sie stellt fest, daß die Zweckmäßigkeitshäufung im Verlaufe der Evolution jeweils in zwei aufeinanderfolgenden Schritten entsteht: Zunächst entstehen innerhalb einer Individuenmenge einer Organismenart, einer »Population«, Erbvarianten verschiedenster Art und Richtung. Da das ganz blind und zufällig geschieht, sind die daraus resultierenden Varianten fast sämtlich ungünstig. Als Folge der gleichen Zufälligkeit können dabei aber auch einmal einige wenige Varianten entstehen, die sich im vorliegenden Milieu besser vermehren als alle übrigen Individuen der Population. In diesem Falle wird ihr Anteil schnell oder langsam, je nach den Unterschieden der Vermehrungsgeschwindigkeiten, von Generation zu Generation zunehmen, bis sie die anderen Typen schließlich ganz verdrängt und ersetzt haben: Auf diese Weise ist dann eine neue, besser angepaßte Rasse entstanden.

Diese Aufeinanderfolge von ungerichteter Erbvariation mit anschließender Auswahl der passenden Varianten durch die Faktoren der Umwelt sorgt bei genügend langer Dauer automatisch für eine Ansammlung von solchen Eigenschaften bei den Organismen, die zum Leben und zur Vermehrung nötig und günstig sind. Sie erklärt darüber hinaus auch die anderen Tendenzen der Evolution, nämlich die zunehmende Typenvielfalt und die zunehmende Kompliziertheit der Typen. Denn durch die ungerichtete Variation und die zweckgerichtete Selektion kommen zu den alten Organismentypen im Verlaufe der Generationen ständig auch neue Typen hinzu und ebenso zu den schon vorhandenen Organen und Funktionen ebenfalls neue, soweit sie sich als vorteilhaft oder zumindest nicht ungünstig erweisen.

Während die Natur und die Ursachen einer *Erbvariation* zu DARWINS Zeit noch ganz dunkel waren, ist dieser Prozeß heute schon weit aufgeklärt. Es sind zwei Prozesse, die zu Erbänderungen führen: 1. die *Mutation,* bestehend in der strukturellen Abänderung einzelner »Erbanlagen« (Gene) oder der Anordnung von Gengruppen in den Chromosomen, 2. die *sexuellen Vorgänge* – Copulation (Verschmelzung der Keimzellen zweier Individuen) und Reduktionsteilung –, deren wichtigster Effekt in der Umkombination von mutierten Genen oder Gengruppen bei den Nachkommen besteht. Die Rolle der Sexualität für die Evolution setzt also Mutationen bereits voraus, vermehrt aber die Mannigfaltigkeit der Erbvarianten durch neue Zusammenstellungen mutierter Gene. Sie beschleunigt die Evolution, indem sie dem Milieu ein größeres Sortiment an Varianten zur Wahl anbietet. Daher haben die sich sexuell fortpflanzenden Tiere und höheren Pflanzen höhere Organisationsniveaus erreicht als die meist asexuell sich vermehrenden Mikroorganismen.

Die zufälligen, ungerichteten Mutationen sind also die primären Ursachen für die Bildung neuer Organe oder Fähigkeiten und damit neuer Organismentypen; die Mutation ist der Prozeß, der die Evolution dauernd vorantreibt zur Schöpfung immer neuer Möglichkeiten, *sie ist ihr Motor.* Die Selektion ist demgegenüber die *ordnende Instanz*, die das Ansammeln der vereinzelten zweckmäßigen unter den neu entstandenen Varianten besorgt. Und die Vererbung schließlich bewahrt das neu Erworbene in der Generationsfolge. Welche Varianten angesammelt werden und wie schnell dies geschieht, hängt von den Faktoren der Umwelt ab. Gerät eine Organismenpopulation in ein lebensfeindliches Milieu, so werden – wenn überhaupt – nur wenige Varianten überleben und sich weiter fortpflanzen. Diese würden dann zum Ausgangspunkt einer neuen, gegen die ungünstigen Faktoren erblich resistenten Population werden. Die Varianten und Variantentypen, die nach einer solchen Umweltveränderung noch zur Vermehrung fähig sind, sind um so zahlreicher, je weniger das ungünstige neue Milieu vom bisherigen abweicht, denn um so geringer braucht ja die für die Resistenz nötige mutative Umstellung zu sein und um so mehr Möglichkeiten gibt es, sie durch »blinde«, zufällige Mutationen zu erreichen. Diesen aus DARWINS Lehre abzuleitenden Zusammenhang zwischen der Zahl der überlebensfähigen Mutanten und dem Grad der Ungunst des Milieus kann man in einem Experiment mit Bakterien, nämlich mit der sogenannten Gradientenplatte nach SZYBALSKI und BRYSON, anschaulich machen. In einem Agrarnährboden läßt sich leicht ein etwa linearer Abfall der Konzentration eines Stoffes, z. B. eines Giftes, herstellen, wenn man den gifthaltigen, noch flüssigen Agrarboden in eine etwas schräg gestellte Petrischale gießt, so daß er in einer flach keilförmigen Schicht erstarrt. Dann gießt man über diese Schrägschicht die gleiche Menge giftfreien Agrarboden, nun aber bei horizontaler Stellung der Schale, und läßt auch ihn erstarren. Es entsteht dann eine Kulturschale mit gleichdicker Gesamtschicht des Nährbodens, die nach kurzer Diffusionszeit einen Konzentrationsabfall (Gradienten) des Giftes enthält. Breiten wir nun einen Tropfen einer Bakterienkultur mit z. B. 10 Millionen (10^7) Zellen darauf aus und lassen die Zellen 1 bis 2 Tage wachsen, so finden wir nur einen Teil des Agrarbodens zusammenhängend bewachsen, und zwar den Bereich, in dem die Giftkonzentration so gering ist, daß noch alle aufgesäten Zellen sich vermehren können. Mit steigender Konzentration wird dieser »Rasen« der normalen Zellen immer dünner, bis er schließlich ganz verschwindet. Auch dort finden sich nun aber noch größere Einzelkolonien: sie sind aus Mutantenzellen mit Giftresistenz gewachsen. Auch ihre Zahl nimmt mit Anstieg der Konzentration ab, bis schließlich nur noch wenige übrigbleiben oder auch gar nichts mehr wächst (Abb. 1). Daß diese Kolonien aus erblich giftresistenten Zellen bestehen, also Mutanten sind, läßt sich leicht nachweisen: Wenn man aus diesen Kolonien Zellen auf einen gifthaltigen Nährboden überimpft, so wachsen sie dort im Gegensatz zur Ausgangskultur praktisch ungehemmt. Werden solche Nachkulturen von Mutantenkolonien auf Gradientenplatten angelegt, so kann man die noch vertragene Giftkonzentration an der Lage der Rasengrenze ablesen. Man findet dann, daß der Resistenzgrad – wie auch andere Eigenschaften, z.B. die Farbstoffbildung – bei den Zellen aus niederen Giftkonzentrationen von Kolonie zu Kolonie variiert, während die aus hohen Konzentrationen stammenden Kolonien meist nur noch einen einzigen Typ repräsentieren. Das Ergebnis entspricht also der theoretischen Erwartung und bildet so ein gewichtiges Argument für die DARWINsche Lehre.

Die Zahl von Resistenzmutanten hängt aber natürlich nicht nur von der Konzentration, sondern auch von der Art des Giftes ab, und außerdem auch von der Mutationsrate und der Größe der Population, die der Selektion durch das Gift ausgesetzt wird. Je kleiner die Individuenzahl einer Population ist, desto weniger Mutanten enthält sie zwangsläufig, und damit ist natürlich auch die Aussicht um so geringer, daß sich unter ihnen zufällig auch Varianten befinden, die gegen das verwendete Gift resistent sind, und um so geringer wird deshalb auch die Anpassungspotenz der betreffenden Population.

Die Häufigkeit eines bestimmten, z. B. resistenten Mutantentyps in einer Population steigt andererseits mit seiner Mutationsrate, d. h. mit der statistischen Wahrscheinlichkeit, mit der eine Zelle pro Generation in der entsprechenden Weise zu mutieren vermag. Die Mutationsraten sind gewöhnlich sehr klein. Sie betragen z. B. für eine hohe Resistenz gegen Streptomycin bei mehreren Bakterienarten etwa 10^9. Das heißt, daß unter 1 Milliarde Zellen pro Generation durchschnittlich nur eine Mutation zu dieser Eigenschaft zu erwarten ist. Für niedere Resistenzgrade ist die Rate höher, z. T. deshalb, weil dann verschiedene Gene diese Merkmalsänderung durch Mutation ergeben können und sich deren Einzelraten summieren. Die (spontanen) Mutationsraten für die meisten Gene liegen etwa bei 10^{-6} bis 10^{-8}. Es leuchtet ein, daß sich Mutationen von geringer Rate, also großer Seltenheit der Entstehung, in kleinen Populationen kaum ereignen werden und somit als Grundlage für eine selektive Anpassung ausfallen. Eine auf sie angewiesene zu kleine Population müßte daher aussterben, während eine größere Population solche Mutanten enthalten könnte und dann in diesen überleben würde. Die »kritische« Populationsgröße, unterhalb derer ein bestimmter Mutantentyp praktisch nicht mehr vorkommt, ist etwa der reziproke Wert der Mutationsrate. Bei »überkritischer« Individuenzahl sind dann diese Mutanten gewöhnlich in wenigstens einigen Exemplaren vorhanden und stehen der anpassenden Selektion zur Verfügung. Die praktischen Auswirkungen, die sich aus diesen Zusammenhängen ergeben, lassen sich wiederum in Experimenten mit Bakterien (oder auch Viren) leicht demonstrieren.

Bei den höheren Organismen müssen bei solchen Überlegungen noch die sexuelle Vermehrung und die Diploidie[1] berücksichtigt werden. Bei ihnen wirken sich nämlich die meisten Mutationen deshalb auf die entsprechenden Merkmale zunächst gar nicht aus, weil ihre Wirkung von der des nichtmutierten zweiten Gens (auf dem homologen zweiten Chromosom) überdeckt wird und daher »rezessiv« bleibt. Daher zeigen die aus einer mutierten und einer unmutierten Keimzelle entstandenen diploiden Individuen das neue Merkmal in der Regel nicht. Diese erscheint erst dann, wenn die mutierten Gene durch Vermehrung auf viele Nachkommen ausgebreitet worden sind (ohne daß dabei die Selektion mitwirken konnte), und wenn durch deren Kreuzung Individuen entstanden sind, die das mutierte Gen vom Vater und von der Mutter erhalten haben. Erst an solchen *Homozygoten* werden die selektierenden Umweltfaktoren wirksam. In der Zwischenzeit können weitere Mutationen erfolgt sein, sich ausgebreitet haben und mit den vorherigen kombiniert worden sein. Diploide Populationen »speichern« also verschiedene rezessive Mutationen im heterozygoten Zustand. Von diesen Mutationen wird immer nur ein Teil homozygot und dann gewöhnlich in vielen Kombinationen der Selektion dargeboten. Selektiv sich anreichernde Erbtypen sind hier also meist nicht nur einmal mutiert, sondern enthalten mehrere Mutationen, wobei die Möglichkeit entsteht, daß diese sich gegenseitig so beeinflussen, daß einzeln ungünstig wirkende Varianten in Verbindung mit anderen vorteilhaft werden. Die Möglichkeiten einer solchen Mutationsspeicherung und einer ständigen Umkombination der aufgetretenen Genvarianten bilden den Hauptvorteil, den die höheren Lebewesen als »sexuelle Diplonten« gegenüber den »asexuellen Haplonten«, also z. B. den Mikroorganismen besitzen.

Bei den haploiden Mikroben wirkt sich jede Mutation sofort in einer Änderung des Phänotyps aus, der Selektion werden daher fast nur Einfachmutanten dargeboten. Denn die Chance, daß in einer Zelle gleichzeitig zwei günstige Mutationen erfolgen, ist so klein, daß dafür praktisch jede Mikrobenpopulation »unterkritisch« ist. Sie ist nämlich das Produkt beider Mutationsraten, also von der Größenordnung 10^{-8} mal $10^{-8} = 10^{-16}$. Damit eine Einzelmutation mit hoher Wahrscheinlichkeit bei wenigstens einer oder wenigen Zellen einer Population wirklich vorkommt, muß die Individuenzahl mindestens die kritische Größe von 10^{8} erreichen. Das wäre eine Bakterienmasse mit einem Volumen von knapp 1 mm^3 und einem Gewicht von etwa 1 mg. Die meisten auf Agrarboden aus 1 Zelle wachsenden Kolonien von ca.

1 Diploidie = doppelter Chromosomensatz, z.B. der eine von der Mutter, der andere vom Vater stammend; Haploidie = nur 1 Chromosomensatz.

1 mm Durchmesser haben etwa diese Größe. Sie enthalten also schon die meisten möglichen Mutantensorten in jeweils mindestens einem Zellexemplar und besitzen daher die gesamte durch einzelne Mutationsschritte erreichbare Anpassungspotenz. Da ein Bakterium etwa 10^4 Gene enthält, liegt die Zahl möglicher Mutantentypen in dieser Größenordnung. Bakterielle Doppelmutanten, z. B. mit einer Resistenz gegen zwei unabhängig voneinander wirkende Gifte zugleich, würden demgegenüber eine kritische Populationsgröße von ca. 10^{16} erfordern. Das aber wäre eine Bakterienmasse von 10 bis 100 kg, je nach Bakteriengröße! So große Populationen kommen in der Natur nur selten vor, bei der Infektion eines Patienten nie. Diese Feststellung hat praktische Konsequenzen für die Chemotherapie. Nach der Anwendung eines Chemotherapeutikums, vor allem bei geringer Dosierung, können in der Erregerpopulation im Patienten leicht resistente Mutanten am Leben bleiben. Durch ihre Vermehrung kommt es dann nach anfänglichem Erfolg der Therapie zum Rückfall, der wegen der entstandenen Resistenten durch das Medikament nicht mehr heilbar ist. Das kann vermieden werden, wenn anfangs gleich zwei Medikamente gegeben werden, gegen die eine gleichzeitige Resistenz der Erreger nur durch Doppelmutation entstehen könnte. Wegen der geringen Chance ist diese praktisch ausgeschlossen.
Das bekannte, heute immer häufiger vorkommende Versagen des Penicillin und anderer Chemotherapeutika als Folge einer Resistenz der Erregerbakterien beruht auf der Herauszüchtung resistenter Mutanten durch eine zu geringe Dosierung dieser Medikamente in der Vergangenheit. Ein Rückfall wird dann oft durch eine höhere Dosis des gleichen Mittels bekämpft, die jedoch wieder Mutanten mit noch höherer Resistenz aus der schon resistenten Population herauszüchten kann. Durch solche mehrfach hintereinander erfolgende Resistenzsteigerungen als Folge einer sukzessiven Mutantenselektion entstehen Mehrfachmutanten, deren Resistenz weit über dem Grad liegt, der sich in einem einzigen Mutationsschritt erreichen läßt. Ihre Bekämpfung erfordert dann ganz neue Medikamente.
Wir erleben in einem solchen Fall also klinisch ein Stück phylogenetischer Evolution der Bakterien, die durch Darwinsche Mutantenselektion zur Anpassung an ein vom Menschen giftig verändertes Milieu führt. Die Resistenzen sind für die Bakterien positive Neuerwerbungen. Unser klinisches Beispiel widerlegt daher auch die häufige Behauptung, daß Mutationen ausschließlich zu »Defekten» und »Schäden« führen könnten. Und auch bei höheren Organismen kennt man »positive« Mutanten, z. B. früher reifende oder ertragreichere Typen bei der Gerste. Die meisten Mutationen sind im normalen Milieu aber tatsächlich nachteilig, wie das von einem rein zufälligen »Spielen« an Organen oder Funktionen nicht anders zu erwarten ist.

Auch willkürlich vorgenommene Schaltänderungen an einem Radiogerät führen ja nur höchst selten zu einer Verbesserung. Man kann aber berechnen, daß die Häufigkeit »positiver« Mutationen trotzdem ausreicht, um die evolutiven Weiterentwicklungen in den bekannten geologischen Zeiträumen herbeizuführen.

Das »blinde Spiel des Zufalls« als schöpferisches Prinzip ist für manche Weltanschauungen unbefriedigend. Man hat daher versucht, die lamarckistische Hypothese mit ihren »zweckrichtenden Faktoren« dadurch zu retten, daß man erklärte, zweckgerichtete Mutationen seien die Folge der Milieubedingungen, welche die neue Anpassung erfordern. Die Erbänderungen, die zur Resistenz gegen ein bestimmtes Gift führen, würden dann also durch eben dieses Gift als »Zweckreaktionen« in den Bakterien hervorgerufen. Schon unsere Gradientenplatte zeigte jedoch, daß zu dieser Anpassung nicht jede Zelle fähig ist, sondern nur ein winziger Teil der Population. Dieser Teil wird mit zunehmender Giftkonzentration immer kleiner, so daß hohe Konzentrationen, wenn überhaupt, dann nur noch wenige oder gar nur eine einzige von vielen Millionen Zellen überleben lassen. Zu den von LAMARCK angenommenen Zweckreaktionen müßten dagegen die meisten, zumindest sehr viele Individuen einer Population fähig sein. Immerhin besteht bei den bisher besprochenen Versuchen aber noch die Möglichkeit, daß die adaptiven Erbvariationen tatsächlich durch das Gift ausgelöst worden sind, gegen das sie die mutierten Varianten resistent machen, so daß sie ohne die Einwirkung dieses Giftes also nicht entstanden wären.

Diese Annahme könnte sich schließlich sogar noch darauf berufen, daß man heute viele Chemikalien kennt, die die Mutationsrate erheblich erhöhen, die also Mutationen provozieren. Dazu gehören tatsächlich auch manche Antibiotika, z. B. Mitomycin. Weiterhin gibt es sogar eine gewisse »Elektivität« der Wirkung solcher mutagenen Stoffe. Sie besteht darin, daß ein Mutagen bestimmte Kollektionen von Mutationstypen bevorzugt auslöst, während andere Mutagene wieder andere »Typenspektren« erzeugen. Jedoch besteht bei dieser Elektivität keine Beziehung zwischen den erzeugten Mutationstypen und dem sie provozierenden Mutagen von der Art, daß etwa bevorzugt gegen den Stoff resistente, also an ihn angepaßte Mutanten entstünden. Das geschieht höchstens einmal zufällig als Ausnahme und keineswegs als Regel, wie es der Lamarckismus erwarten ließe.

Auch diese Frage, ob die angepaßten Erbvarianten durch den Umweltfaktor hervorgerufen werden, welcher die Anpassung erfordert – wie es der Lamarckismus voraussetzt – oder ob sie ohne dessen Einwirkung, also wirklich zufällig, in der Population entstehen – wie die DARWINsche Theorie annimmt – kann durch ein einfaches Experiment mit Bakterien beantwortet werden, und zwar durch den *Stempelversuch* von J. und E. M. LEDERBERG. Man sät dazu auf einer Petrischale mit Agrarnährboden etwa eine Million Bakterienzellen aus und läßt sie zu einem Rasen aus zusammenstoßenden kleinen Kolonien heranwachsen. Dann drückt man einen Stempel aus sterilem Samt von etwa der Größe der Agraroberfläche auf den Kolonierasen der giftfreien Kultur. Die Samthärchen tupfen dabei aus jeder der Million kleinen Kolonien wenigstens einige Zellen auf. Jetzt wird der Samt auf zwei noch unbeimpfte Petrischalen mit Giftboden abgedrückt, wodurch das räumliche Muster der kleinen Kolonien exakt gleich auf beide Giftplatten überimpft wird. Die meisten übertragenen Zellen können auf dem Giftboden nicht wachsen. Nur Zellen von Resistenzmutanten wachsen zu Kolonien heran. Falls die Resistenzmutanten schon vor der Gifteinwirkung, also spontan, entstanden sind, müssen sie aus einer der kleinen Kolonien der giftfreien Originalplatte stammen und überstempelt worden sein. Diese schon vorher an das Gift angepaßten (»präadaptierten«) Mutanten müssen Kolonien ergeben, die auf beiden gifthaltigen Schwesternplatten genau gleich angeordnet sind. Sie müssen also auf beiden das gleiche sternbildartige Muster bilden, welches bei Vergleich, z.B. bei Übereinanderstellen der Platten, zu finden wäre. Neben solchen präadaptiven sind noch Kolonien zu erwarten, die auf Resistenzmutationen zurückgehen, welche erst nach dem Stempeln auf den Giftplatten beim geringen restlichen Wuchs der unmutierten Zellen geschahen; sie können natürlich nicht gleiche Muster ergeben. Das tatsächliche Auftreten gleicher Kolonie-»Sternbilder« auf den Schwesterplatten (Abb. 2) beweist, daß die mutative »Erfindung« von Giftresistenz in Abwesenheit von Gift, d.h. ohne Anpassungsfaktor geschehen kann. Die sich erst später zeigende Angepaßtheit ist also rein zufällig (und selten), wie es DARWINS Theorie fordert. Nach dem LAMARCKismus sollten präadaptive, nicht vom Gift induzierte Resistente nicht auftreten, da ja nach ihm die Anpassung erst durch den Anpassungsfaktor ausgelöst wird. Die Zufälligkeit der Anpassungsmutationen wird noch deutlicher durch den Nachweis von präadaptiven Mutationen zur Resistenz gegen noch andere Gifte in derselben Population. Werden von der giftfreien Originalplatte mit demselben Samtstempel noch zwei weitere Schwesterplatten, die ein anderes Gift enthalten, bestempelt, dann zeigen sich wiederum gleiche »Sternbilder« auf beiden, jedoch diesmal von anderer Art als beim ersten Gift (Abb. 2). Bei weiteren Giften entstehen noch andere. Das beweist die Existenz vieler präadaptiver Mutantentypen in der Population und ferner, daß sie zufällig auf die Individuen verteilt sind.

Auch zur Frage über die *Ursachen* der Mutationen sind grundlegende Beiträge an Mikroben erarbeitet worden. Vererbung ist die Bewahrung der

Merkmale eines Organismentyps durch die Generationen hindurch. Diese Wiederkehr der Merkmale der Eltern bei den Nachkommen beruht darauf, daß die zur Merkmalbildung benötigten »Informationen« bei der Vermehrung einer Zelle, z. B. einer Keimzelle, auf die Tochterzellen übertragen werden. Der stoffliche Träger dieser genetischen Informationen ist die Desoxyribonukleinsäure (DNS) in den Chromosomen (bei Bakterien und Viren in den Kernäquivalenten). Diese Substanz besteht aus fädigen Riesenmolekülen, die Ketten mit einem sehr spezifischen Muster der Kettenglieder darstellen. Dieses Muster ist die »Schrift« der genetischen Information. Es steuert die Bildung der Proteine, die ebenfalls spezifisch gemusterte Ketten aus anderen Bausteinen, nämlich Aminosäuren, sind. Diese Proteine sind die »primären« Merkmale, die als Katalysatoren in die Zellprozesse eingreifen und dadurch sekundäre Merkmale erzeugen.

Die Kettenglieder der DNS sind Nukleotide, bestehend aus je einem Molekül Phosphat, Zucker und einer von den vier Basen Adenin (A), Guanin (G), Cytosin (C) und Thymin (T). Es gibt also vier Nukleotidsorten in der DNS. Sie sind die vier »Buchstaben«, mit denen die Gesamtheit unserer Erbanlagen, also unsere körperlichen und psychischen Merkmale, im Zellkern »niedergeschrieben« ist. Ein Gen ist ein Stück aus etwa tausend dieser Buchstaben, so daß eine immense Zahl von Mustern und damit Informationen möglich ist. Meist trägt es die Information über den Bau einer bestimmten Proteinsorte. Eine menschliche Zelle enthält etwa 10^6 Gene, eine Bakterienzelle 10^3 bis 10^4, ein Bakterienvirus (»Phage«) etwa 10^2. Die Nukleotide sind in der DNS so zu Paaren angeordnet, daß zwei parallele Nukleotidketten das DNS-Molekül aufbauen. Es passen bei dieser »Paarung« der beiden Ketten immer nur das A der einen zu einem T der anderen Kette sowie analog G zu C. Die Bildung anderer Paare ist aus Gründen des räumlichchemischen Baues behindert, so daß diese praktisch nicht vorkommen. Daher ist das Buchstabenmuster der einen Kette dem anderen *komplementär*, sie bestimmen sich gegenseitig. Zur »Information« allein würde einer der beiden Stränge genügen. Die Doppelsträngigkeit der DNS spielt aber bei der Reproduktion der Gene eine entscheidende Rolle. Vor jeder Zellteilung werden von den DNS-Molekülen je zwei Kopien hergestellt, und von der so verdoppelten Information wird bei der Kern- und·Zellteilung je ein vollständiger Satz in jede der beiden Tochterzellen übertragen. Die DNS-Reproduktion ist also der molekulare Grundvorgang der Vererbung. Sie verläuft so, daß zunächst die beiden DNS-Stränge getrennt werden und dann an jedem »Tochter«-Strang durch Anreihung und Paarung der entsprechenden Nukleotide der komplementäre Strang neu aufgebaut wird (Umschlagbild).

 Diese Replikation wird durch ein Enzym, die DNS-Polymerase, vollzogen.

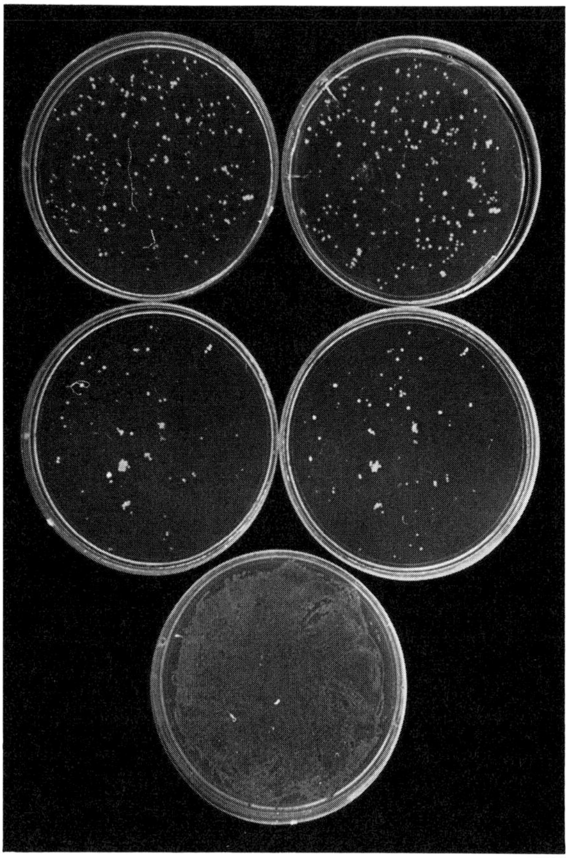

Abb. 2 (links): Nachweis präadaptiver Giftresistenzmutationen bei Bakterien durch Stempeln. Unten: Giftfreie Plattenkultur mit Kolonierasen, der aus ca. 10^6 aufgesäten Zellen von Serratia gewachsen ist. Mitte: Bestempeltes Plattenpaar mit dem Antibioticum Chloramphenicol (150 µg/ml), auf dem Resistentenkolonien in z. T. gleichem Lagemuster (= Präadaptierte) gewachsen sind. Oben: Plattenpaar wie Mitte, jedoch mit *Streptomycin (20 µ/ml).*

Abb. 1: Gradientenplatte. Die Antibiotikum-Konzentration nimmt im Bild von unten nach oben zu. Die Platte ist mit einem Bakterium (Serratia marcescens) bewachsen, das ein rotes Pigment bildet. Mit zunehmender Konzentration des Antibiotikums treten erst zahlreiche, dann immer spärlichere Einzelkolonien aus resistenten Mutanten auf, welche auch die Fähigkeit zur Pigmentbildung zum Teil oder ganz verloren haben (rechts oben).

Abb. 3: Serratia-Kulturplatte, in deren Bakterienrasen durch Infektion mit Phagen etwa 325 »Plaques« (Phagenkolonien) entstanden sind. Bei einem Teil der Phagen wurde durch UV-Bestrahlung vor der Infektion der Kultur eine Mutation induziert. Während der Plaque eines Normalphagen trübe und von einem dunklen Hof umgeben ist, sind die Mutantenkolonien (in diesem Falle sind es fünf) klar, sie erscheinen gegen den schwarzen Untergrund daher dunkel (Erläuterung im Text; rechts unten).

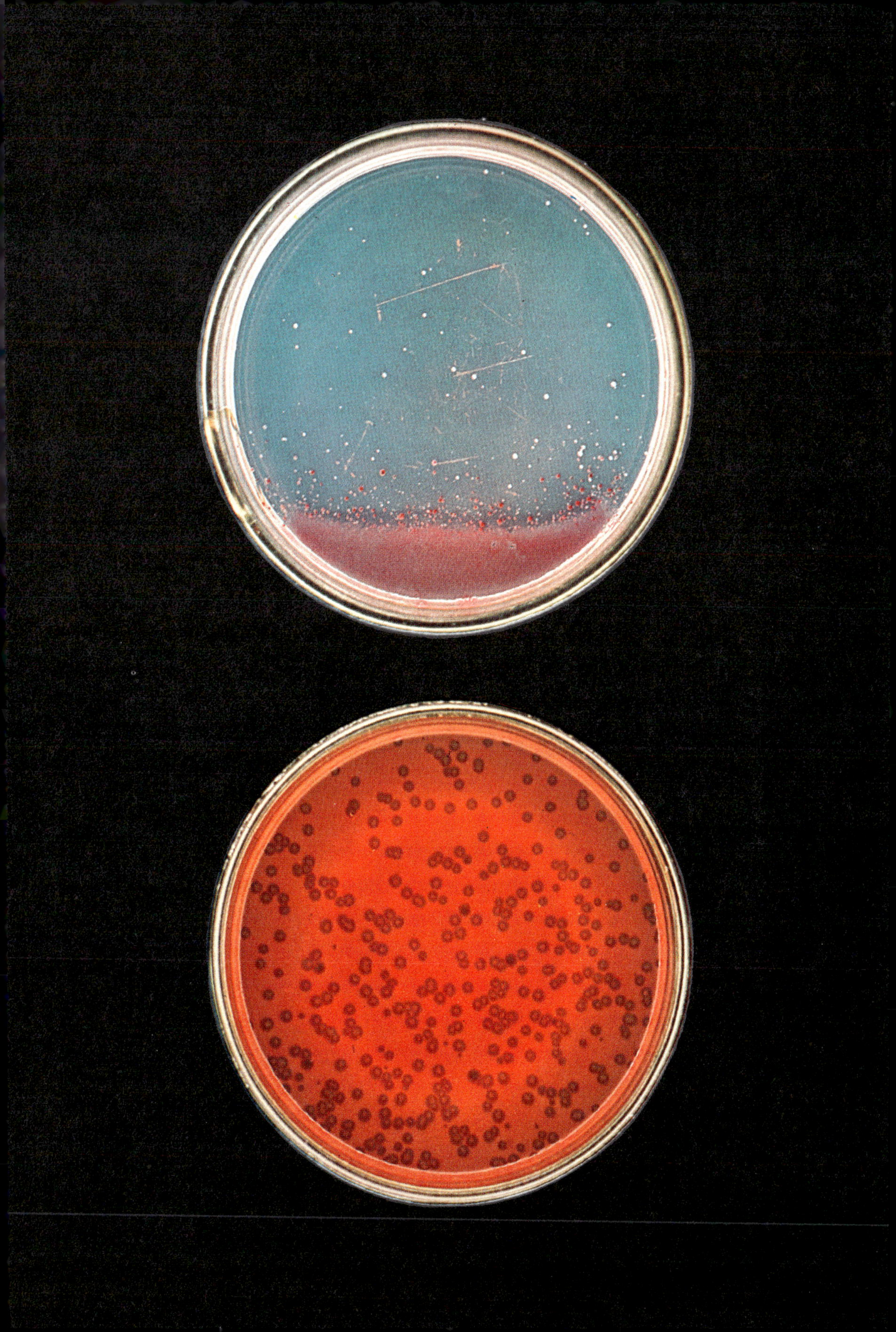

Ein solches Enzym kann aus Zellen extrahiert werden und vollzieht dann den Aufbau neuer DNS nach dem Muster vorliegender DNS-Moleküle aus den gebotenen Bausteinen auch im Reagenzglas.

Eine Mutation besteht nun in der Änderung der genetischen Information. Durch sie wird der Schriftsatz im DNS-Molekül, das Nukleotidmuster, geändert. Die Folge ist eine entsprechende Änderung des Aufbaus des zugehörigen Proteins und damit eines Merkmals.

Wie schon erwähnt, können Mutationen durch bestimmte Chemikalien, aber auch durch Strahlen, z. B. UV-Licht oder Röntgenstrahlen, ausgelöst werden. Mit Zunahme der Wirkungsdauer, Konzentration oder Dosis solcher mutagener Agenzien nimmt der Anteil mutierter Zellen oder Viruspartikel in der behandelten Population zu. Manche Mutagene können auch extrahierte, freie DNS chemisch verändern. Daraus ergibt sich dann die Möglichkeit, zu untersuchen, worin die durch das Mutagen ausgelöste Änderung, die zur Mutation führen kann, konkret besteht.

Die chemische und physikalische Analyse so in vitro behandelter DNS ergibt dann z. B. ein Zerbrechen der Stränge der DNS oder chemische Umwandlungen an den Basen. UV-Strahlung z. B. verbindet u. a. zwei benachbarte Thyminbasen zu einem »Dimer«, Hydroxylamin verändert das Cytosin, und Nitrit wandelt an den Basen Guanin, Cytosin und Adenin die Amino- in Hydroxylgruppen um.

Man wird annehmen dürfen, daß die Mutationen, welche diese Agenzien bei einer Einwirkung auf die Zellen selbst hervorrufen, wenigstens z. T. den gleichen Änderungen an der DNS entsprechen. Das wird durch Versuche an Phagen (Bakterienviren) bestätigt. Phagen bestehen im wesentlichen aus DNS, eingehüllt in Protein, und haben gewöhnlich eine Größe von nur 50 bis 100 mμ (1 mμ = 1 Millionstel mm). Bei der Infektion der Bakterienzelle dringt praktisch nur die DNS ein, die Proteinhülle bleibt außen an der Zellwand liegen. Behandelt man nun Phagen mit Mutagen, bevor man mit ihnen (viele) Zellen infiziert, so finden sich unter den Nachkommenschaften, die aus den infizierten Zellen freigesetzt werden, Mutanten (Abb. 3). Die Phagen-DNS ist also durch die Behandlung in einem Teil der Phagenpartikeln so verändert worden, daß deren Nachkommenschaft mutiert ist. Die Häufigkeit dieser induzierten Mutationen ist mit der Mutagendosis oft entsprechend einer chemischen Reaktion I. Ordnung korreliert. Daraus folgt, daß ein einziges Mutagenmolekül oder Strahlenquant genügt, um eine Mutation auszulösen. Bei der Einwirkung von Hydroxylamin, das in der DNS wahrscheinlich nur das Cytosin angreift, genügt also eine Veränderung an einem einzigen Cytosinrest im Gen, um eine Mutation hervorzurufen. Sowohl beim Tabakmosaikvirus wie auch bei Bakterien und Phagen ergaben chemische Analysen des Proteins von Mutanten, daß in diesen als Folge der Mutation nur eine einzige Aminosäure gegen eine andere ausgetauscht worden war.

Die Veränderungen an der DNS durch Mutagene sind aber meist noch keine fertigen Mutationen. Das läßt sich dadurch zeigen, daß bestimmte nach der Mutagenbehandlung erfolgende Einwirkungen die Ausbeute an Mutationen noch stark vermindern können, während fertige Mutationen unter den gleichen Bedingungen stabil sind. Nach UV-Bestrahlung kann z. B. eine Nachbelichtung mit kurzwelligem sichtbarem Licht die Mutationshäufigkeit reduzieren. Durch dieses Licht werden also offenbar irgendwelche »prämutativen« DNS-Änderungen teilweise wieder rückgängig gemacht. Man hat ein Enzym entdeckt, das eine solche »Photoreversion« hervorruft, und zwar durch Auftrennen der erwähnten Thymindimere. UV-Prämutationen sind also z. T. solche Dimere. Daneben gibt es in der Zelle aber auch noch andere Enzymsysteme, die Prämutationen auch ohne Licht rückgängig machen können. Eines wirkt z.B. dadurch, daß es die prämutativen Änderungen aus dem DNS-Molekül »herausschneidet« und die Lücken wieder »zurepliziert«.

Die Prämutationen betreffen oft nur einen der beiden DNS-Stränge, der andere bleibt dann normal. Erst bei der nächstfolgenden DNS-Replikation kann sich die prämutativ veränderte Base nicht mehr mit der richtigen Gegenbase paaren. Sie wählt dann für den neu zu bildenden komplementären Strang eine »falsche« Base aus. Z. B. wählt verändertes Cytosin (C*) nicht Guanin (G) als Partner, wie das normale Cytosin, sondern Adenin (A). In der mutierten DNS steht dann also anstatt C-G an der betreffenden Stelle C* -A, und nach weiterer Replikation schließlich T-A. Das erst ist dann die geänderte Information, die fertige Mutation (siehe Umschlagbild). Man kennt heute noch mehrere andere Wege, die von Prämutationen zu fertigen Mutationen führen. Manche bestehen nicht einfach im Austausch von Basenpaaren, wie in unserem Beispiel, sondern in Einschüben oder Ausfällen einzelner Paare oder auch längerer Abschnitte im Gen oder sogar in mehreren benachbarten Genen. Die spontanen Mutationen, die den Prozeß der Evolution in Gang halten, ordnen sich diesem Bild gut ein. Auch sie bestehen in ähnlichen Änderungen des Basenmusters der DNS und gehen oft auf »monomolekulare« Reaktionen an der DNS zurück. Da sie verschiedene der erwähnten Typen umfassen, vermutet man mehrere Entstehungsmechanismen. Die natürlichen Strahlen, z. B. kosmische Höhenstrahlen oder die natürliche Radioaktivität des Bodens, die zunächst als Quellen verdächtig sind, erwiesen sich bei genauerer Betrachtung für die meisten Fälle als viel zu schwach. Bei Organismen mit langer Generationsdauer, also z. B. beim

Menschen, könnte ihre Dosis allerdings durchaus hoch genug werden, um einen wesentlichen Teil der Gesamtmutabilität zu erzeugen. Als weitere Ursache für Spontanmutationen kommt die Wärmebewegung der Moleküle in Frage, insbesondere überschwellige thermische Schwingungen von Atomgruppen in der DNS. Im Experiment steigt die Mutationsrate durch Wärmeeinwirkung tatsächlich an. Weiterhin fand man, daß im sauren Milieu durch Wärme Guanin aus der DNS abgespalten wird. In den wenigen bisher analysierten Fällen unterscheiden sich die durch Wärmeeinwirkung hervorgerufenen Mutationsspektren aber wesentlich von den spontan entstandenen, so daß noch andere Mechanismen beteiligt sein müssen. Man denkt hier vor allem an die Möglichkeit, daß bestimmte Stoffwechselprodukte der Zelle mutagen sein könnten, wie sich das in einem Falle, z. B. für das Adenin, nachweisen ließ. Schließlich hat sich gezeigt, daß es mutationsauslösende Enzyme in der Zelle gibt. Für diese Annahme spricht u. a. die Beeinflussung der Spontanmutabilität durch bestimmte Gene, sogenannte Mutatoren. Kürzlich wurde entdeckt, daß eine (mutative) Veränderung einer Phagen-DNS-Polymerase die spontane Unstabilität des Phagen erhöht.

Alles in allem sind die Ursachen der »spontanen« Mutationen erst teilweise geklärt. Hier liegt ein wichtiges Feld gegenwärtiger Forschung. Sicher ist jedoch, daß die spontanen Mutationen ebenso «zufällig« und ungerichtet entstehen wie die künstlich induzierten. Da auch sie auf mikrophysikalische, einzelmolekulare Reaktionen an der DNS zurückgehen, folgt die »Zufälligkeit« ihres Auftretens quantenstatistischen Gesetzen.

Der Ablauf der Evolution erhält dadurch den Charakter eines nicht völlig determinierten Prozesses. Die Zahl der möglichen Mutationen und die Unbestimmtheit ihrer Verwirklichung nehmen mit der Ferne der Zukunft zu. Dadurch wird Evolution zur »freien«, einmaligen Geschichte.

Oft wendet man gegen die Darwinsche Lehre ein, daß sie den Versuch mache, das Leben durch ein »sinnloses Spiel des Zufalls« zu erklären. Dabei wird aber ganz übersehen, daß der Zufall zwar die Varianten erzeugt, daß aber deren Auswahl nach Maßgabe einer verbesserten Anpassung an die Lebensbedingungen des vorliegenden Milieus, also die Selektion, eine bestimmte Tendenz und damit eine bestimmte Ordnung in den Prozeß bringt und der Evolution damit eine Richtung, einen Sinn, gibt: zunehmende Vielfalt der Organismenarten, zunehmend höhere Organisation der Lebewesen und zunehmende Fähigkeit zu Wandel und Anpassung. Und schließlich sollte nicht übersehen werden, daß auch unser Geist nach dem gleichen Prinzip schöpferisch tätig ist, nämlich durch Variieren und Kombinieren von freien »Einfällen« und anschließende Auswahl der guten und weiterführenden unter diesen Gedanken.

Wolfgang Wickler

Das Problem der stammesgeschichtlichen Sackgassen

Es ist immer wieder erstaunlich, welch erfinderischer Leistungen die biologische Evolution fähig ist, obwohl sie nur durch die Zufallsprozesse von Mutation und Selektion gelenkt wird. Wie eine solche Erfindung zustandekommt, erläutert der Autor am konkreten Beispiel einer Fischart, die beinahe ausgestorben wäre, der aber noch rechtzeitig »etwas einfiel«.

Wenn man von stammesgeschichtlichen Sackgassen hört, denkt man leicht an das Geweih des Riesenhirsches, das seinem Träger (angeblich) zum Verderben wurde, oder ganz allgemein an Fälle von Überspezialisation, für die man verschiedentlich Beispiele angeführt findet. Solche Überspezialisationen oder Über-Anpassungen müssen natürlich durch Selektion hervorgebracht worden sein – aber die Selektion zieht stets das Bessere dem Guten vor, und demnach kann eine *schädliche* Überspezialisierung durch Selektion schon per definitionem nicht entstehen. Wer annehmen möchte, sie könnte als Begleiteffekt zustande kommen, hat es auch nicht leichter. Zwar nehmen Lebewesen manches in Kauf, was an sich unerwünscht, aber die Kehrseite einer sonst vorteilhaften Medaille ist. So breitet sich beim Menschen eine bestimmte Erb-Änderung innerhalb der von Malaria tropica bedrohten Bevölkerungen immer mehr aus, weil sie heterozygot (spalterbig) einen gewissen Schutz gegen das Plasmodium falciparum bietet, obwohl sie homozygot (reinerbig) zur Sichelzellanämie führt und *diesen* Individuen dadurch schwere Nachteile, wo nicht gar frühen Tod bringt. Aber der Schaden der vergleichsweise seltenen Homozygotie, die zur Erkrankung führt, wird durch den Vorteil der viel häufigeren Heterozygotie, die gegen Malaria schützt, mehr als aufgewogen. Wären dagegen nur die sichelzellanämischen Homozygoten gegen Malaria geschützt, würde das nichts nützen – diesen Vorteil könnte die Population nicht ausnutzen; die Auslese setzt ja nicht am isolierten Merkmal, sondern am ganzen Individuum an bzw. an dessen Nachkommen. Die Selektion kann also niemals das Aussterben einer Art begünstigen.

Die einzige Möglichkeit, trotz weiterlaufender Selektion auszusterben, besteht darin, daß die Umwelt »zu Hilfe« kommt und plötzlich ganz andere Anforderungen stellt als vorher (etwa bei Salzeinbrüchen in Süßgewässer), denen die ungenügend angepaßte Art nicht gerecht werden kann. Dann aber stirbt sie nicht an Über-, sondern an Unterspezialisierung, wie man ja auch in einem fremden Land nicht daran scheitert, daß man seine Muttersprache beherrscht, sondern daran, daß man die des Gastlandes *nicht* beherrscht.

Gibt es dann aber überhaupt solche Überspezialisierungen, solche zwar konsequent, aber *zu lange* beibehaltenen Entwicklungsrichtungen, wie wir sie suchen? Es kann sie nur geben in Form von »eigentlich« zu weit spezialisierten, aber im letzten Moment irgendwie doch noch »geretteten« Merkmalen. Wir suchen also Beispiele, in denen die Selektion wie ein Erfinder etwas entwickelt, was immer besser und besser geht, womit sie dann aber auf vorher nicht bedachte Gefahren stößt und sich nun schnell etwas »einfallen« lassen muß, um sich nicht in der eigenen Erfindung zu verfangen.

Solche Beispiele kann man theoretisch in großer Zahl erwarten, da die Selektion ja blind für die Zukunft ist. Beispiele wirklich auch zu finden ist aber sehr schwer, weil man erst in sehr wenigen Fällen weiß, wie gefährlich eine Eigenschaft, ein Merkmal für die Art werden kann und auf welche Weise sie (direkt oder indirekt) die Zahl der Nachkommen beeinflußt. Warum war das Geweih für den Riesenhirsch verderblich? Wurde es buchstäblich »untragbar«? Oder zu breit für engstehende Bäume? Oder zehrte seine Bildung den Körper zu sehr aus? Oder war es erst so spät gebrauchsfertig (zum Kämpfen? oder Imponieren?), daß seinem Träger stets kleinere Konkurrenten bei den Weibchen zuvorkamen? – Woher will man also Argumente für eine Sackgassen-Entwicklung nehmen?

Das folgende Beispiel scheint jedoch geeignet, Zweifler zufriedenzustellen. Denn die Überspezialisierung, um die es hier geht, führt gradlinig dazu, daß die Eizellen der betreffenden Art »eigentlich« nicht mehr besamt werden können. Da es die Art noch gibt, wissen wir schon, daß sie einen Ausweg gefunden haben muß. Aber wir wollen zunächst sehen, wie die Evolution in die Sackgasse hineingerät, und dann, welche »rettende Idee« ihr wieder heraushalf. Einige Vor-Erklärungen sind aber sicher nötig, um dem unvorbelasteten Leser die zu besprechenden Tiere und ihr verzwicktes Nachwuchsproblem verständlich zu machen.

Es handelt sich um die Buntbarsche oder Cichliden, eine der erfolgreichsten Fischfamilien, von der z. B. eine Gattung allein im Nyassa-See in Afrika über 100 Arten entwickelt hat. Besonders reizvoll sind die vielen merkwürdigen Spezialisierungen einzelner Cichliden-Arten, die nämlich durch so viele weniger oder fast unspezialisierte Verwandte verbunden sind, daß man den Werdegang ihrer Sonderanpassungen einigermaßen gut rekonstruieren kann, was durchaus nicht bei allen Tiergruppen gelingt.

Schon ehe die Cichliden sich auf Afrika und Amerika verteilten, also noch bevor diese beiden Kontinente in der Kreidezeit endgültig voneinander getrennt wurden, hatten die Ur-Cichliden etwas erfunden, was außer ihnen nur noch ganz wenige Fische fertiggebracht haben, nämlich sich zu Paaren zusammenzuschließen und zu zweit die Jungen zu pflegen und zu verteidigen. Die Jungen sind, wenn sie aus dem sorgsam behüteten Gelege schlüpfen, nur wenig über 1 mm groß und müssen sowohl gegen Raubfeinde als auch gegen hungrige Kollegen der eigenen Art verteidigt werden, das heißt, die Eltern müssen jedes größere Tier, das sich nähert, wütend vertreiben. Das tun sie auch, nur darf der Ehepartner nicht aus Versehen ebenfalls verprügelt werden, denn er muß mithelfen, die freischwimmende, oft riesige Jungfisch-Schar zusammenzuhalten und zu bewachen. Da es meist viele hundert Kinder auf einmal sind, würde ein Elterntier allein das gar nicht schaffen. Die Verluste sind so schon hoch genug: Trotz mehrerer Bruten im Jahr bringt es jedes Elternpaar am Ende seines etwa drei Jahre währenden Lebens nur auf zwei erwachsene Kinder. Wären es mehr, müßte die Zahl dieser Tiere ständig zunehmen. Die Aufgabe, jedes nahekommende Tier anzugreifen, mit dem Ehepartner als einziger Ausnahme, ist sehr schwer zu lösen und setzt *individuelle Bindungen* voraus. Die weitaus meisten Fische verzichten, wenn sie überhaupt Brutpflege treiben, auf die Mithilfe des einen Geschlechtspartners und bewachen die Nachkommenschaft lieber in einer unzugänglichen Spalte oder Höhle.

Die Cichlidenpartner, die sich allen Schwierigkeiten zum Trotz zu Paaren zusammenschließen, müssen einander also persönlich kennenlernen. Das geschieht längere Zeit – mindestens einige Tage, zuweilen Wochen – vor dem Ablaichen, und zwar so nachhaltig, daß die Tiere den Partner, mit dem zusammen sie einmal erfolgreich abgelaicht haben, auch nach monatelanger Trennung bevorzugt wiederwählen. Die Cichliden sind damit zu einer Dauer-Einehe mindestens fähig; was dem im Freileben für Hindernisse entgegenstehen mögen, wissen wir allerdings nicht.

Aus den vielen Tieren, die im gleichen Gewässer vorkommen, werden also

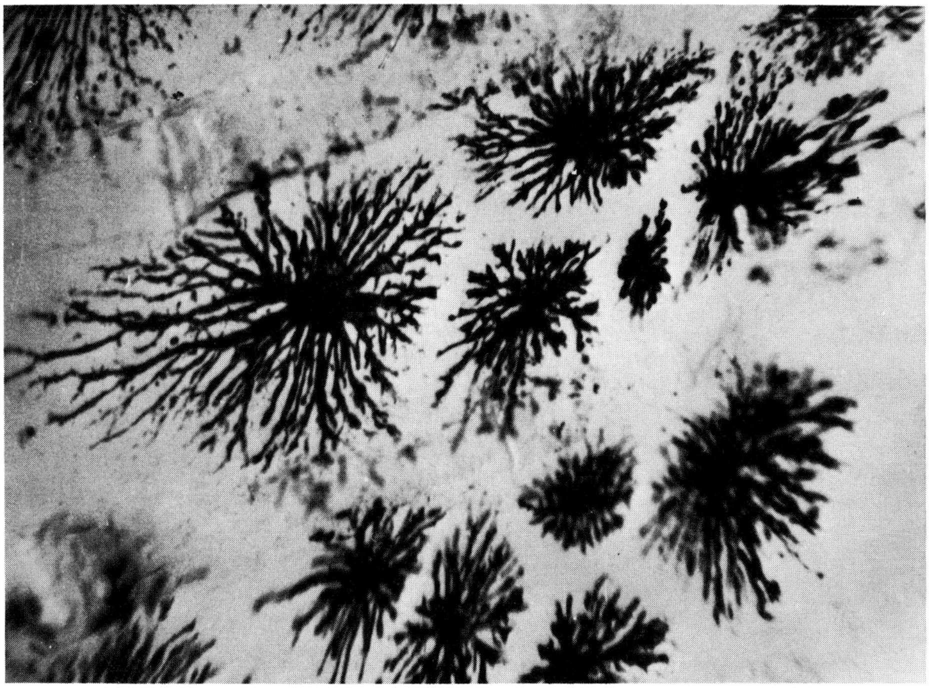

Abb. 1: Melanophoren im Mikroskop.

die Artgenossen, unter diesen die Geschlechtspartner und darunter wieder »der eine« ausgesucht. Da die Eier nur innerhalb ganz kurzer Zeit nach dem Ablegen besamt werden können, müssen sich die Partner eines Paares recht genau aufeinander einstellen, miteinander »synchronisieren«. Außerdem »verabreden« sie einen bestimmten Laichplatz. Das alles geschieht in der sogenannten Balz- oder Paarbildungsphase. Die beabsichtigte und die vollzogene Paarbildung und Reviergründung muß nicht nur dem Partner, sondern auch den Rivalen angezeigt werden, und dazu braucht man eine Anzahl von Signalen. Diese bestehen aus Bewegungen und Färbungen; hier soll vorwiegend von letzteren die Rede sein. Einige der paarbildenden Cichliden haben nämlich eine *Farbsprache* entwickelt, die weit über eine einfache Prachtkleidbildung hinausgeht.

Die Farbsprache

Die Farbsprache, die viele Fische zur Verständigung benutzen, »reden« sie mit ihren in mehreren Schichten in der Haut angeordneten Farbzellen. Der Farbstoff, das Chromatin, ist in Form kleiner Körnchen im Plasma dieser Zellen suspendiert und wird durch dieses bewegt, was besonders bei den

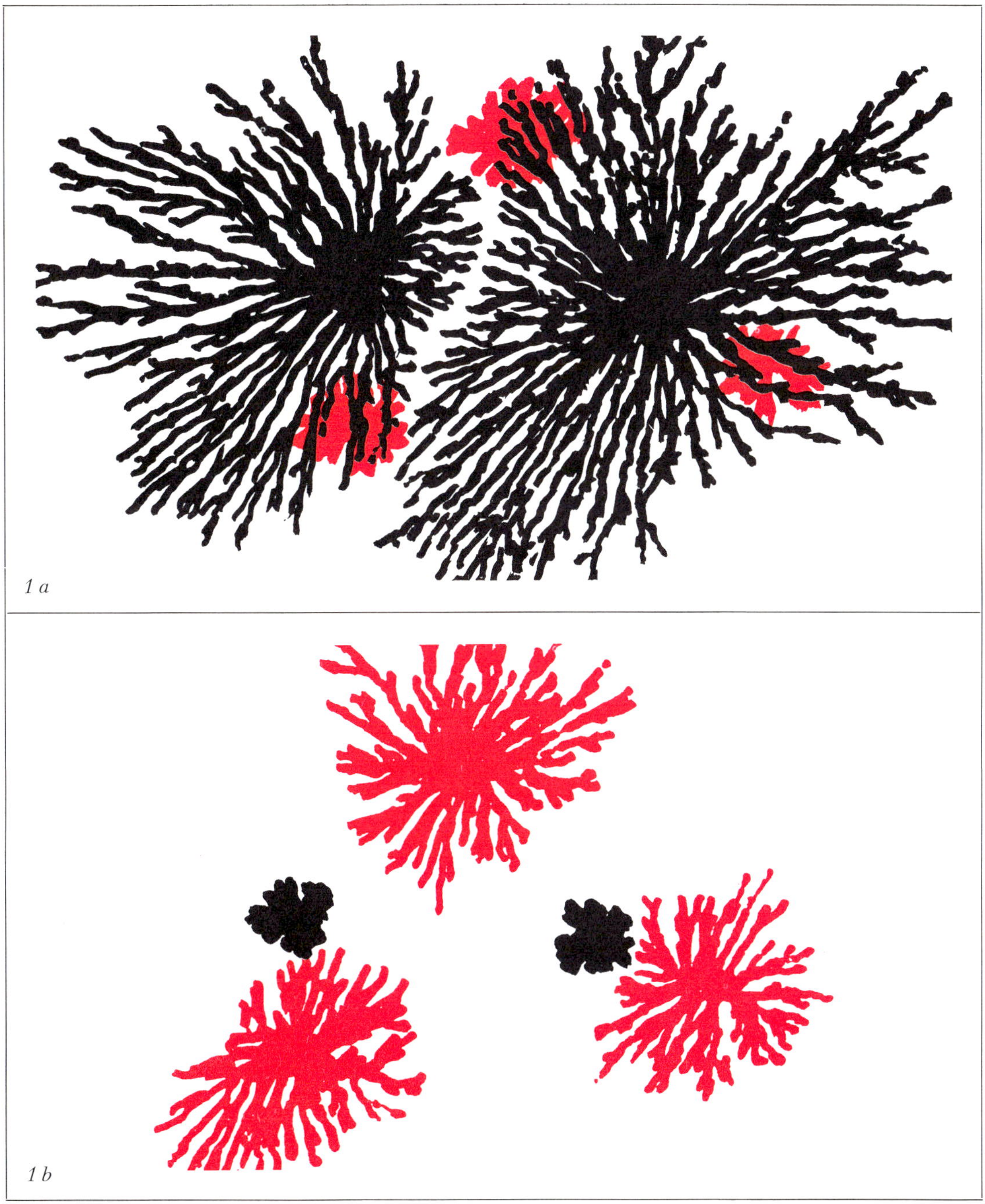

Abb. 1 a und b: Farbwechsel durch gegensinnige Ausbreitung und Ballung der Farbstoffe in drei roten und zwei schwarzen Chromatophoren. Nach diesem Prinzip kommen die in Abb. 2 gezeigten Muster-Änderungen zustande.

dunklen, meist zuoberst liegenden Melanophoren auffällt. Wenn die Farbstoff-Aufschwemmung bis in alle Verästelungen ausgebreitet ist, bilden die Farbzellen einen dunklen Fleck (Abb. 1a); fließt die Ruß-Suppe im Zellenzentrum zusammen, so werden die Zellfortsätze unsichtbar und die Melanophoren zu kleinen, unauffälligen Pünktchen (Abb. 1b). Wenn unter ihnen andersfarbige Zellen liegen, werden diese jetzt sichtbar. Aus wenigen großen, weitverzweigten Farbzellen bestehende Flecke lassen sich stärker verändern als aus vielen, dicht beisammen stehenden kleinen Zellen gebildete. Durch den Wechsel der Ausdehnung des Farbstoffes in den Zellen und durch verschiedene Kombinationen roter, gelber, schwarzbrauner oder guaninhaltiger glänzender Farbzellen kommen sehr verschiedene Misch- und Strukturfarben zustande (glänzendes Blau entsteht beispielsweise durch guaninunterlagerte Melanophoren).

Die Farbzellen sprechen auf Hormone an: Intermedin breitet den Farbstoff in ihnen aus, Adrenalin ballt ihn. Ursprünglich wurden die Hormone mit dem Kreislaufsystem zu den Farbzellen gebracht, und der Farbwechsel ging dementsprechend ebenso langsam vor sich, wie sich das Gleichgewicht der antagonistisch wirkenden Hormone im Körper verschiebt: *so* ist es heute noch beim Aal. Im Laufe der Stammesgeschichte wurde nun ein immer größeres Stück der Entfernung zwischen den nervösen Farbwechselzentren und den Farbzellen durch Nerven überbrückt. An den Nervenenden tritt dann wieder ein Hormon auf, aber nur in sehr kleiner Menge und erst unmittelbar an der »angesprochenen« Farbzelle. Welse zeigen eine Mischung aus nervöser und hormoneller Farbzellen-Beeinflussung. Im Extrem sind die Farbzellen rein nervös kontrolliert, und dann kann sich die Farbe des Tieres natürlich entsprechend der hohen Leitungsgeschwindigkeit im Nerven besonders rasch, in Bruchteilen von Sekunden, ändern. Ursprünglich spiegelte die Farbe des Tieres also zwangsläufig nur die Zustandsänderungen, die mit den langsamen Hormonschwankungen einhergingen: Es gab ein Prachtkleid während der Fortpflanzungszeit, eine unauffällige oder tarnende Färbung in der Ruhezeit. Jetzt aber spiegelt die Färbung bei den spezialisierten Tieren, wie z. B. den Cichliden, die viel rascheren Zustandsänderungen des Nervensystems, die wir auch Stimmungen nennen: der Farbwechsel wird zum Stimmungsanzeiger. Er reagiert zuweilen sogar empfindlicher und erlaubt genauere Ablesungen als das Bewegungsverhalten der Tiere, schon weil sich Farbwechsel viel schwerer unterdrücken lassen als Bewegungen.

Hinzu kommt, daß die Körpersäfte schließlich alle Farbzellen erreichen, durch die Innervierung aber Gruppen gleichartiger Farbzellen zu voneinander unabhängig reagierenden Einheiten zusammengefaßt werden können. Die Tiere sind also nicht mehr auf das eine Muster angewiesen, das von der

Farbzellenanordnung an der Körperoberfläche bestimmt wird, sondern können ihr Farbmuster zum Teil erheblich abwandeln. Lange Zeit hielt man die häufigst beobachtete Färbung und Zeichnung eines Fisches für konstant und für ein Artmerkmal – mit dem Ergebnis, daß Hunderte verschiedener Signalkleider irrtümlich als eigene Arten beschrieben wurden. Abb. 3 zeigt keineswegs verschiedene Fischarten, wie man noch vor wenigen Jahren geglaubt hätte, sondern *ein und dasselbe Individuum in verschiedenen Stimmungen.* Man sieht deutlich, wie gleichartige Farbzellen, die Melanophoren, an verschiedenen Körperstellen manchmal übereinstimmend, manchmal entgegengesetzt arbeiten: links unten ist der Fisch dunkel, die Fleckenreihe am Körper aber hell; darüber sind Fleckenreihe und Bauch dunkel, der Körper ist hell; und rechts daneben ist auch noch der Bauch hell, rechts unten ist es umgekehrt. Auf Abb. 2 sind links Gesichtszeichnung und Kiemendeckelflecke schwarz, rechts aber beim gleichen Tier in anderer Stimmung Gesichtszeichnung schwarz, Kiemendeckelflecke weiß. Man darf deshalb auch nicht von »der« Funktion der Körperfärbung eines solchen Tieres reden – beim Cichliden so wenig wie beim Chamäleon –, sondern wird wohl oder übel die Bedeutung der verschiedenen Farbzeichen einzeln untersuchen müssen. Das ist eine mühsame Beschäftigung, und wir stehen damit noch ganz am Anfang. Denn obwohl wir »Augentiere« sind und uns Farben und Farbkleider bei Tieren besonders auffallen, sind wir doch außerstande, eine ähnlich differenzierte natürliche Farbsprache zu reden. Wir werden zwar rot oder blaß, aber unerwünschter Bleiche begegnen wir mit Höhensonne oder Schminke. Allerdings übertreffen unsere technischen Farbsprachen (Mode, Uniformen, Bilder) an Reichhaltigkeit jede tierische, vor allem jede

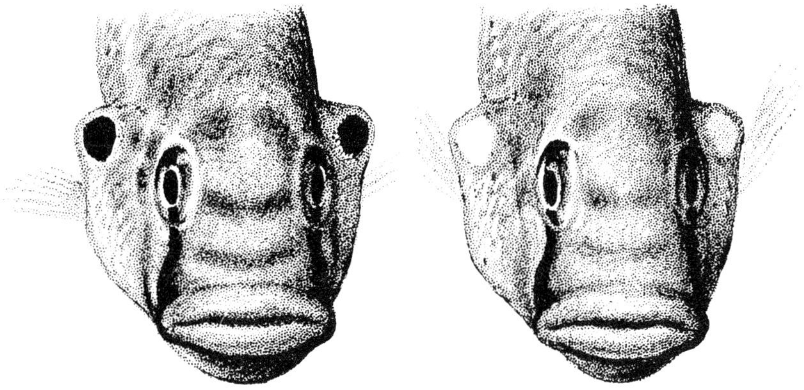

Abb. 2: Die Kiemendeckelflecke dienen zum Signalisieren nach vorn: Haplochromis burtoni beim Kampf (links) und beim Ablaichen (rechts).

Abb. 3: Die schwarze Unterart von Hemichromis fasciatus, einem paarbildenden Cichliden, in acht verschiedenen Stimmungen. Oben: revierlos, »neutrale Stimmung«; darunter drei Stadien zunehmender Revierbindung und Kampfbereitschaft. Rechts unten: ablaichendes Tier; darüber: brut-

pflegendes Tier; ganz oben: »Schreckfärbung« eines Tieres, das sich verbergen möchte und sich zwischen Pflanzen verstecken kann, darunter Tier, das kein Versteck hat und ungedeckt stehen bleiben muß (nach J. Burchard).

Abb. 4: Das Männchen von Haplochromis burtoni mit Eierflecken auf der Afterflosse, die es beim Balzen dem Weibchen besonders auffällig darbietet.

irgend eines anderen Säugetieres. Die Bedeutungen dieser künstlichen Farbmuster aber sind weitgehend willkürlich festgelegt, während sie bei den Tieren mit dem Signal wachsen. Zu jedem Farbsignal, das entsteht, gehört ein natürliches »Verstehen« des Signals beim Signalempfänger – das aber ist uns unsichtbar, und deshalb müssen wir es (und damit die Bedeutung des Signals) jeweils mühsam untersuchen. Das mußten wir auch im hier zu schildernden Fall. Wir sind es zwar schon gewöhnt, an fast jeder exponierten Stelle bunten Plakaten zu begegnen, die mit Hilfe von etwas Reizvollem für irgend etwas anderes werben, für Waschmittel, Zigarren, Backpulver, Zahnpasta oder Damenstrümpfe. Ungewöhnlich fanden wir es aber, daß einer unserer Cichliden seine After-Flosse als Plakat benutzt und darauf Reklame für die Eier macht, die sein Weibchen legt. Was diese merkwürdige Werbung soll und wie sie funktioniert, haben wir selbstverständlich untersucht – und dabei dann eine stammesgeschichtliche Sackgasse entdeckt.

Der Weg in die Sackgasse

Die genannten »Reklame«-Eierflecke (Abb. 4) kommen nur bei solchen Arten vor, die sich auf Maulbrüten spezialisiert haben, deshalb muß auch das vorweg kurz erläutert werden.

Die typischen paarbildenden Cichliden heften ihr Gelege auf einen Stein oder ein Pflanzenblatt und bewachen es dort. Maulbrüter erbrüten die Eier im Maul. Dieser Unterschied bedingt aber viele weitere, so daß schließlich das ganze Sozialleben der Maulbrüter von dem der Substratbrüter erheblich abweicht. Zunächst einmal ist es ganz allgemein vorteilhaft, möglichst große Eier zu legen, weil die daraus schlüpfenden Kinder dann auch größer und kräftiger sind. Sie können besser schwimmen, und vor allem ist die Größe ihrer Beutetiere nicht so eng begrenzt wie die der sehr kleinen Fischkinder. Große Eier aber sind andererseits auffälliger und locken Räuber an. Wer also kein wirksames Bewachungssystem hat, muß kleine, unauffällige Eier legen. Da das für die Mehrzahl der Fische gilt, sind die wenigen größeren Kinder bevorteilt, weil sie nie mit anderen um das Kleinstfutter konkurrieren müssen. Cichliden, die in Höhlen oder im Maul brüten, haben dadurch ihre Nachkommen während der Brutphase praktisch völlig vor Räubern geschützt. Da Mäuler nur ein begrenztes Fassungsvermögen haben, stehen zwei Möglichkeiten zur Wahl: entweder legt man viele kleine oder weniger und dafür größere Eier. Aus den erwähnten Gründen fällt die Entscheidung immer zugunsten der größeren Eier aus. Noch etwas anderes kommt hinzu: die Offenbrüter haben tarnfarbene, d. h. grünlichgraue oder durchscheinende Eier. Die Maulbrüter brauchen sich um die Auffälligkeit ihrer Eier nicht zu sorgen, wenigstens nicht, solange sie sie im Maul tragen, und da farbiger Dotter für die Entwicklung günstiger ist, finden wir bei typischen Maulbrütern fast immer gelbe bis orangefarbene Eier. Gefährdet sind diese nur in der Zeit vom Verlassen der Genitalpapille bis zur Aufnahme ins Maul. Diese Zeitspanne muß also möglichst kurz gehalten werden – diese Forderung aber wäre, wie wir noch sehen werden, schließlich beinahe verhängnisvoll geworden.

Wenige größere Junge können zur Not von einem Elterntier bewacht werden. Zwar könnten natürlich zwei Eltern gut doppelt so viele bewachen, aber es gibt eine andere Methode, um die Zahl der Nachkommen viel drastischer zu steigern. Überall im Tierreich werden nämlich die Spermien im Überschuß produziert. So kann auch das Maulbrüter-Männchen viel mehr Eier besamen, als ein Weibchen legen kann. Und das praktischste wäre dann, jedem Männchen mehrere Weibchen zuzuführen. Dem steht nichts im Wege, sobald eine Paarbindung zum Kinderbewachen nicht unbedingt nötig ist. Tatsächlich haben alle typischen Maulbrüter diese Arbeitsteilung zwischen den Geschlechtern erfunden: das Männchen baut eine Laichgrube und balzt und besamt die Eier, mehrere Weibchen kommen nacheinander zu einem Männchen, laichen ab und schwimmen mit den besamten Eiern im Maule wieder davon. Die Begegnung der Partner dauert nur sehr kurz, im Extremfall nur zwei Minuten. Dementsprechend schnell müssen sich die Geschlechtspartner dann auch erkennen können. Das ist dem typischen, *paar-*

bildenden Cichliden nicht möglich. Er kennt keine äußeren Geschlechtsunterschiede, sondern erfährt das Geschlecht eines Artgenossen aus dessen Reaktionen im Laufe der ersten Paarbildungshandlungen. Diese »Gebärdenplauderei« zieht sich ziemlich lange hin, und dafür haben die eiligen *Maulbrüter* keine Zeit. Sie haben statt dessen ein Prachtkleid für Männchen entwickelt, durch das diese schon von weitem zu erkennen sind. Da es hier nur auf das Geschlecht und nicht auf ein bestimmtes Individuum ankommt, ist eine solche Gala-Uniform sehr praktisch, auch um die Männchen der verschiedenen Arten zu unterscheiden.
Die Partner der *paarbildenden* Cichliden mußten sich untereinander auf einen Laichort und auf den Laichtermin einigen. Auch das kann man mit weniger Zeitaufwand regeln. Die *Maulbrüter*-Männchen suchen vor den Weibchen die geeigneten Laichorte auf und besetzen dort jeder ein Revier mit der Laichgrube im Zentrum. So entstehen Junggesellenkolonien. Wer ein Revier hat, legt das Prachtkleid an und ist von nun ab besamungsbereit. Wenn dann ein Weibchen laichbereit wird, besucht es die Männchen-Kolonie, wählt einen der balzenden Konkurrenten aus und beginnt ohne lange Zeremonien bei ihm abzulaichen.
Der Weg in die Sackgasse, der hier beschrieben wird, führte also zunächst ganz harmlos zu dem Verlust der Paarbildung. Wir können ihn recht genau rekonstruieren, denn das Maulbrüten ist von den paarbildenden Cichliden wenigstens viermal unabhängig erfunden worden, und es führt zweimal (nämlich bei den afrikanischen Gattungen *Haplochromis* und *Tilapia*) zu denselben oben geschilderten Extremformen. Die zwei anderen Gattungen, *Pelmatochromis* in Afrika und *Geophagus* in Amerika, sind noch nicht soweit gekommen. Man kann mit gutem Recht sagen » noch nicht so weit«, denn es gibt entsprechende Zwischenstufen, d. h. alle Übergänge von der normalen Paarbildung bis zum extremen Maulbrüten, auch in der Gattung *Tilapia*. Arten in den Zwischenstadien bilden oft noch feste Paare, brüten die Eier aber schon im Maul aus, haben noch keinen deutlichen Geschlechtsdimorphismus und eine erst angedeutete Arbeitsteilung zwischen den Geschlechtern. Sie haben also nur einige der für paarbildende Cichliden typischen Eigenschaften abgeändert, andere aber einfach beibehalten. Dieser historische Rest ist uns sehr wertvoll, weil er das einzige Hilfsmittel ist, mit dem wir den von den Spezialisten durchlaufenen Entwicklungsweg rekonstruieren können. Zuweilen kommen sogar »unsinnige« historische Reste vor, wie etwa das althergebrachte »Brutpflege-Fächeln über einem am Boden angehefteten Gelege«, das einige Maulbrüterweibchen noch praktizieren, obwohl sie das Gelege schon im Maul tragen.

Die paarbildenden Cichliden stehen über ihrem Gelege Wache, befächeln und säubern es und lassen niemanden näher herankommen. Sie erkennen ihr Gelege vorwiegend optisch und kontrollieren es auch immer wieder mit den Augen. Wenn die Jungen schlüpffertig sind, pflücken die Eltern die Eier vorsichtig mit dem Maul von der Unterlage ab und tragen sie oder die dabei herausfallenden Larven in vorbereitete Gruben am Boden. Zum Abpflücken der Eier brauchen sie eine innere Bereitschaft und äußere, auslösende Reize. Die äußere Reizsituation bleibt aber während der Inkubationszeit (also vom Laichen bis zum Schlüpfen der Jungen) ungefähr konstant. Da die Eltern dennoch erst zum Schlüpftermin der Kinder und nicht schon irgendwann vorher die Eier abpflücken, erwacht wohl ihre innere Bereitschaft, auf Eier mit Abpflücken zu reagieren, erst so spät. Nun finden wir zum Glück wieder viele Zwischenstufen, die uns den Übergang zum Maulbrüten verständlich machen. Es gibt einen amerikanischen Cichliden, *Geophagus jurupari*, der noch feste Paare bildet und sein Gelege auf einem Stein befestigt, wo er es 24 Stunden lang bewacht. Dann aber pflückt er es ab und bebrütet es zwei weitere Tage im Maul, bis die Larven schlüpfen. Einige afrikanische Cichliden legen erst das ganze Gelege fertig am Boden ab und beginnen dann, sozusagen im zweiten Arbeitsgang, mit dem Einsammeln. Die typischen Maulbrüter legen wenige Eier, sammeln sie ein, legen die nächsten, sammeln auch diese ein, legen weitere usw. Man bemerkt unschwer die bezeichnende Veränderung: die Bereitschaft, Eier abzupflücken bzw. ins Maul zu nehmen, erwacht immer früher. Hinzu kommt, was vorn schon erwähnt wurde, daß die Eier der Maulbrüter größer und farbiger werden und daß deshalb die für sie immer gefährlichere Pause zwischen dem Ausstoßen aus der Genitalöffnung und dem Wiederaufnehmen in den Mund so kurz wie möglich werden soll. In dieser Pause aber liegen die Eier ja nicht nur herum, sondern sie sollen auch besamt werden. Und nun kann man sofort sehen, welche Grenze hier gesetzt ist: Wenn ein Weibchen sich so sehr beeilt, daß dem Männchen keine Zeit zum Besamen bleibt, wird es kinderlos bleiben. Demnach müßte die Evolution an einer bestimmten Stelle Halt machen, von der ab die Selektion, die bisher auf Schnelligkeit drängte, nun einer weiteren Verkürzung der Pause entgegenwirkt. Merkwürdigerweise tut sie das aber nicht. Die hochspezialisierten Maulbrüterweibchen nehmen die eben gelegten Eier tatsächlich blitzschnell ins sichere Maul auf, ohne die Besamung abzuwarten. Und erst, wenn die Eier verschwunden sind, kann das Männchen auf der leeren Laichstelle zum Besamen ansetzen. Das sieht ganz nach einer Überspezialisierung aus, an der die Art hätte zugrunde gehen müssen.

Die Art ist aber nicht zugrunde gegangen, also muß sie irgend einen Ausweg aus dieser Situation gefunden haben. Der, den sie wirklich beschritten hat, ist verblüffend einfach und ergibt sich sozusagen von selbst aus den schon geschilderten Begleitumständen der Maulbrut-Spezialisierung bei der Gattung *Haplochromis*.

Ausgenutzt werden drei zufällig zusammentreffende Einzelheiten:

1. Alle Cichliden drohen, sobald sie einen Artgenossen nahe ihrem Revier treffen. Sie stellen dazu die Flossen auf und postieren sich oft mit der Breitseite zum anderen. So beginnt auch das Kennenlernen der Ehepartner, und aus dem Drohen wird bei ihnen sogar eine Begrüßungsgebärde. Wenn sie sich zu Paaren fest zusammenschließen, kennen sie sich beim Laichen schon so gut, daß dabei kein Drohen vorkommt und alle Flossen friedlich gefaltet sind. Bei den Maulbrütern wird aber die Paarbildung wieder rückgängig gemacht, und die Geschlechtspartner treffen sich erst wenige Minuten vorm Ablaichen. Sie lernen sich deshalb nie gut genug kennen, um das Droh-Stadium ganz zu überwinden. Vor allem das revierbesitzende Männchen spreizt die ganze Zeit über die Flossen und stellt sich sehr oft quer vor das Weibchen.
2. Das *Haplochromis*-Männchen hat außerdem, wie schon besprochen, ein Prachtkleid, das sich auch auf die Flossen erstreckt und dort vor allem aus dem schon bei paarbildenden Cichliden vorhandenen Muster besteht, das hier viel kräftiger und kontrastreicher ausgebildet ist. Ursprünglich als Flossenmuster üblich sind braune bis rote Flecke auf der sonst glasigen Flossenhaut. Für das Prachtkleid werden diese Flecke deutlicher und röter.
3. Das Weibchen sucht beim Laichen auf dem Boden der Grube sehr sorgfältig nach etwa vergessenen Eiern, die sich nämlich durch ihre gelbliche oder rötlich-braune Färbung nicht besonders gut vom Sand abheben. Das Weibchen nimmt in seinem Eifer zuweilen auch Kiesel oder Weizenkörner mit auf. Wahrscheinlich deshalb säubern die Männchen ihre Laichgruben gewöhnlich von allen Objekten, die irgendwie zu Verwechslungen Anlaß geben könnten.

Nun hat man also ein Weibchen in der Laichgrube, das die eben gelegten Eier rasch eingesammelt hat und nun sehr aufmerksam weiter nach etwa vergessenen eigroßen und eifarbenen runden Objekten sucht; dazu ein Männchen, das sich – »viel zu spät« – in Drohhaltung mit gespreizten Flossen zum Besamen anschickt, sich dabei quer vor das Weibchen stellt und ihm zwangsläufig die Prachtkleidmusterung seiner Flossen, vor allem der dem Weibchen am nächsten liegenden Afterflosse darbietet. Dieses Muster besteht aber aus runden Flecken, die etwa eigroß und annähernd eifarben sind. Tatsächlich probiert jetzt das Weibchen, ob diese Flecke sich vielleicht doch wie Eier aufnehmen lassen – natürlich vergebens. Aber ohne daß sie es merkt, schnappt sie dabei Spermien auf, die das Männchen über dem leeren Boden ausstößt. So gelangen schließlich die Spermien doch noch zu den schon im Maul des Weibchens befindlichen Eiern.

Auf diese Weise haben die *Haplochromis*-Arten eine ganz eigene Form der »inneren Besamung« erfunden. Und sie haben sie weiterentwickelt. Je schneller das Weibchen die Eier aufnimmt, je sicherer diese also bis dahin unbesamt bleiben, desto ähnlicher wird das Fleckenmuster der Afterflosse den wirklichen Eiern und desto sicherer reagiert das Weibchen dann auf diese dicht neben der Geschlechtsöffnung des Männchens liegenden Ei-Attrappen, nimmt »unbeabsichtigt« die unsichtbaren Spermien auf und besamt schließlich alle Eier in seinem Maul (Abb. 5). So schadet es dann nichts, wenn die Eier, so schnell es geht und deshalb unbesamt, eingesammelt werden.

Das ist aber erst der eine Trick: die Entwicklung ist bei einigen Arten noch weitergegangen, und auch das wäre richtig vorauszusagen gewesen, wenn man alles bisher Geschilderte berücksichtigt.

1. Die Bereitschaft, Eier aufzunehmen, erwacht beim Maulbrüterweibchen, wie wir sahen, zugleich mit der Laichbereitschaft. Wenn das Weibchen sich also zur Männerkolonie aufmacht, ist es auch schon bereit, auf Eier zu reagieren.

2. Die wartenden Männchen schwimmen dem ankommenden Weibchen aus ihren Revieren ein Stück entgegen und stellen sich immer wieder in stark drohend getönter Balzstellung mit gespreizten Flossen quer vor es hin.

3. Auch dabei werden dem Weibchen natürlich wieder die Ei-Attrappen sichtbar.

Demnach hat das Weibchen jetzt nicht nur ein prachtfarbenes Männchen vor sich, mit dem es ablaichen will, sondern auch noch ein Ei-Gelege, das es aufnehmen will (Abb. 4); es fühlt sich also doppelt, sozusagen als Weibchen und Mutter zugleich, angesprochen.

Nun hängt bei paarbildenden Cichliden die Zahl der Nachkommen von der Anzahl gut »verheirateter« Paare ab, bei den Maulbrütern aber einfach von der Zahl laichreifer Weibchen. Von den Männchen hat nicht der die meisten Nachkommen, der sich am festesten an ein Weibchen bindet, sondern derjenige, dem es gelingt, die meisten ankommenden Weibchen zu sich in die Laichgrube zu locken. Da die Kolonienachbarn um jedes Weibchen konkurrieren müssen, wird sich der erfolgverbessernde Trick mit den Ei-Attrappen sehr schnell als zusätzliches Lockmittel durchgesetzt haben. Außerdem sind

Abb. 5: Das absamende Männchen von H. burtoni zeigt seine Ei-Attrappen, die das Weibchen aufzunehmen versucht.

die Ei-Attrappen selbst unter dem Selektionsdruck ihrer doppelten Funktion immer auffälliger geworden: Guanineinlagerung macht die leuchtend gelborange farbenen Eiflecke glänzend, und ein dunkler Kontrastring hebt sie deutlich vom silbern guaninglänzenden Flossenhintergrund ab, wenigstens beim hier abgebildeten *Haplochromis burtoni* (Abb. 5). Verwandte Arten haben andere Hintergründe oder Kontrastringe, das Prinzip ist aber bei allen dasselbe.

Hier droht aber nun schon wieder eine Sackgasse. Denn die Bereitschaft des Weibchens, auf die Eier oder Ei-Attrappen zu reagieren, ist vor dem Ablaichen wahrscheinlich noch relativ gering. Also sollten die Männchen zu Balzzwecken übernormal »schöne« Ei-Attrappen entwickeln, um die noch nicht sehr reaktionswilligen Weibchen dennoch damit zu locken. Tatsächlich sind die Flecken oft viel glänzender und schärfer vom Hintergrund abgehoben als die richtigen Eier. Doch sind sie das auch beim Besamen, und da könnte es passieren, daß das Weibchen sich nur um die Flecke kümmert und die Eier liegen läßt, weil ja die Männchen normalerweise versuchen zu besamen, solange noch Eier am Boden liegen. Man könnte annehmen, das sei nicht weiter schlimm, denn dann würden diese Eier eben doch noch am Boden besamt, solange die Aufmerksamkeit des Weibchens durch die Attrappen gefesselt bleibt (nach dem Besamen versteckt das Männchen die Flecke ja wieder in der gefalteten Flosse). Gegen dieses Verfahren sprechen einige Argumente, die hier nicht erörtert werden können. Die hier abgebildete Art jedenfalls verhindert eine Vergleichsmöglichkeit zwischen den Eiern und den schöneren Attrappen dadurch, daß das Männchen entgegen der Regel nicht zum Besamen ansetzt, sobald das Weibchen ihm Platz macht, sondern erst, wenn das Weibchen alle Eier aufgesammelt hat; bis dahin steht das Männchen wie unbeteiligt wartend daneben. Aus der normalen Folge: Ablaichen – Besamen – Aufsammeln wird durch Umstellen der letzten beiden Glieder die neue Folge: Ablaichen – Aufsammeln – Besamen. Wie diese Umstellung zustande gebracht wurde, ist noch unklar. Man sieht aber, wie eine Änderung im Verhaltenssystem andere nach sich zieht. Das ist es, was wir Evolution nennen.

Die eingangs gestellte Frage, wofür diese Fischmännchen mit den Ei-Abbildungen »Reklame« machen, ist auch beantwortet: sie lösen eine auf Eier gemünzte Reaktion beim Weibchen aus. Diese Reaktion ist ursprünglich eine Brutpflegehandlung, dient aber in der Attrappensituation dem Besamen der Eier und schließlich sogar dem Zusammenführen der Elterntiere. Das ist ein klares Beispiel für den Funktionswandel einer Verhaltensweise.

Theoretische Schlußfolgerungen

Die Ausbildung dieses spezifischen Signals bei den Maulbrütern zeigt zunächst, wieviel vom Verhalten und von der Lebensweise einer ganzen Tiergruppe man wissen muß, ehe man eine so einfache Frage wie die nach der Bedeutung der auffälligen Flossenflecke beantworten kann. Das Beispiel ist aber außerdem noch in einem ganz anderen Zusammenhang wichtig. Seit genau 100 Jahren streiten nämlich Wissenschaftler, Tierfreunde und Naturphilosophen über die Ursachen, die Folgen und selbst über die Existenz der von Bates 1862 entdeckten Mimikry. Gemeint ist damit die Nachahmung einer geschützten Tierart, etwa einer Wespe oder Hornisse, durch ungeschützte Arten, wie etwa Schwebfliegen, Wespenböcke, Hornissenschwärmer und viele andere, die alle genießbar sind, aber ihrer Warnfarbe wegen von Insektenfressern ebenfalls gemieden werden, sobald diese nur einmal schlechte Erfahrungen mit den wehrhaften oder ungenießbaren Vorbildern gesammelt haben. Die Schwebfliege imitiert äußerlich eine Wespe und wird dann auch wie eine Wespe behandelt, nämlich nicht gefressen. Die Nachahmer imitieren alle ein Signal, das für den Empfänger eine bestimmte Bedeutung in bezug auf das Vorbild hat. Das nachgeahmte Signal freilich hat diese Bedeutung nicht (der Nachahmer ist gar nicht ungenießbar), aber der Nachahmer hat gerade dadurch einen Vorteil, daß der Signalempfänger die Imitation nicht vom echten Vorbild unterscheidet, sondern darauf hereinfällt, also die genießbaren Beutetiere auch meidet. Wir haben es hier also mit »gefälschten Signalen« in der Verständigung der Tiere, wenn man so will, mit einem *Betrug* zu tun.

Das gilt ebenso für das hier genannte Beispiel des Ei-Attrappen tragenden Clichiden. Es gibt aber immer wieder oder immer noch Leute, die aus etwas unklaren Gründen die Behauptung verteidigen, solche »Betrügereien« kämen in der Natur nicht vor, es könne keine Vorteile bringen, wenn man seinen »Gesprächspartner« täuscht. Eines ihrer Argumente lautet: »Wieso sollen Warnfarben oder gar falsche Warnfarben sich entwickelt haben, wo doch die meisten Tiere ebensogut ohne sie auskommen?« Das nennt man in Amerika den Kühlschrank-Trugschluß, denn ebensogut könnte man den Vorteil von Kühlschränken anzweifeln, solange die meisten Menschen noch keine haben. Andere Gegenargumente stützen sich auf unsere Unkenntnis. Tatsächlich erschließen wir das Funktionieren beispielsweise der Wespennachahmung ja aus Einzelbeobachtungen und Dressurversuchen, ohne daß wir die Lebensgewohnheiten und Verhaltensweisen von Wespen, Wespennachahmern und ihren verschiedenen Raubfeinden (insektenfressenden Vögeln, Reptilien, Amphibien und Säugern) und vor allem ihre normalen, im Freiland herrschenden gegenseitigen ökologischen Beziehungen schon genau genug kennten.

Demgegenüber bietet der Fall der Ei-Attrappen als einer innerartlichen Täuschung erstmals einen klaren Beweis für das Funktionieren einer solchen Täuschung mit Signalattrappen; denn

erstens wird das Eieraufsammel-Verhalten des Weibchens mehrmals abwechselnd von den Eiern und ihren Imitationen in nur ein bis zwei Sekunden Abstand ausgelöst,

zweitens geschieht das innerhalb einer Laichgrube und innerhalb eines Laichaktes, so daß Umgebungsänderungen und Stimmungsänderungen der handelnden Tiere praktisch wegfallen,

drittens sind nur Tiere ein und derselben Art beteiligt, man braucht also im engsten Rahmen nur das Verhalten, die Lebensweise einer Art zu kennen,

und *viertens* gehören die normale Reaktion und das Hereinfallen auf die Attrappen funktionell zusammen – anders würden ja die Eier nicht besamt

–, und das zeigt ganz deutlich den Selektionsvorteil auch der Täuschung. Wenn es gelingt, zu diesem ersten noch weitere Fälle innerartlicher Täuschungsmanöver zu finden, so werden sie in der Erforschung der Mimikry, aber auch in der Erforschung der Entstehung von Signalen bald an Bedeutung gewinnen.

Jürgen Jacobs

Das Plankton-Paradoxon

Dieser Beitrag behandelt ein berühmt gewordenes biologisches Problem, nämlich die Frage, wie sich im Lebensraum des freien Wassers, also einer denkbar einförmigen Umwelt, dennoch eine Vielzahl verschiedener tierischer Anpassungsformen entwickeln konnte.

Eine allgemeine ökologische Regel besagt, daß die physikalische und chemische Mannigfaltigkeit eines Biotops mit seinem Reichtum an pflanzlichen und tierischen Arten direkt korreliert ist. So beherbergt die Eintönigkeit des Sandstrandes weniger Tierarten als eine vielfältig zerklüftete Steilküste, und eine Wiese ist tierärmer als ein benachbarter Mischwald. Eine Hauptursache für diese Gesetzmäßigkeit ist ohne Zweifel in der Tatsache zu suchen, daß ein stark gegliedertes oder mosaikhaftes Biotop mehr Möglichkeiten für die Ausbildung spezieller Anpassungsformen bietet als eine strukturarme Umgebung, etwa in bezug auf Futterbeschaffung, Spezialanpassungen an Mikroklimata, Territorienbildung und Unterschlupfmöglichkeiten gegenüber potentiellen Feinden. Im folgenden möchte ich über eine Lebensgemeinschaft berichten, die scheinbar im Widerspruch zu diesem ökologischen Prinzip steht, nämlich die der kleinen und kleinsten Organismen der zentralen Wassermassen der Seen, das sogenannte *Plankton des Pelagials*[1].

Es dürfte wohl kaum ein homogeneres Milieu als den pelagialen Bereich der Seen und Ozeane geben: Das Medium ist überall prinzipiell gleichartig, wir finden, mit Ausnahme der Wasseroberfläche, keinerlei Grenzschichten, keine topographischen Strukturen, keine abgrenzbaren Mikroklimata. Wenn wir uns der Aufgabe unterziehen würden, unter dem Aspekt der Mosaikhaftigkeit eine Rangordnung der belebten Gegenden der Erde aufzustellen, so käme die Zone des Pelagials ohne Zweifel recht schlecht weg. Das Frappante ist aber nun, daß wir gerade hier einen außerordentlichen Reichtum an kleinen und kleinsten Pflanzen- und Tierarten finden, deren Dimensionen sich in den Größenordnungen von etwa 0,5 bis 5000 μ bewegen.

1 von griech. Pelagos, das Meer: das freie Wasser des offenen Meeres oder tiefer Seen.

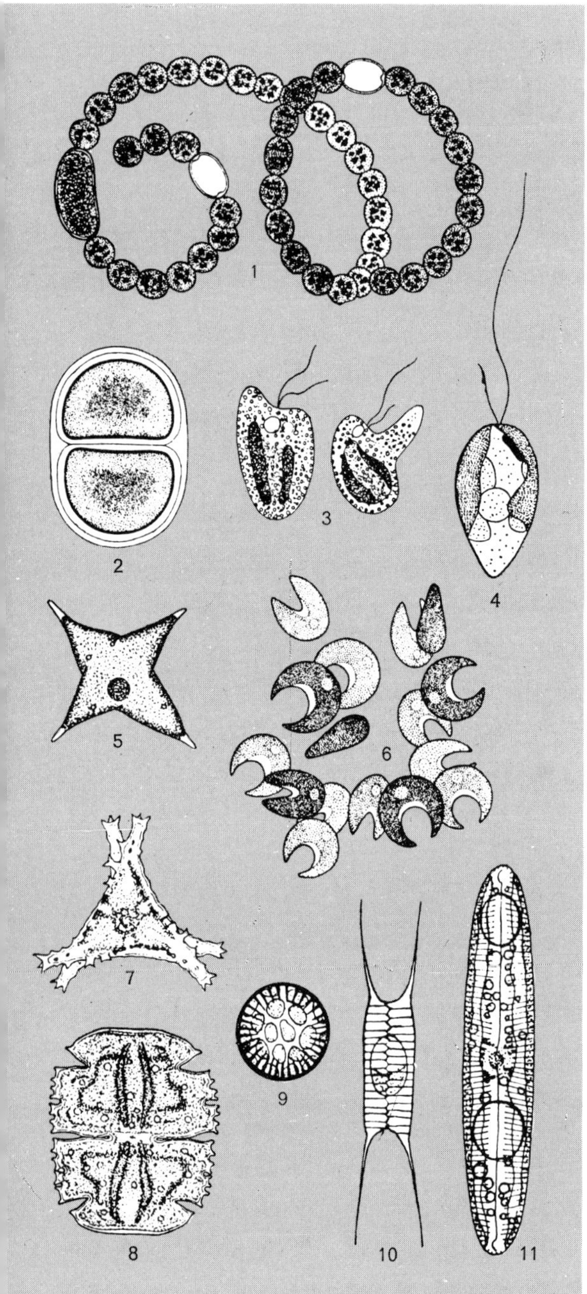

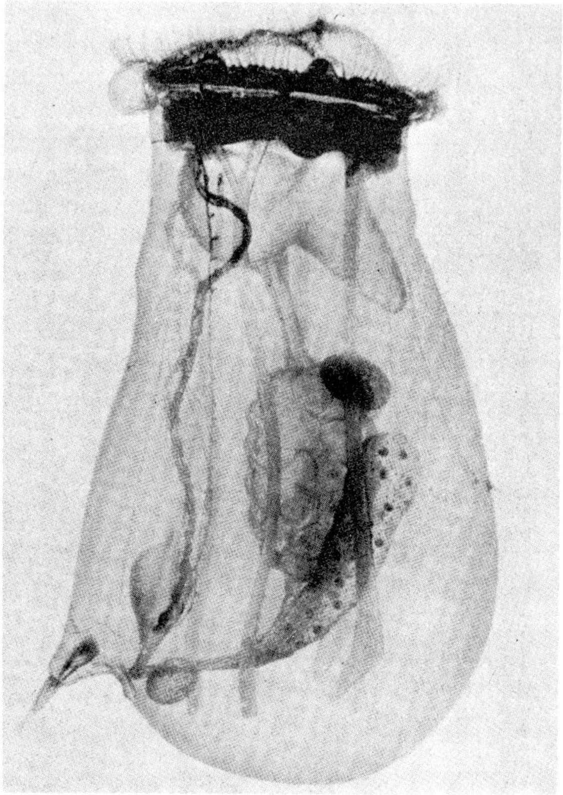

2a

Abb. 2: Typische Vertreter der drei Hauptgruppen des Süßwasserzooplanktons: (a) Asplanchnopus, ein räuberisches Rädertierchen (nach einem Glasmodell des American Museum of Natural History in New York), (b) Daphnia, eine Cladocere, und (c) Cyclops, ein Copepode.

Abb. 1: Einige typische Vertreter planktonischer Süßwasseralgen. Die Hauptgruppen umfassen Blaualgen (Cyanophyceae, 1 u. 2), Flagellaten (Flagellatae, 3 u. 4), Grünalgen (Chlorophyceae, 5 u. 6), Jochalgen (Conjugatae, 7 u. 8) und Kieselalgen (Diatomeae, 9, 10, 11).

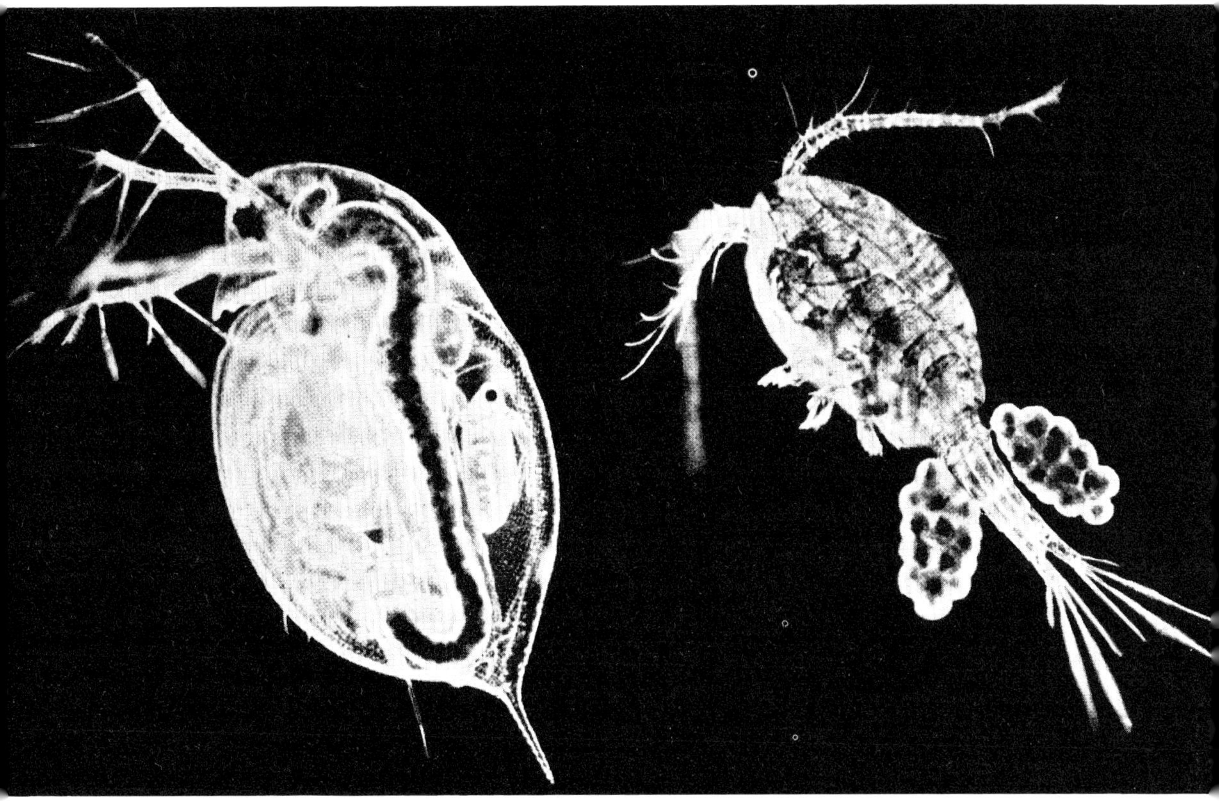

2b *2c*

Da ist zunächst das *Phytoplankton*, die planktonischen Algen (Abb. 1). Sie sind für praktisch die gesamte Produktion des primären organischen Materials des Pelagials verantwortlich. Es ist erstaunlich, welchen Reichtum an Algenarten (56!) man unter Umständen an einem einzigen Standort und an einem einzigen Tage beobachten kann. Beachtenswert ist auch, daß häufig nah verwandte und entsprechend ähnliche Arten *sympatrisch*, d. h. im selben Lebensraum vorkommen. Von diesen Primärproduzenten lebt, von wenigen, obschon signifikanten Ausnahmen abgesehen, das *Zooplankton*. Wiederum finden wir eine große Artenfülle. Es fällt jedoch auf, wenn wir die Arten außer acht lassen, die nur einen Teil ihrer Entwicklungszeit im Wasser verbringen (wie etwa Mückenlarven), daß drei Tiergruppen fast die gesamte »Biomasse« des Süßwasserzooplanktons bestreiten (Abb. 2):

Rotatorien	*»Rädertierchen«, hochspezialisierte, wurmartige Tiere*
Cladoceren } *Copepoden*	*beide niedere Crustaceen, Krebschen, zu denen z. B. unsere Wasserflöhe gehören.*

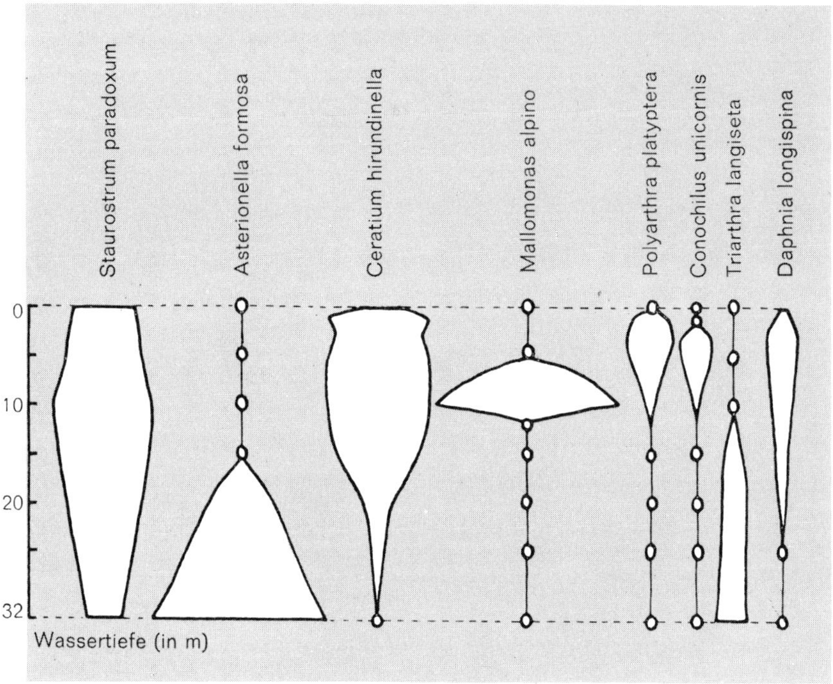

Abb. 3: Verteilung einiger Planktonformen im Lunzer Untersee. Die Durchmesser der Kurvenflächen entsprechen der Individuenzahl, die auf den Durchmesser eines Wasserzylinders von 1 l Inhalt entfallen würde. Von links: 4 Algen, 3 Rädertierchen, 1 Cladocere (nach F. Ruttner).

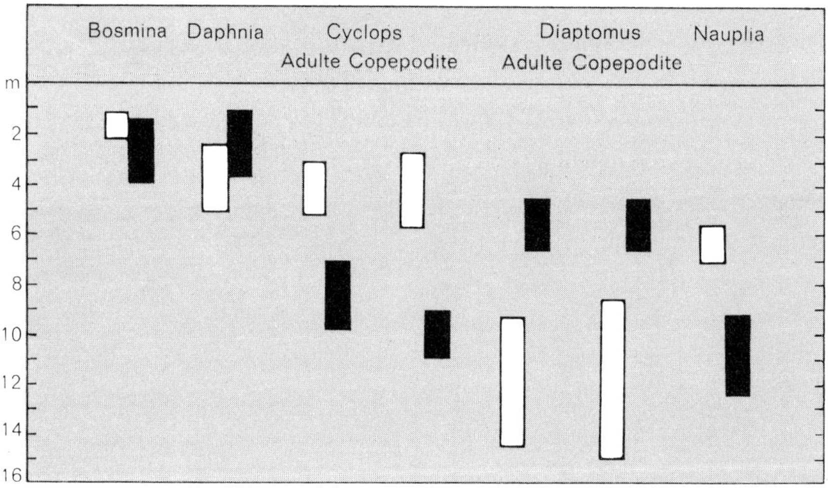

Abb. 4: Durchschnittliche vertikale Begrenzung der Populationen der Cladoceren Bosmina und Daphnia sowie der Copepoden Cyclops und Diaptomus. Bei den Copepoden wurde zwischen verschiedenen Altersstadien (Nauplien, Copepodite, adulte Tiere) unterschieden: weiße Kästchen Bodensee, schwarze Kästchen Schwarzwaldseen (nach R. Schröder).

Wiederum sind sympatrische Arten derselben Gattung nicht selten: Mit einem guten Netzzug können wir in einem See durchaus 2 bis 3 *Diaptomus-* oder *Cyclops- (Copepoden)* oder gar 5 bis 6 *Daphnien- (Cladoceren)*-Arten fangen.

Hutchinson von der Yale University hat diese Diskrepanz zwischen der Homogenität des Lebensraumes und der Vielfalt der Lebewelt einmal das »Plankton-Paradoxon« genannt. Wie können wir es erklären? Um das Problem besser verstehen zu können, lohnt es sich, einen Blick auf diesen Lebensraum und seine Bewohner zu werfen.

Wenn wir das Pelagial näher auf seine physikalischen und chemischen Eigenschaften untersuchen, dann finden wir, daß es gar nicht so völlig homogen ist, wie es auf den ersten Blick erscheinen mag. Wir beobachten z. B. im Sommer eine gewisse vertikale Temperaturschichtung, häufig mit einer Zone, in der die Temperatur nach unten besonders schnell abnimmt, der »Sprungschicht«. In ähnlicher Weise läßt sich oft eine Sauerstoffabnahme und Kohlendioxidzunahme mit zunehmender Wassertiefe feststellen. Die Intensität des Lichtes nimmt mit zunehmender Tiefe ab, und gleichzeitig verschiebt sich dabei seine spektrale Zusammensetzung. Turbulenzphänomene sind häufiger und stärker über und in der Sprungschicht als in größeren Wassertiefen. Diese vertikale Aufgliederung des Pelagials ist ihrerseits zeitlichen Variationen unterworfen, so etwa dem Tag-Nacht-Rhythmus und jahreszeitlichen Zyklen von Temperatur, Licht und Nahrungsangebot.

Untersuchen wir mit geeigneten Fanggeräten, wo und wann einzelne Planktonarten bevorzugt auftreten, so finden wir in Abhängigkeit von der immerhin großzügigen und vergleichsweise einfachen Gliederung des Pelagials eine ganz bestimmte Verteilung der verschiedenen Planktonarten in Raum und Zeit. Auf Abb. 3/4 sehen wir, daß verschiedene Vertreter des Phyto- und Zooplanktons unterschiedliche Wassertiefen bevorzugen. Abb. 5 zeigt, wie sich in einem See verschiedene *Copepoden* jahreszeitlich arrangieren können: Sowohl ganze Artgruppen als auch einzelne Arten zeichnen sich durch spezifische Vorzugsjahreszeiten aus.

In diesem Zusammenhang möchte ich ein auffälliges Phänomen erwähnen, die sogenannte *Zyklomorphose.* Obwohl viele Planktonarten Vorzugsjahreszeiten haben, sind sie doch zu allen oder den meisten Jahreszeiten vorhanden und durchlaufen oft viele Generationen pro Jahr. Dies ist besonders bei *Rotatorien* und *Cladoceren* der Fall. Man beobachtet nun oft, daß die Individuen der gleichen Art zu verschiedenen Zeiten verschieden aussehen. Abb. 6 zeigt die jahreszeitlichen morphologischen Variationen des Gehäuses einer *Rotatorienart (Brachionus sp.).* Man beachte die extravaganten Fortsätze der Sommertiere. Gewisse *Cladoceren,* wie etwa *Daphnia cucullata* oder

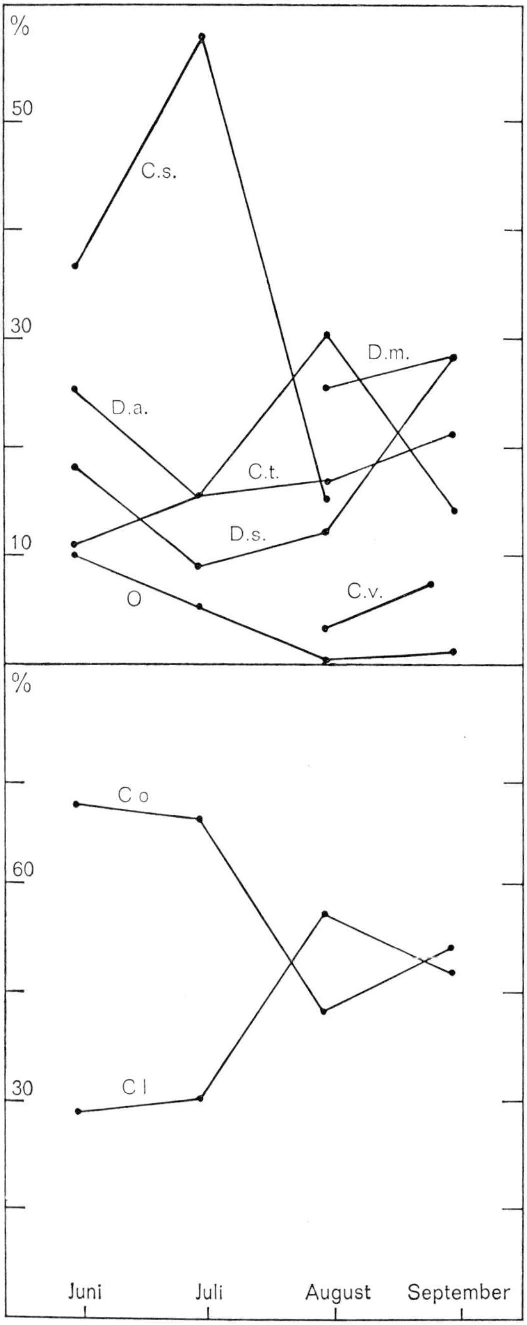

Abb. 5: Verschiebung der relativen Häufigkeit des Planktons innerhalb eines Vierteljahres im Wollaston Lake, Kanada. a: Ein Vergleich zwischen einzelnen Copepodenarten. C.s. = Cyclops scutifer, C. t. = C. thomasi, C. v. = C. vernalis, D. a. = Diaptomus ashlandi, D. m. = D. minutus, D. s. = D. sicilis, O = andere Arten, b: Allgemeiner Vergleich zwischen Cladoceren und Copepoden (nach W. T. Edmondson).

Bosmina coregoni, bilden im Sommer hohe Helme und lange Karapaxstacheln bzw. Buckel und verlängerte Antennulen aus (Abb. 7). Es sieht beinahe so aus, als ob hier eine Art die Aufeinanderfolge mehrerer Arten nachahmen wollte. Ich werde später auf die mögliche Bedeutung dieser Variationen zurückkommen.

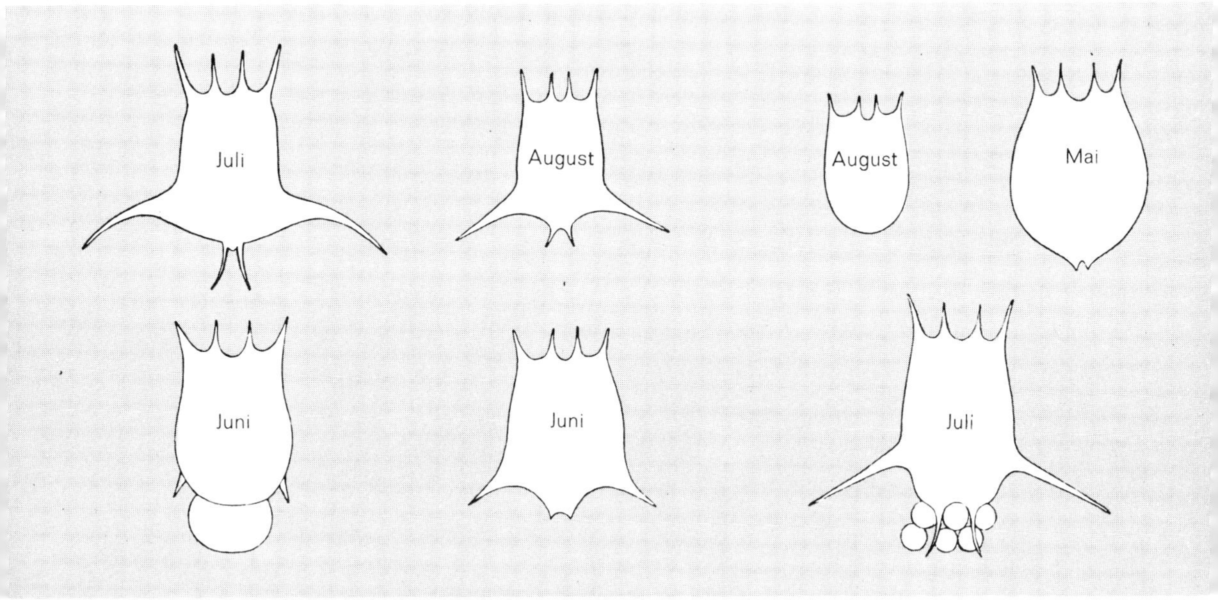

Abb. 6: Jahreszeitliche Veränderungen an der Schale des Rädertierchens Brachionus. Die Julitiere des ersten Jahres tragen lange Stacheln. Im August treten neben kurzstachligen auch stachellose Formen auf. Erst im Juni des nächsten Jahres erscheinen wieder kurze Stacheln, die im darauffolgenden Monat langen Stacheln Platz machen (nach Wesenberg-Lund).

Abb. 7: Temporalvariationen bei Daphnia cucullata (oben) und Daphnia longispina (unten). Im Sommer ist der Helm höher als im Winter (nach Wesenberg-Lund).

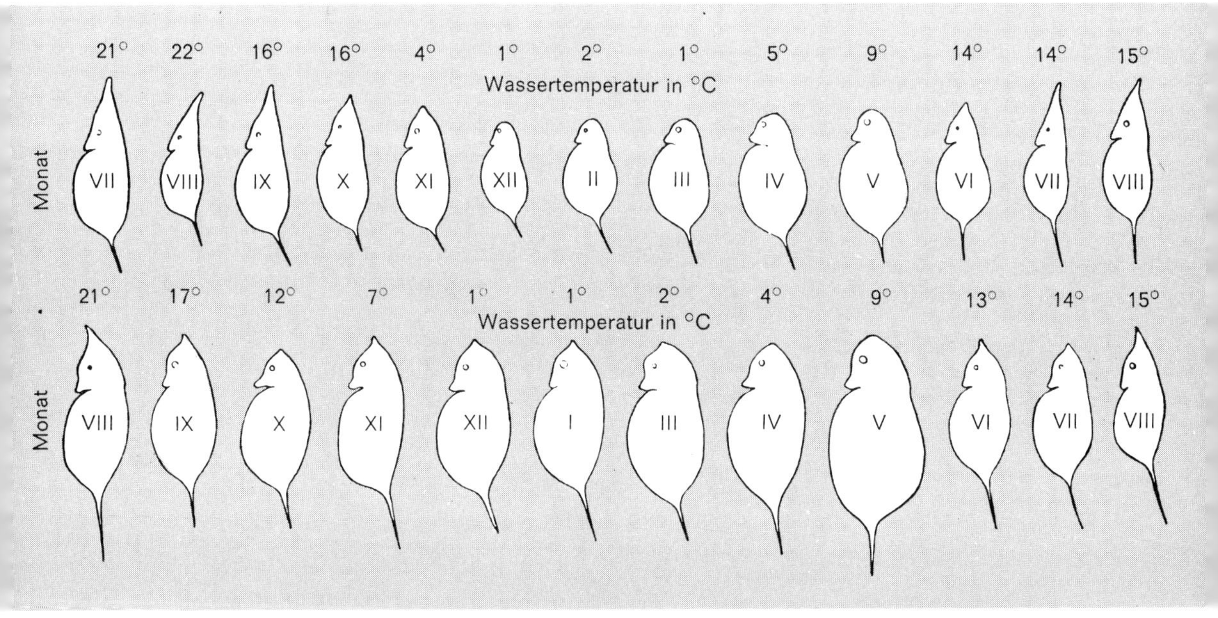

Zusammenfassend läßt sich also sagen, daß wir nicht einem wahllosen Konglomerat vieler Arten, sondern einem *komplexen räumlichen und zeitlichen Verteilungsmuster* gegenüberstehen. Nun unterliegt es keinem Zweifel, daß das Verteilungsschema jeder einzelnen Planktonart, obschon durch Außenfaktoren gesteuert, in seiner Artspezifität genetisch bedingt ist, sich also in einem Evolutionsprozeß ausgebildet haben muß. Es ergibt sich die Frage, welche Faktoren wir für die phylogenetische Ausbildung der beobachteten Verteilungsmuster verantwortlich machen können. Im folgenden möchte ich mich aber nicht mit dem Artenreichtum als solchem, d. h. mit dem Problem der Artaufspaltung befassen, die, von bestimmten und hochinteressanten Ausnahmen abgesehen, dem üblichen klassischen Schema folgt. Vielmehr möchte ich fragen: *Was zwingt die genetische Konstitution einer Art, im Laufe der Zeit in eine ganz bestimmte Richtung zu gehen,* so daß sie einen bestimmten Platz im Ordnungssystem einer Lebensgemeinschaft einnimmt? Die folgenden Ausführungen werden einen guten Teil Spekulation enthalten. Dies geschieht jedoch ganz bewußt, denn gerade auf dem so ungeheuer weitgespannten Gebiet der Ökologie brauchen wir heute nichts nötiger als Arbeitshypothesen, die durch gezielte Freilanduntersuchungen oder Experimente auf ihre relative Bedeutung oder aber Bedeutungslosigkeit geprüft werden können. Ich möchte versuchen zu zeigen, *daß Beziehungen zwischen den Arten eine außergewöhnliche Rolle für die Planktonevolution spielen.* Nach der DARWINschen Theorie der Evolution werden jeweils die Individuen begünstigt, welche, aus was für Gründen auch immer, *de facto* die höchste Vermehrungsrate besitzen. Die natürliche Selektion setzt an *den* Variablen einer Art an, die mit deren *Reproduktionsmöglichkeit* im Zusammenhang stehen. Aus einer großen Anzahl von Untersuchungen wissen wir, daß mit Ausnahme der Wassertemperatur wohl nichts die effektive Vermehrungsrate einer Planktonpopulation so sehr beeinflußt wie das Nahrungsangebot einerseits und die Mortalität oder Sterblichkeit der Individuen vor oder während des reproduktionsfähigen Alters andererseits. Demgemäß möchte ich auf zwei Typen der interspezifischen Beziehung eingehen:

1. Nahrungskonkurrenz;
2. Räuber-Beute-Beziehungen.

Schon seit den zwanziger Jahren ist die mathematische Formulierung eines ökologischen Prinzips bekannt, das wir heute ziemlich allgemein als »Competitive Exclusion Principle« bezeichnen. Man kann das etwa mit »Prinzip der tödlichen Konkurrenz« oder auch einfach »Exklusionsprinzip« übersetzen. Es besagt, daß zwei Arten, die um genau die gleiche Nahrung konkurrieren, auf die Dauer nicht nebeneinander existieren können. Es ist immer

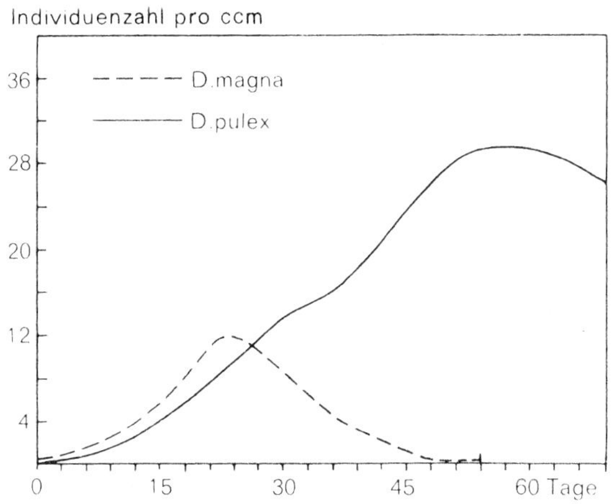

Abb. 8: Nahrungskonkurrenz zwischen Daphnia magna und Daphnia pulex in einer Mischkultur. Fütterung mit Hefe. Zu Beginn des Experiments steigt die Populationsdichte bei beiden Arten ziemlich gleichmäßig an. Nach 24 Tagen jedoch beginnt Daphnia magna abzunehmen. Nach 55 Tagen ist D. magna eliminiert, während D. pulex die maximale Populationsdichte erreicht hat (nach P. W. Frank).

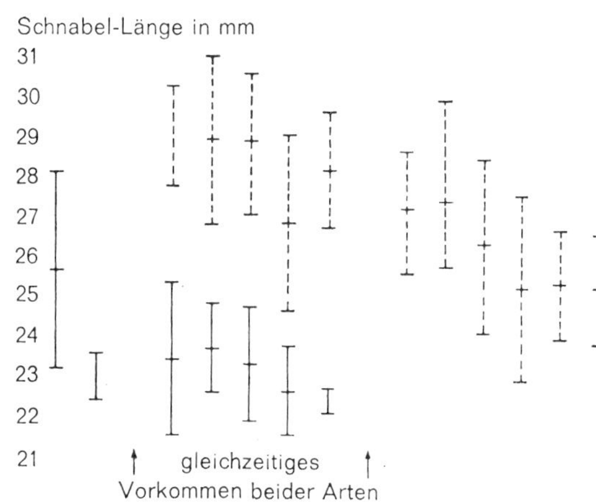

Abb. 9: Geographische Variation der Schnabellänge bei zwei teilweise sympatrischen Felskleibern, Sitta neumeyer (ausgezogene Linien) und Sitta tephronota (gestrichelte Linien). Links die westlichen Populationen (Dalmatien, Griechenland), rechts die östlichen Populationen (Tian Shan). Im geographischen Überlappungsgebiet Iran (zwischen den beiden Pfeilen) tritt keine Überschneidung der Schnabellänge auf (nach Brown und Wilson).

so, daß irgendwelche noch so geringfügigen Unterschiede bestehen, die es einer Art ermöglichen, einen etwas höheren Prozentsatz der verfügbaren Nahrung auszunützen, als es der anderen Art möglich ist. Durch ihre Konkurrenz unterdrückt dann die eine Art die andere mehr, als es umgekehrt der Fall ist. Als Folge davon verschwindet die eine Art langsam, aber sicher ganz. Dieses Prinzip ist in vielen Experimenten bestätigt worden. Abb. 8 zeigt das Beispiel der Nahrungskonkurrenz zwischen *Daphnia magna* und *Daphnia pulex*. Nach einem gewissen Populationsanstieg beider Arten beginnt *D. magna* abzunehmen und ist nach einiger Zeit verschwunden, während sich *D. pulex* bester Vitalität erfreut.

Fast die einzige Alternative zu diesem tödlichen Duell ist die Aufhebung der Konkurrenz, etwa dadurch, daß die Arten »übereinkommen«, sich räumlich oder zeitlich aus dem Wege zu gehen. Gerade das scheint sich in der zuvor beschriebenen Planktonverteilung auszudrücken. Ich glaube, es kann nicht bestritten werden, daß die beobachtete Planktonstruktur zumindest *de facto* eine gewisse Aufhebung der Nahrungskonkurrenz zur Folge hat. Dies gilt sowohl für das Phytoplankton, das ja gemeinsam auf den oft geringen Nitrat-, Phosphat- und Spurenelementgehalt des Pelagials angewiesen ist, als auch für das von den Algen lebende Zooplankton.

Eine andere Methode solch »ökologischer Nischentrennung« wäre eine *divergierende Nahrungsspezialisierung*. Man hat früher gemeinhin angenommen, daß die Zooplankten mit ihren Nahrungsfiltermechanismen die kleinen Algenpartikel wahllos aufnehmen. Sie würden dann gerade auf Grund dieser »blinden« Art und Weise der Nahrungsaufnahme miteinander in Konkurrenz stehen. Je mehr einzelne Arten jedoch genauer untersucht werden, desto deutlicher wird es, daß die kleinen Tiere in begrenztem Umfang durchaus wählerisch sind. So hat z. B. Lownde schon in den dreißiger Jahren berichtet, daß *Copepoden* der Gattung *Eudiaptomus* von einer Algenmischkultur aus Grünalgen und *Desmidiaceen* die letzteren bevorzugt aufnahmen, selbst wenn die Grünalgen in der Mehrzahl vorhanden waren. Nauwerck in Uppsala hat kürzlich ähnliche Beobachtungen über eine spezifische Nahrungsaufnahme bei *Rotatorien* gemacht.

Auf Futterspezialisierung deuten auch gewisse Freilandbefunde. In Seen mit geringer Planktondichte bestreiten häufig 2 oder 3 *Copepoden*arten und vielleicht eine *Cladoceren*art die Hauptmasse des Zooplanktons. Es fällt auf, wie häufig sich in diesen Fällen die Individuen der einzelnen sympatrischen Arten in ihrer Größe voneinander unterscheiden. Die Tabelle 1 wurde aus einer Arbeit von Hutchinson zusammengestellt. Sie zeigt die Körperlängen solcher sympatrischen *Copepoden*arten der *Calanoidea*-Gruppe. Wenn man annehmen darf, daß Unterschiede der Körpergröße auch Unterschiede in der Größe der bevorzugt aufgenommenen Nahrungspartikel bedeuten, dann würde auch dies Phänomen eine Nischentrennung reflektieren.

Die Frage ist natürlich, wie es zu so einem »gentlemen agreement« zwischen den einzelnen Arten kommt. Eine höchst einfache Möglichkeit wäre die folgende: Jede Population umfaßt auf Grund von Mutationen und Sexualvorgängen ein mehr oder weniger breites Spektrum genetisch verschiedener Tiere. Diejenigen Tiere nun, die am wenigsten mit anderen Tieren zu konkurrieren brauchen, besitzen eben dadurch einen Selektionsvorteil und werden deshalb ihren prozentualen Anteil an der Gesamtpopulation allmählich vergrößern. Die Gegenwart des einen Konkurrenten würde damit also die Evolution des anderen Konkurrenten beeinflussen.

Land	Arten	Körperlänge in mm
Türkei	Hemidiaptomus brehmi	4,2–5,0
	Arctodiaptomus belgrati	0,98–1,24
	Hemidiaptomus kummerlöwei	3,5–4,45
	Arctodiaptomus baccilifer	0,87–1,19
Nordafrika	Hemidiaptomus ingens	5,2
	Diaptomus cyaneus	3,2
	Eudiaptomus numidicus oder Myxodiaptomus lilljeborgi	1,5
	Lovenula falcifera	3,5–5,0
	Metadiaptomus transvaalensis	1,9
Transvaal	Lovenula excellens	3,0–3,5
	Metadiaptomus transvaalensis	1,9
Kanada	Epischura nevadensis	1,8–2,1
	Leptodiaptomus tyrelli	1,2–1,3

Tab. 1: Sympatrische pelagische Calanoiden (nach G. E. Hutchinson).

Daß dies in natura tatsächlich vorkommt, können wir an den vielfältigen Beispielen der sogenannten *ökologischen Merkmalsverschiebung* sehen. Dies Prinzip ist besonders von Brown und Wilson an der Harvard University untersucht worden. Es sei an Hand eines drastischen Beispiels aus der terrestrischen Ökologie erklärt: Zwei Kleiberarten, *Sitta neumeyer* und *Sitta tephronota*, sehen sich äußerst ähnlich und leben von etwa dem gleichen Futter, wie man aus der Übereinstimmung von Schnabellänge und -form bei beiden Arten schließen kann. Nichts reflektiert ja den Nahrungserwerb eines Vogels mehr als die Morphologie des Schnabels. Die zwei Arten leben praktisch getrennt: *S. neumeyer* im Balkangebiet und in Kleinasien, *S. tephronota* in dem östlich anschließenden Gebiet. Interessant ist nun, daß in der relativ kleinen Region, in der beide Arten sympatrisch vorkommen, nämlich im Iran, sich hinsichtlich der Schnabelgröße Lokalrassen gebildet haben. Abb. 9 zeigt, daß hier die eine Art ihren Schnabel vergrößert hat, während ihn die andere Art verkleinert hat, so daß im geographischen Überschneidungsgebiet der Arten keine Überlappung der Schnabellänge vorkommt. Man nimmt an, daß diesem Unterschied der Schnabellänge zumindest teilweise auch Unterschiede in der Beschaffenheit des Futters entsprechen und daß die Entstehung dieser Lokalrassen durch Futterkonkurrenz ausgelöst und dirigiert wurde.

Nach Hutchinson kennen wir beim Plankton bisher erst zwei Beispiele einer Merkmalverschiebung, und diese sind nicht wirklich überzeugend. Hier das eine: Die *Copepoden Arctodiaptomus wierzejskii* und *A. laticeps* leben in Seen Englands, fast immer getrennt. Die Körperlänge beider Arten ist ziemlich variabel, im Durchschnitt jedoch gleich. In einem Gebiet, in dem sich ihr Vorkommen überlappt, lassen sie sich jedoch nach ihrer Größe voneinander trennen: *A. wierzejskii* ist hier um 7% kleiner als sein Konkurrent.

Ein weitgehend harmonisches »Planktonarrangement« könnte auch dadurch zustande kommen, daß sich Arten im Pelagial eines Sees etablieren, die von vornherein mehr oder weniger konkurrenzlos sind, d. h. bereits durch frühere Evolutionsvorgänge andernorts präadaptiert worden sind. Einwandernde Arten, die nicht in dieser glücklichen Lage sind, werden eliminiert, bevor sie maßgeblich in Erscheinung treten. In diesem Falle wäre also eine Art »Aufnahmeprüfung« das selektionierende Prinzip. Nur Arten, die »passen«, haben eine Chance.

Diesen Gedanken abschließend, möchte ich sagen, daß die theoretische Forderung nach zumindest partieller Nahrungsnischentrennung in vielen Fällen erfüllt zu sein scheint. Nach meinem Dafürhalten wird sich dieser Befund mehr und mehr bestätigen in dem Maße, in dem weitere genaue Untersuchungen unternommen werden. Welche von den beiden erwähnten Ursachen in einem gegebenen Fall dominiert, dürfte z. B. von der genetisch bedingten Evolutionskapazität der Arten, ihrer Dispersionsfähigkeit und der Stabilität der betreffenden Gewässer abhängen. Vielleicht ist der Vorgang der Präadaption von besonderer Bedeutung für die relativ schnelle Kolonisation »ungefüllter Nischen« in neugebildeten Seen oder in labilen Gewässern, die jährlich von Austrocknung und Überflutung bedroht sind. Andererseits dürfte die Feinabstimmung des ökologischen Zusammenspiels in stabilen und größeren Seen maßgeblich von konkurrenzgesteuerten Evolutionsvorgängen mitbestimmt werden, zumal sich Kolonisten um so schwerer tun, je komplexer das Ordnungssystem des »Neulandes« bereits ist. Der Nachweis, daß Artenüberlappung im Pelagial die Ursache für Nischentrennung war und noch ist, scheint mir bis jetzt jedoch nicht eindeutig erbracht. Die Vielzahl der vorhandenen sympatrischen Arten in einem enggewirkten »Planktongobelin« wird zwingende Beweise zweifellos ungeheuer schwierig machen.

Jetzt soll die Evolution des Planktons noch von einem ganz anderen, ja fast diametral entgegengesetzten Gesichtspunkt aus betrachtet werden. Bis jetzt beschäftigte uns das Fressen der Organismen, nun sei vom *Gefressenwerden* 60 die Rede, und zwar an einem ganz bestimmten Beispiel, an dem ich zum Teil selbst gearbeitet habe. Hierzu muß ich ganz kurz ein wenig weiter ausholen: Ich habe am Anfang erwähnt, daß besonders bei *Rotatorien* und *Cladoceren* viele Generationen pro Jahr auftreten können; 10 bis 15 sind keine Seltenheit. Das hat zum Teil ganz niederträchtige Konsequenzen für die Auslese der Tiere. Nehmen wir einmal an, eine Generation wächst im Frühjahr heran, bei einer Wassertemperatur von 10°C. Die Tiere, die ein Temperaturoptimum von 10° für ihre Reproduktionsstärke haben, genießen dabei also einen entsprechenden Selektionsvorteil. Nun kommt die solchermaßen ausgewählte 2. Generation. Diese wird aber erst geschlechtsreif, wenn sich das Wasser bereits auf 20°C erwärmt hat. Gerade *die* genetische Konstitution, für die zuvor selektiert wurde, ist jetzt benachteiligt. *De facto* hat eine Art »Selektion der Schlechtesten« stattgefunden.

Es liegt auf der Hand, daß ganz allgemein alle Mutationen, die in einem kleinen Bereich der jahreszeitlichen Veränderungen einen Anpassungswert vermitteln, einen niedrigeren allgemeinen Auslesewert besitzen als Mutationen, die in einem weiten Jahresbereich vorteilhaft sind. Mit anderen Worten ist die Entwicklung einer *Euryökie*, d. h. die Evolution der Fähigkeit, sich einem weiten Spektrum verschiedener Umweltsbedingungen anzupassen, mit der Fähigkeit, viele Generationen pro Jahr hervorzubringen, zwangsläufig gekoppelt.

Die schon erwähnte morphologische und physiologische Variationsfähigkeit vieler *Rotatorien* und *Cladoceren* im Verlaufe des Jahreszyklus ist eine mögliche Ausdrucksform solcher Euryökie. Ich möchte an Hand von zwei Beispielen versuchen zu zeigen, daß als einer der wichtigsten Faktoren, die für die Evolution solcher Variationsfähigkeit verantwortlich zu machen sind, *die jahreszeitlichen Schwankungen der Planktonräuber* angesehen werden können.

1. Beispiel: Wie erwähnt, bilden die Sommertiere des Rädertierchens *Brachionus* oft stark verlängerte Dornen an ihrem Außenskelett (Abb. 6). *Asplanchna*, eine große und räuberische, dem in Abb. 2 gezeigten *Asplanchnopus* recht ähnliche Art, ist ein Spezialfeind von *Brachionus*. Es tritt vor allem im Sommer in hohen Zahlen auf. De Beauchamp in Frankreich hat nun 1951 nachweisen können, daß die Dornbildung von *Brachionus* durch eine Substanz hervorgerufen werden kann, die von dem Räuber *Asplanchna* ins Wasser abgegeben wird. Die Dornen schützen *Brachionus* vor dem Gefressenwerden, eine *Asplanchna*population kann sogar angesichts des stachelbewehrten Futters verhungern. Die prospektive Beute nützt also eine Eigentümlichkeit des Räubers aus, um sich vor eben diesem Räuber zu schützen.
 Es ist äußerst unwahrscheinlich, daß die Evolution einer solchen Korrelation

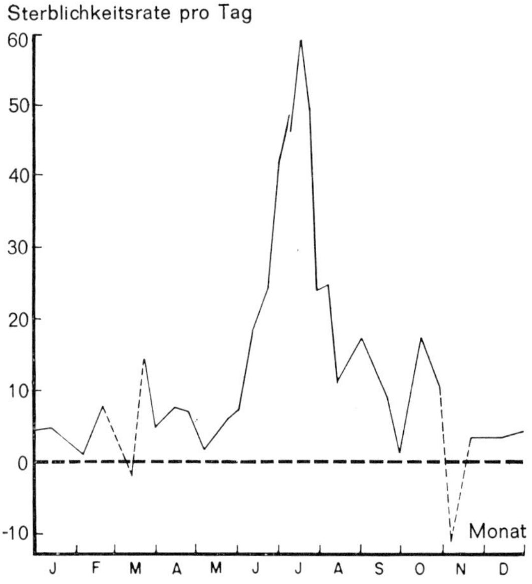

Abb. 10: Jahreszeitlicher Verlauf der Sterblichkeitsrate der zyklomorphen Art Daphnia galeata mendotae im Base Line Lake, USA. Die Sterblichkeit wurde erschlossen durch Abzug der tatsächlich beobachteten Zuwachsrate der Population von der auf Grund der beobachteten Eierproduktion errechneten Geburtsrate (nach D. G. Hall).

zwischen Beute und Räuber ohne wechselseitige Beeinflussung stattgefunden hat.

2. Beispiel: Wir wissen, daß die *Cladoceren*populationen der Seen besonders stark von Fischen dezimiert werden. Abb. 10 zeigt die Sterblichkeitsrate von *Daphnia galeata mendotae* im Base Line Lake in den USA. Hall konnte es wahrscheinlich machen, daß sie fast ausschließlich auf das Gefressenwerden durch Räuber, besonders Fische, zurückzuführen ist. Zwei Punkte sind besonders beachtenswert. Erstens der jahreszeitliche Verlauf: das Maximum der Vernichtungsrate liegt im Hochsommer. Zweitens die außerordentliche Höhe der Mortalität: in den Sommermonaten werden täglich im Durchschnitt ca. 25%, d. h. ein Viertel der existierenden Population gefressen!

Durch die neuen Untersuchungen von Braum und von eigenen Experimenten wissen wir nun, daß eine *Daphnie* oder ein *Copepode* oft eine überraschend hohe Chance hat, einem Fischangriff zu entkommen. So sind junge Blaufelchen nach ihrer Geburt nur in ca. 3% ihrer Angriffe auf *Copepoden* erfolgreich, in den nächsten Wochen ihres Lebens bringen sie es auf etwa 10%. *Daphnien* entkommen selbst älteren Fischen recht häufig, besonders wenn die Lichtverhältnisse ungünstig sind, d. h. in größeren Wassertiefen und während der Dämmerungsperioden.

Die Art *Daphnia galeata mendotae*, an der Hall die natürliche Mortalität untersucht hat, ist stark zyklomorph: die Sommertiere bilden hohe Helme und lange Schwänze aus (Abb. 11). Es ließ sich nun durch Experimente zeigen, daß diese und andere, hier nicht weiter erwähnte morphologische Variationen die Schwimmweise und -leistung der Tiere beeinflussen können.

Abb. 12 zeigt, wie ein langhelmiges Tier auf eine rechtsgelegene Reizquelle (Licht) zuschwimmt. Nach jedem »Hüpfer« durch das Herunterschlagen der Antennen werden diese Schwimmwerkzeuge gleich wieder in die Ausgangsstellung nach oben gebracht. Das Tier sinkt dabei, fast wie an einem Fallschirm, bis zum nächsten Hüpfer wieder in eine mehr oder weniger vertikale passive Sinkstellung zurück. Je mehr es zurücksinkt, desto größer wird aber – in der Schwimmrichtung – sein effektiver Körperquerschnitt und damit sein Gesamtwiderstand gegen das Wasser. Außerdem muß es sich nach jedem Hüpfer um so mehr reorientieren. Wenn man nun aber langhelmige Sommertiere nach geeigneter Betäubung passiv absinken läßt, so zeigt sich, daß sie horizontaler im Wasser liegen als kurzhelmige Wintertiere. In ähnlicher Weise unterscheiden sich die Tiere, wenn man sie durch geeignete Reizbedingungen in horizontaler Richtung schwimmen läßt. Mit dieser Methode ließ sich sogar direkt nachweisen, daß die pro Antennenschlag zurückgelegte Wegstrecke bei Langhelmen größer ist als bei Kurzhelmen.
Sommer- und Wintertypen unterscheiden sich also zu einem gewissen Grade in ihrer Schwimmfertigkeit. Das legt die Frage nahe, ob etwa langhelmige Tiere einem Feind besser entkommen können als kurzhelmige Tiere. Wir benützten zur Prüfung dieser Frage folgende Versuchsanordnung: In mehreren Zweilitergefäßen hielten wir einzelne, je 3 bis 4 cm lange *Guppy*-Männchen *(Lebistes reticulatus)*, zu denen wir im Versuch je 5 kurz- und 5 langhelmige *Daphnien* setzten. Langhelmige und kurzhelmige Tiere kann man sich im Labor unter geeigneten Umweltbedingungen heranziehen. Zehn Tiere pro zwei Liter entsprechen etwa natürlichen Populationsdichten in unseren Seen. Die Versuche wurden bei niederer Lichtintensität (ca. 3 Lux) ausgeführt. Die Fische durften etwa 2 bis 15 Minuten fressen, je nach Versuchstemperatur, dann war etwa die Hälfte der Daphnien verzehrt. Die überlebenden Tiere wurden verglichen. Sowohl bei 25°C als auch bei 15°C überlebten die Sommertypen besser als die Wintertypen. Hier muß ich einfügen, daß, um die entsprechenden Körperproportionen hervorzurufen, kurzhelmige Tiere bei 5°C und langhelmige bei 25°C aufgezogen wurden. Es war daher denkbar, daß die Aufzuchtbedingungen einen von der Morphologie unabhängigen Einfluß auf das Gefressenwerden hatten. Deshalb wiederholten wir die Versuche mit *Daphnia pulex*, einer Art, die keine auffallenden Körpervariationen aufweist (Abb. 2). Hier waren keinerlei Überlebensunterschiede feststellbar zwischen Tieren, die bei 5°C aufwuchsen, und Tieren, die bei 25°C aufwuchsen. (Um diese Tiere beim Auszählen auseinanderhalten zu können, wurde jeweils die eine Gruppe kurz vor dem Experiment mit rotgefärbter Hefe, die andere mit ungefärbter Hefe gefüttert.)

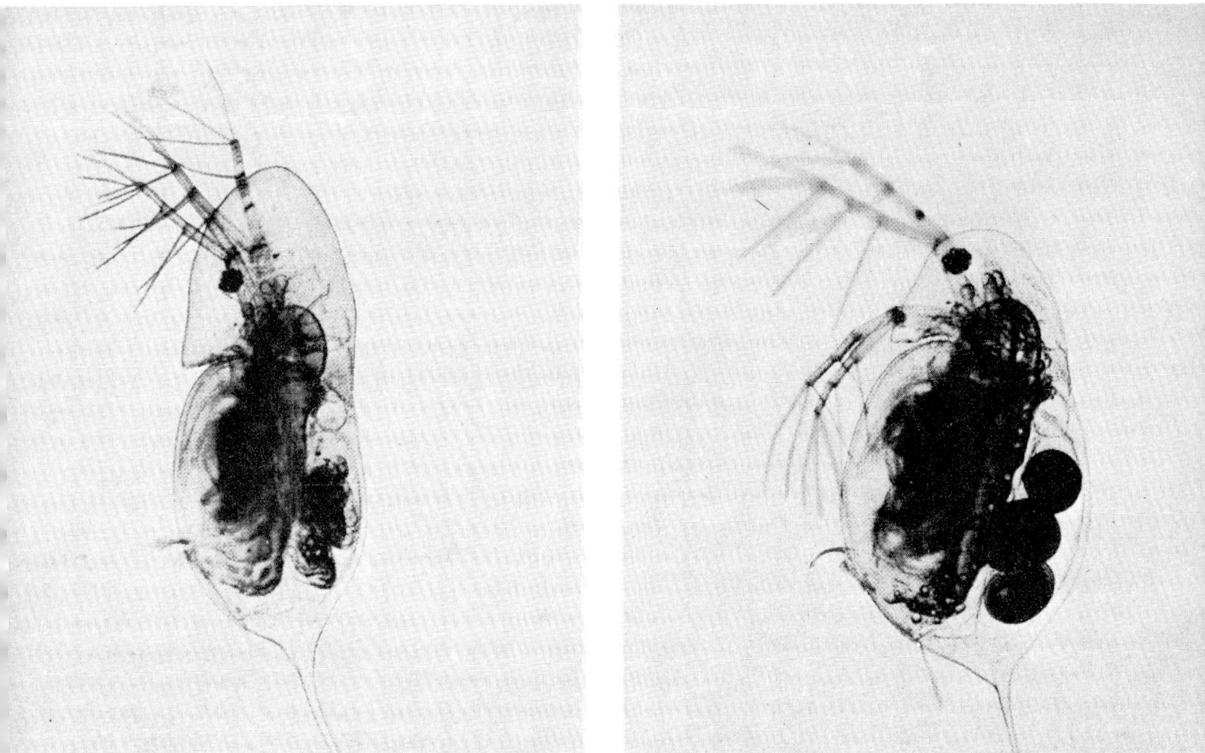

Abb. 11: Daphnia galeata mendotae: Seiten- und Frontansicht langhelmiger Sommertiere und kurzhelmiger Wintertiere. Obere Reihe: Adulte

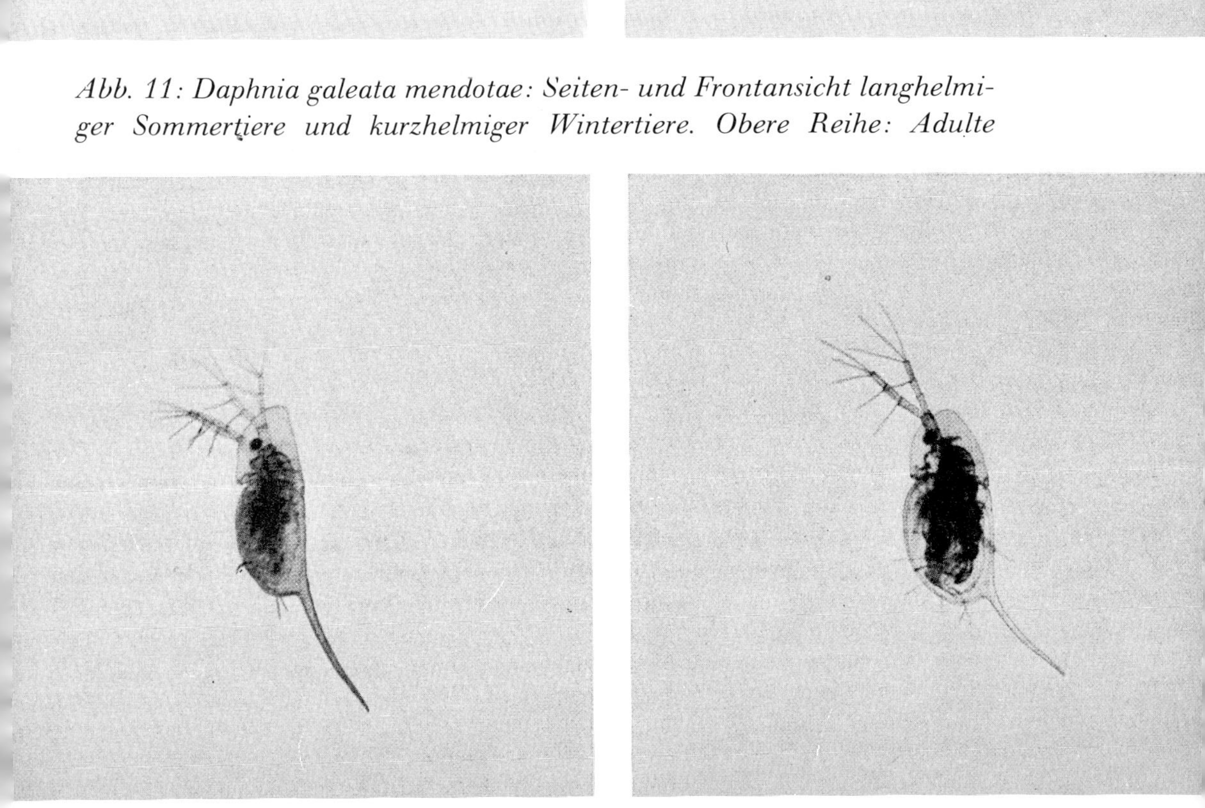

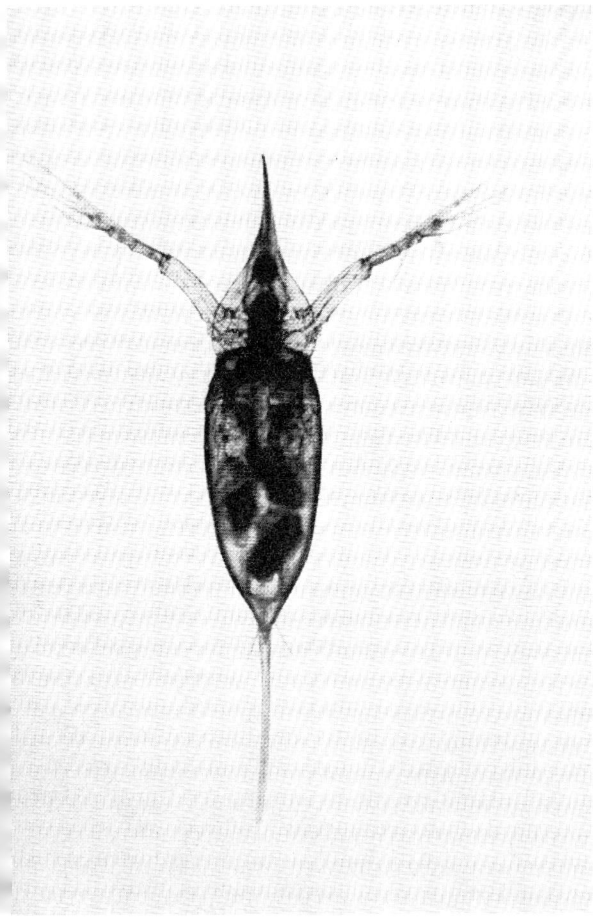
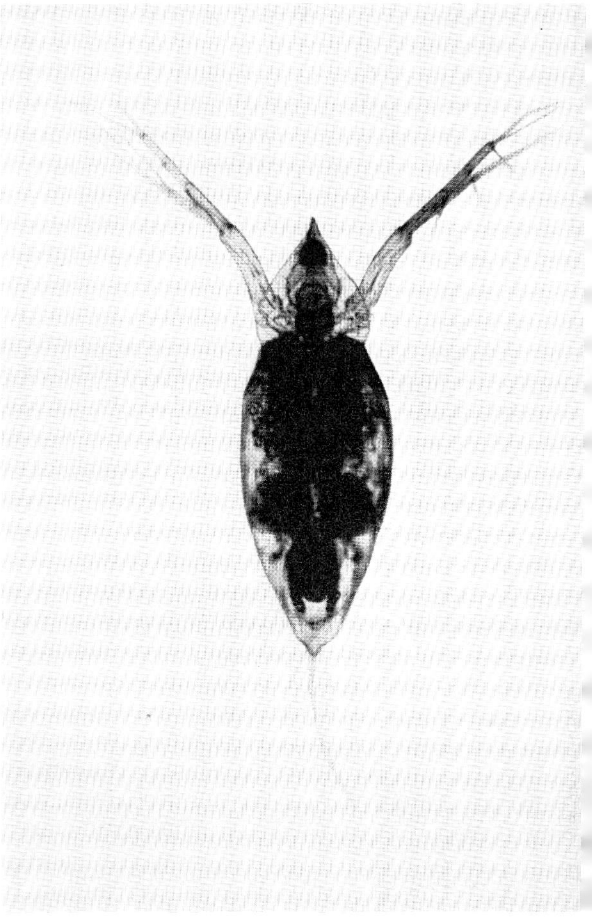

Weibchen. Untere Reihe: Neugeborene. Man beachte den blattartigen Helm und den verlängerten Stachel des Karapaxes bei den Sommertieren.

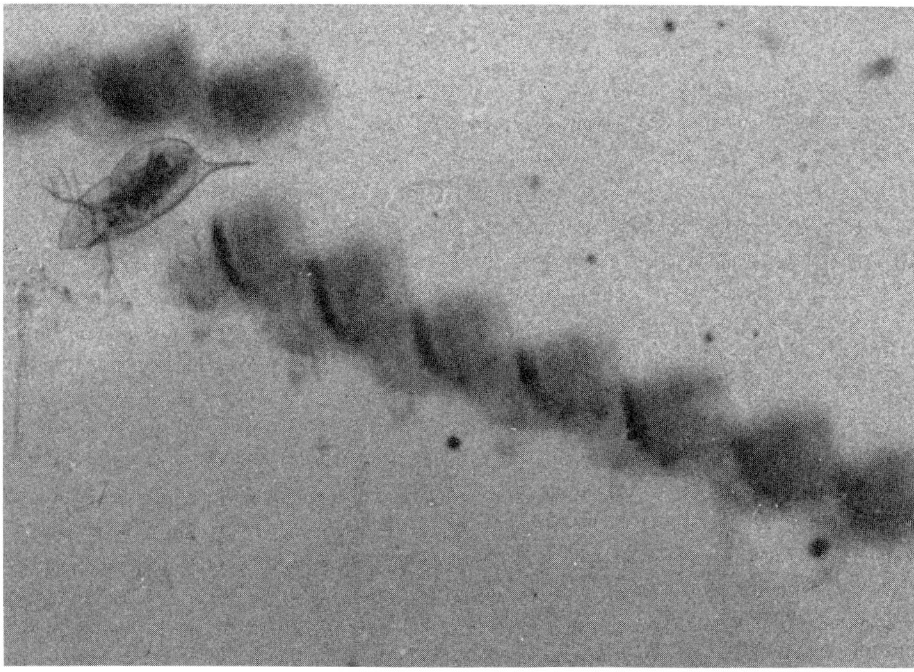

Abb. 12: Ein langhelmiges Tier schwimmt auf eine rechts gelegene Lichtquelle zu. Abbildung des zurückgelegten Schwimmweges durch drei Sekunden lange Belichtung bei zweiter Blende. Unmittelbar anschließend Blitzaufnahme desselben Tieres mit kleiner Blende.

In einer dritten Serie von Experimenten untersuchten wir, ob Körperveränderungen als solche, d. h. ohne Aufzuchtveränderung, unterschiedliche Überlebenschancen zur Folge haben können. Wir schnitten jungen Tieren den Karapaxstachel ab und ließen sie dann bis zum Experiment mit ihren kompletten Kollegen im selben Gefäß zur Geschlechtsreife heranwachsen. In diesen Fällen waren die gestutzten Tiere eindeutig unterlegen. Mir scheint, aus diesen Versuchen ergibt sich, daß die beschriebenen Variationen durchaus einen unterschiedlichen Selektionswert haben können, zumindest unter bestimmten Bedingungen.

In unseren Versuchen waren die verschiedenen Variationen durch verschiedene Umweltbedingungen während der Aufzucht hergestellt worden. Demgegenüber wachsen die Tiere, die im See an einem Fisch im Laufe eines Tages vorüberhüpfen, unter jeweils mehr oder weniger gleichen Verhältnissen auf. Dennoch finden wir bei den *Daphnien* eines Netzzuges eines ganz ansehnliche Streubreite der relativen Helmgröße, wenn auch nicht so stark wie die experimentell erzeugten Diskrepanzen. Die natürlichen Populationen zyklomorpher *Daphnien* sind nämlich genetisch polymorph; manche Tiere sind dazu veranlagt, nur kleine Helme zu machen, andere hingegen sind in der Lage, große Helme zu produzieren. Es ist anzunehmen, daß Unterschiede auf Grund der genetischen Konstitution die Überlebenschancen genauso beeinflussen können wie Unterschiede auf Grund der Umweltkonstitution. Ich glaube daher, daß sich in diesem Falle eine ähnliche Konsequenz ergibt wie für *Brachionus*. Es erscheint mir unwahrscheinlich, daß sich die Fähigkeit, im Sommer hohe Helme und lange Stacheln auszubilden, unabhängig von den damit verbundenen Selektionsunterschieden phylogenetisch entwickelt haben sollte.

Die Planktongemeinschaft des Pelagials stellt also eine kleine Welt für sich dar, deren Ordnung von den Gesetzen der natürlichen Auslese entscheidend mitbestimmt wird. Nach meinem Dafürhalten ist die Lösung des Plankton-Paradoxons mindestens zu einem Teil in folgender Richtung zu suchen: *Die für die Artenbildung des Planktons entscheidende Umwelt sind die Organismen selbst.* Die großflächigen physikalischen und chemischen Gliederungen des Pelagials mögen eine wichtige Orientierungsbasis für die Nischenbildung der Organismen darstellen, aber es sind besonders die Wechselwirkungen zwischen den einzelnen Arten, die die Erhaltung des Artenreichtums gewährleisten und die Einnischung vorantreiben.

Unter diesem Gesichtspunkt ist die Umwelt des Pelagials also keineswegs so strukturarm, wie es der erste Blick vermuten läßt: Ganz im Gegenteil wird von dem Artenreichtum selbst ein kompliziertes ökologisches Mosaik gestellt. Dieses System ist nicht nur selbsterhaltend, sondern sogar selbstfördernd durch positive Rückkopplung, denn als bestehende Struktur lädt es zu neuen Einnischungen ein, und diese wiederum bereichern die bestehende Struktur. Unsere ursprüngliche Frage nach den Ursachen für die Vielfalt des Planktons müßte also vielleicht sogar umgekehrt gestellt werden: Warum gibt es nicht *mehr* Planktonarten in einem Gewässer? Was begrenzt den Artenreichtum und die Kompliziertheit des Nischensystems? Dies ist ein ganz neues Problem, an dem momentan intensiv gearbeitet wird. Zweifellos wird die Vielschichtigkeit des pelagischen Mikrokosmos ein Gesamtverständnis außerordentlich erschweren. Aber gerade die Vielschichtigkeit ist es ja, welche Untersuchungen dieser Art so besonders reizvoll macht.

Adolf Portmann

Erhaltung und Erscheinung als Aufgabe des Lebendigen

Darwins Lehre vom Überleben der zweckmäßigsten Anpassung im »Kampf ums Dasein« hat erstmals eine bis heute gültige Erklärung für die Entstehung der verschiedenen Arten von Lebewesen gegeben. Aber reicht Darwins Erklärung aus? Wie der Autor überzeugend nachweist, scheint neben der Zweckmäßigkeit in der belebten Natur auch die Tendenz der Organismen zur »Selbstdarstellung« und damit ein ästhetisches Moment eine Rolle zu spielen.

Auf hoher See leben manche Tiergestalten, die so völlig durchsichtig sind, daß unser Auge sich erst daran gewöhnen muß, sie vom Boot aus nahe der Oberfläche überhaupt zu sehen. Zuweilen bricht sich das Licht in einer Kante, oder ein Feld von schlagenden Wimpern leuchtet für einen Augenblick in den Farben des Regenbogens auf – sonst sind diese Rippenquallen unserem Blick durch ein Äußerstes an Transparenz entzogen. Wohl kann sie der Photograph heute im scharfen Seitenlicht vor dunklem Grund erfassen – unsere Bilder bezeugen es –, aber dazu sind Glasgefäße notwendig.

So lange es durchsichtiges Glas nur als Kostbarkeit gab, nicht für die Geräte des Alltags, so lange blieben die transparenten Meereswesen der Forschung schwer zugänglich, auch wenn sie Kugeln von fingerlangem Durchmesser wie *Bolina* oder zuweilen fast meterlange Bänder wie der Venusgürtel *(Cestus veneris)* formen. Nur die Beobachtung der lebenden Form konnte von ihnen eine klare Vorstellung vermitteln – eine Untersuchung, die im Holzbottich, im Stein- oder Tonkrug nicht möglich ist. Der Fortschritt unserer Einsicht hängt ja von gar vielen solchen technischen Schritten ab. Seit in unseren Laboratorien Glas ein dominierendes Hilfsmittel ist, gehört die Erforschung ungezählter transparenter Wesen zu den wichtigsten Möglichkeiten der Beobachtung des Lebendigen in voller Aktion.

Die *Durchsichtigen* – es gibt sie nur als Wassertiere – stellen dem Biologen ihre besonderen Fragen. Wir besinnen uns auf Ansätze zu einem Verstehen und werden bei diesem Suchen zu wichtigen allgemeinen Fragen der Biologie geführt. Es gab eine Zeit – sie ist nicht so ferne –, da wollte man diese Transparenz als eine Anpassung an das Leben im freien Wasser deuten. Im Sinn der geltenden Auffassung mußte einer solchen Anpassung eine lebenerhaltende Funktion, ein Wert im Daseinskampf zukommen. Man suchte ihn in verschiedenen Richtungen. War Schutz vor Verfolgern der Sinn dieser Erscheinung? Der uralte Traum der Unsichtbarkeit durch Transparenz schien verwirklicht. Aber viele der Tiere, um die es uns hier geht, sind nicht völlig glashell; sie sind wegen einer leicht opaleszierenden Trübung sichtbar – viele, die Medusen insbesondere, sind überdies so wehrhaft, daß manche Fische, die gegen das Nesselgift immun sind, im Bereich der Quallenfühler leben und dort Schutz finden. Wir kommen also mit der Erklärung der Transparenz als *Tarnung* nicht durch.

Ein anderes Element des Verstehens liegt in der Lebensform des *Schwebens*. Je mehr Wasser der Organismus enthält, desto unabhängiger wird er vom Boden, desto leichter wird ihm die freie schwebende oder schwimmende Lebensform. Zugleich kann, je nach der Lagerung der besonders wasserhaltigen Gewebe, der lebende Stoff für unser Auge durchsichtig werden. Bei extremen Formen der Quallen ist ein Wassergehalt von 98 Prozent gemessen worden!

Erleichterung des Schwimmens und Schwebens im Wasser: Das bietet auch ein erstes Verständnis für eine besondere Seltsamkeit einiger Hochseetiere. Bei den *Salpen* – entfernten Verwandten der Wirbeltiere –, ferner bei einzelnen Schnecken der Hochsee (Abb. 1), da und dort auch bei Tintenfischen, sind die inneren Organe (der Mitteldarm und seine Drüsen, die Nieren und die Geschlechtsorgane) zu einem kleinen Paket vereinigt, das als gesonderter Eingeweideknäuel geballt ist und als ein farbiger oder silbern umhüllter Sack in einem glashellen Leibe erscheint. Wiederum darf man sicher geltend machen, diesen Hochseeformen sei das Schweben durch ungewöhnlichen Wassergehalt großer Körperzonen erleichtert. Die Konzentration der schwereren Eingeweide ermöglicht eine stabilere Schwimmlage als eine ungleiche Verteilung von verschieden schweren Organen im Innern des Körpers. Die gewichtigen Strukturen sind an einer einzigen Stelle in der Hauptebene gesammelt.

Das ist aber eine völlig andere Organlagerung, als wir sie bei den Formen finden, die von allen »Glastieren« am besten bekannt sind. Die *Medusen*, die Rippenquallen, sind ausnahmslos von sehr einfacher Organisation. Die Strukturen, mit denen sie ihren Stoffwechsel bewältigen, bewahren die ursprüngliche, strenge Symmetrie, in der sie im Keim angelegt werden. Durch Faltenbildung an symmetrischen Stellen wird, wo es nötig ist, eine genügende Vergrößerung der inneren Oberfläche erreicht, um die Forderungen des

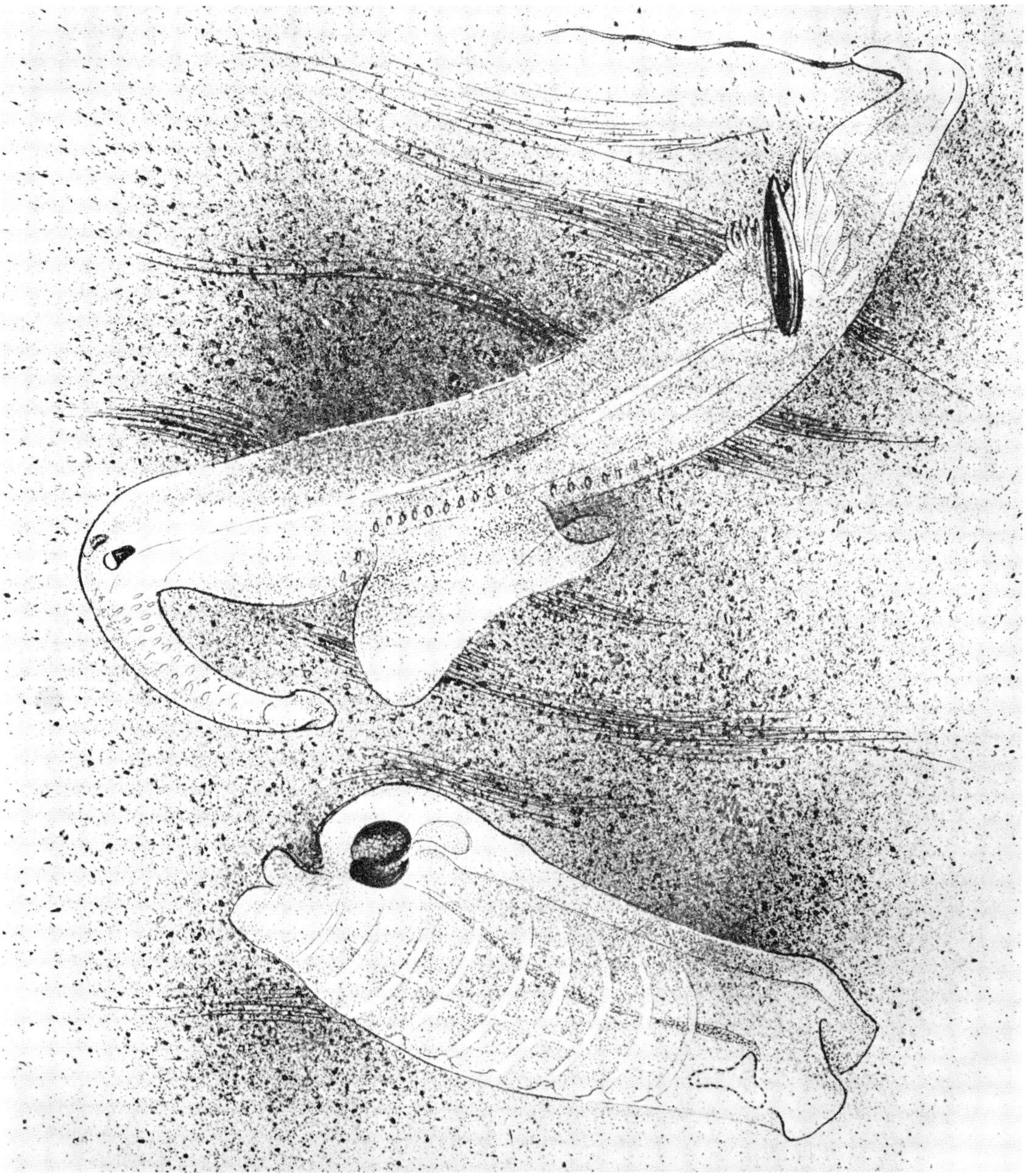

Abb. 1: Zu den erstaunlichsten Beispielen der Transparenz von Hochseetieren zählen die eigenartigen Salpen (oben), deren merkwürdigen Lebenszyklus Adalbert von Chamisso 1818 als erster beschrieben hat. Ähnlich durchsichtig sind aber auch einzelne Hochseeschnecken wie die hier dargestellte Gattung Pterotrachea, bei der die Schale reduziert ist und deren normale Lage die umgekehrte Schwimmweise mit dem flossenartigen Fuß nach oben darstellt. Salpen und Pterotrachea haben alle undurchsichtigen Organe in einem sogenannten Eingeweideknäuel konzentriert.

Stoffwechsels für dieses einfache Leben zu erfüllen. Der transparente Leib bietet dem anschauenden Auge eine strenge Symmetrie der inneren Organisation; der Bauplan liegt als Ganzes völlig durchschaubar vor uns. Eben diese Strenge der Form und die symmetrische Verteilung der Farbakzente sind es ja, die uns immer wieder in Erstaunen versetzen und das Betrachten dieser seltsamen Wesen zu einer Quelle der Freude machen.
Nur bei einfachen Formstufen findet sich solche *symmetrische* Transparenz. Damit stellt sich uns ein Problem, das weit über die Welt der durchsichtigen Hochseetiere hinausführt: die Frage nach der *Differenzierung*, der Organisationshöhe – die Frage nach niedrigen und hohen Lebensstufen.
Ein bedeutender Faktor der Entfaltung tierischen Lebens liegt im Ausbau der Sinnesorgane, des Nervensystems und der Bewegungsapparate. Aber die Leistung aller dieser gesteigerten Strukturen ist unmöglich ohne den Ausbau der Betriebsorgane, ohne Förderung der Werkzeuge des Stoffwechsels. Diese brauchen große, aktive innere Oberflächen für Verdauung, Atmung und Ausscheidung – Flächen, die sich der Tierkörper auf die verschiedenste Weise sichert. Manche Organismen lösen diese Aufgabe durch Vermehrung gleichartiger Strukturen im Sprossungsverfahren. Es entstehen so pflanzenähnliche Gebilde, die man wegen dieser Wiederholung gleichförmiger Glieder irrtümlich als Kolonien bezeichnet hat, so die Korallenstöcke oder die reichgegliederten Staatsquallen, die *Siphonophoren*.
Höhere Organisationsstufen bewältigen das Stoffwechselproblem, indem sie die durchgehende Symmetrie der embryonalen Anlage preisgeben. In ihrer äußeren Gliederung bleiben sie zwar symmetrisch, im Innern aber gruppieren sie alle Organe, die ihre aktiven Flächen durch Faltung und Windungen vergrößern, völlig unsymmetrisch, raumnützend, wie wir etwa einen Koffer packen, in den viel hinein muß. Unser eigener Leib ist nach dieser Regel gebaut. Wenn das Schulbuch den Menschen als »bilateral symmetrisch« bezeichnet, so meint es damit den Plan der embryonalen Anlage, der im Innenbau sehr früh schon aufgegeben wird, während er die erscheinende Gestalt weiterhin kennzeichnet.
Noch eine andere Eigenheit zeichnet aber die höheren Stufen des tierischen Lebens aus: Das symmetrische Äußere verhüllt ein nach anderen Bauregeln gebildetes Inneres; die verbergende Grenzschicht wird undurchsichtig. Völ-

Abb. 2: Die flachen Würmer des Meeres, die man Strudelwürmer (Turbellaria) nennt, zeigen auf sehr einfacher Organisationsstufe den Gegensatz der Struktur von »außen« und »innen«, (Foto: Bavaria-Verlag/Dr. Frieder Sauer).

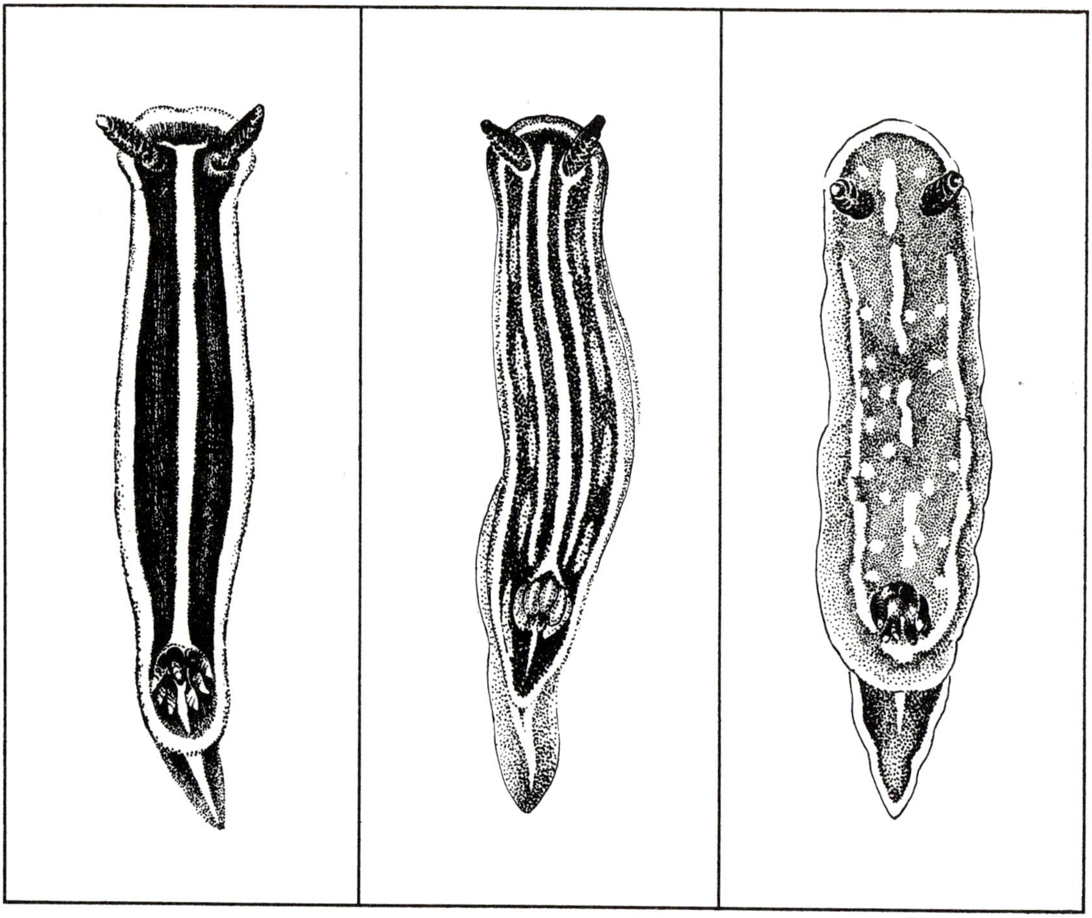

Abb. 3: Drei Arten der formenreichen Gattung Glossodoris, einer Schnekkengruppe der Hinterkiemer, zeigen die prägnante Musterung ihres Äußeren. Würden wir ihre innere Organlagerung darstellen, so könnten die drei Formen auf den ersten Blick gar nicht unterschieden werden. Der inneren Organisation fehlt ein wesentliches Merkmal der Außenstruktur: die Prägnanz.

lig transparent, so durchscheinend, daß man sie kaum erkennt, kann sie nur bei einfachen Tieren der Wasserwelt sein; beim Wurm, beim Mollusk wie bei Fisch und Insekt ist sie fast immer eine verbergende Grenzschicht – die seltenen Ausnahmen bringen uns neue Einsichten.

Solches Verbergen des Innern schafft eine neue weitreichende Möglichkeit der Gestaltung; es entsteht ein Ort der Entfaltung für Farben und Muster. Jeder Versuch, diesen neuen Reichtum zu verstehen, ihm einen Sinn zu geben, geht von der Tatsache aus, daß diese Formenfülle im Gegensatz zu den

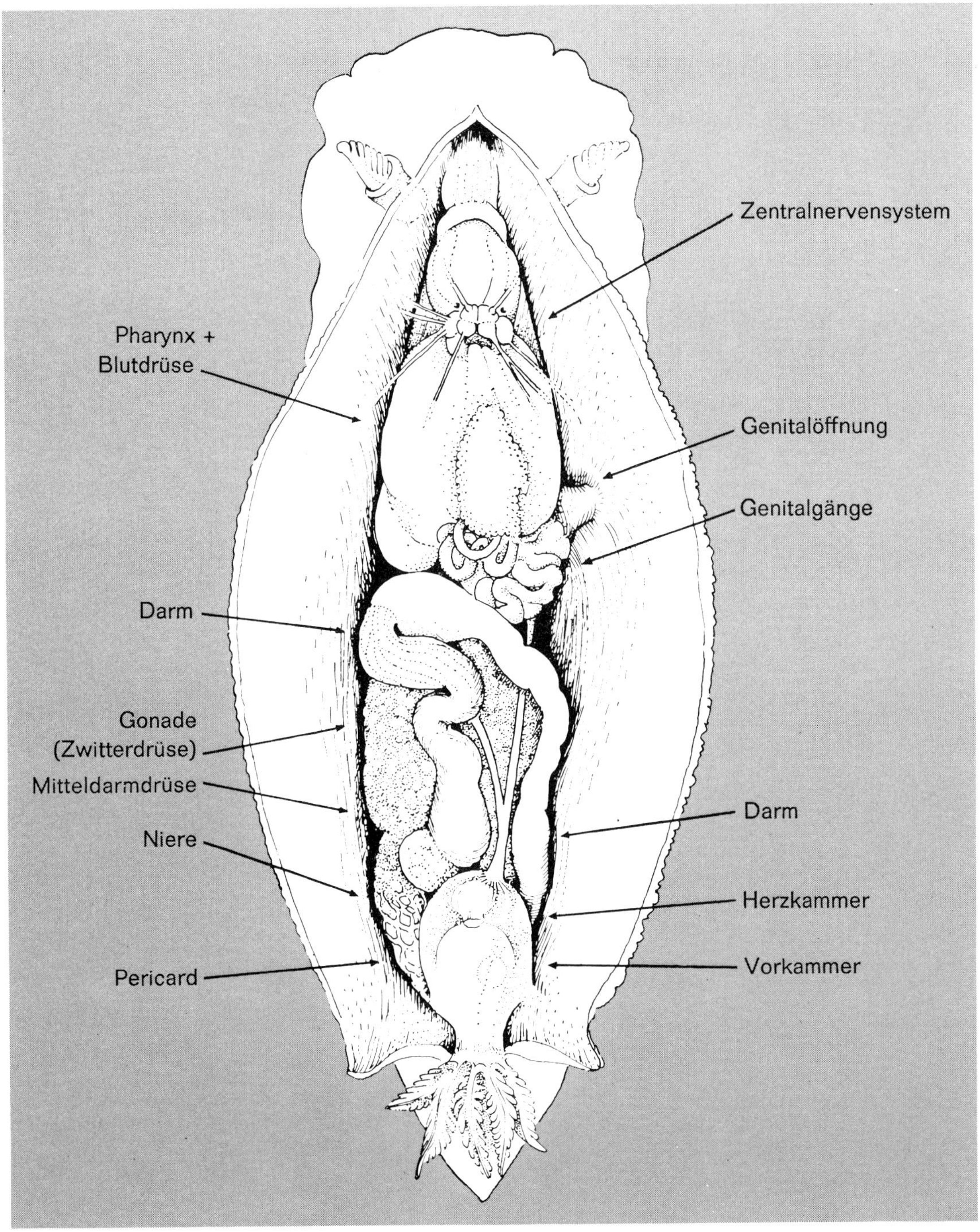

Abb. 4: Die Skizze der inneren Organe einer Glossodoris-Art zeigt, daß dieser Innenbau von ganz anderen Grundsätzen regiert wird als die Architektur des Äußeren. Raumausnutzung und Vergrößerung der inneren Oberflächen sind die wichtigsten Eigenschaften.

inneren Organen von anschauenden Augen gesehen werden kann. Der Naturforscher wird aber diese formen- und farbenreichen Oberflächen nicht in erster Linie als für unser Menschenauge bestimmt ansehen und darum nach den Beziehungen suchen, in denen tierische Augen und Muster stehen.
Wirkung auf ein Auge – das gibt es ja tausendfach in der belebten Natur: Da sind Insektenaugen auf Blütenfarben eingestellt, da ist das beutesuchende Sehorgan von Räubern, da sind Augen, die den Partner für die Fortpflanzung der Art suchen, Augen, die die eigenen Kinder erkennen. Und in allen diesen Beziehungen findet der Forscher immer außer den Augen auch noch zum Anschauen bestimmte Strukturen der Erscheinung im Spiel: So wie es Organe zum Sehen gibt, existieren solche zum Gesehenwerden. Wie den Ernährungsstrukturen ein bestimmtes Futter entspricht, wie zu den Bewegungsorganen Eigenschaften des Bodens, des Wassers, der Luft gehören, so warten auf Augen ungezählte Kombinationen von Form und Farbe, deren einziger Sinn es ist, auf Organe des Sehens zu wirken. Wirken – das heißt nicht unbedingt, von einem Lebewesen beachtet, d. h. als etwas Besonderes gesehen zu werden. Farbtracht und Musterung können auch so gestaltet sein, daß ein Tier übersehen wird, daß sie also ein Auge täuschen. Schutztrachten sind auf ihre besondere Art genauso vortrefflich auf das Verbergen abgestimmt wie Signalfarben auf die entgegengesetzte Wirkung. Ob auffällig oder verbergend, immer spielt das Auge eine Rolle, welche in der Lehre Darwins von der Macht der Auslese in ihrer Bedeutung erkannt worden ist. Die Hautfarben haben Aufgaben im Lebensspiel; sie sind an der Erhaltung der Tiere und Pflanzen beteiligt. Die Fälle, in denen diese Wirkung nachweisbar ist, sind so zahlreich, daß niemand ernsthaft an dieser Funktion zweifelt.
Sind aber die Hautstrukturen, um die es uns geht, mit diesem Nachweis erklärt? Sind sie, wie es die Evolutionstheorie annimmt, wirklich das Ergebnis einer Selektion, die unter zufällig entstehenden Varianten ausliest? Das ist die Frage, die wir prüfen müssen und zu der uns auch die transparenten Wasserwesen auffordern.
Um auf ein Auge zu wirken, muß ein optisches Merkmal in einfachster Form bereits da sein. Schon diese Selbstverständlichkeit bezeugt, daß die farbigen Strukturen und alle die anderen Hautgebilde ähnlicher Art ursprünglich *nicht* durch Auslese erzeugt werden konnten: Selektion konnte höchstens

Abb. 5: Die Gruppe der sogenannten Rippenquallen (Ctenophora) ist ausgezeichnet durch extrem durchsichtige Formen (Foto: Bavaria-Verlag/Dr. Frieder Sauer).

von mehreren Varianten einzelne bevorzugen und so bestimmte Musterformen befestigen. Das Problem des *Ursprungs* wird von der Selektionstheorie nicht gelöst; das Muster in seinem Dasein als besondere Form ist in seiner Herkunft nicht geklärt, wenn auch später manche seiner Eigenheiten als »Rollen« in Ausleseprozessen auftreten.

Daß tierische Muster gerade im Wichtigsten, in ihren formalen Eigenheiten, nicht als Ergebnis der Selektion erklärt werden können, mag ein Beispiel illustrieren. Das Farbkleid der Wespe, dieses auffällige Schwarzgelb, findet sich bei recht verschiedenen Insekten, so bei Fliegen, Käfern, Faltern. Nun wissen wir, daß Insektenfeinde, welche Wespengift nicht vertragen (es gibt auch andere!), es lernen, die unangenehmen Schwarzgelben zu meiden. Die Gattung hat also zweifellos einen Vorteil von ihrer auffälligen Tracht. Die Annahme liegt nahe, daß wespenähnliche, harmlose Insekten zuweilen durch das Gemiedenwerden begünstigt sind und am Leben bleiben – daß ihre Tracht ihnen Schutz verschafft. Das Phänomen ist in vielen wissenschaftlichen Arbeiten studiert worden. Es beschäftigt uns hier nicht, wie wirksam dieser Schutz von Fall zu Fall ist – wir nehmen an, er sei vorhanden. Auch in diesem Fall gilt aber, was vorhin gesagt wurde. Für eine Selektionswirkung muß die Wespentracht bei den giftbewehrten Insekten wie bei den Nutznießern bereits da sein. Erst dann ist sie Abschreckungsmittel und damit arterhaltender Schutz. *Die Entstehung wird von der Selektionslehre nicht erklärt, sondern vorausgesetzt.* Das *Entstehen* einer Wespenfärbung stellt ein Problem für sich dar, das die Lebensforschung noch nicht gelöst hat und das mit ihrer möglichen Rolle in der Gegenwart nichts zu tun hat.

Gibt sich ein Zweig der biologischen Arbeit mit vollem Recht mit diesen Auslesefragen ab, so ist es als Ausgleich notwendig, daß eine andere Arbeitsrichtung der Entstehungsfrage nachgeht. Das führt uns zurück zum Gegensatz der durchsichtigen und der opaken Hautgestaltung.

Schon in der Welt der glashellen Wesen begegnet dem Forscher die Farbe in vielen Varianten der Verteilung: bei manchen *Medusen* sind die durchscheinenden Darmorgane tiefrot oder braun, bei anderen fallen die symmetrisch angeordneten Keimdrüsen durch gelbe oder braune Töne auf. Der Schirmrand der Quallen mag blau oder gelb pigmentiert sein. Bei *See-Anemonen* entwickeln sich auf der Mundscheibe und auf den Fühlern zuweilen lebhafte Muster von streng geometrischer Ordnung. Keinem dieser Muster kommt eine Bedeutung für anschauende Augen zu; die Kenner des marinen Lebens schließen die Auslesewirkung der Farbe bei diesen Organisationsstufen aus. Das gilt auch für andere Gruppen einfacher Organisation, so bei Seesternen oder marinen Flachwürmern, bei denen der formale Eigenwert der geometrischen Oberflächenmuster oft besonders eindrücklich ist.

Ich bin auf diese Seite der Gestaltfragen durch den Umgang mit einer Schneckengruppe, den sogenannten *Opisthobranchia*, geführt worden, die in einer erstaunlichen Fülle die beiden Sonderwege der Außen- und Innenarchitektur vor Augen führen. Für diesen Kontrast nur ein Beispiel, die Gattung *Glossodoris*. Ein regelmäßiges Linienmuster zeichnet die Rückenfläche dieser schalenlosen Schnecken aus, säumt den Ursprung der Fühler, umgibt die Kiemenregion (Abb. 3). Wie ganz anders das Bild des Inneren, wenn wir die Hautschicht vorsichtig abtrennen und versuchen, uns über die komplizierten Organe des Stoffwechsels und der Fortpflanzung zu orientieren (Abb. 4)! Die viel einfacher gebauten Flachwürmer des Meeres zeigen denselben Kontrast ebenso eindrücklich. Die zarte Haut der Rückenfläche bezeugt die besonderen Gesetze der Hautstruktur durch eindrucksstarke, formenstrenge Farbmuster.

Die Eigenart der äußeren Gestaltung wird vielleicht noch deutlicher, wenn wir erfahren – was uns der Vergleich der verschiedenen Schnecken lehrt –, daß die so regelmäßig gemusterte oder mit geometrischen Formakzenten versehene Rückenfläche aus der Körperhaut hervorgeht, die bei ursprünglicheren Schnecken von der Schale bedeckt und gar nie geometrisch gemustert ist. Die Bildung einer Rückenzone bei den Hinterkiemen ist das Werk eines neuen unbekannten Geschehens, und die Kette der Ursachen sowohl in der Entwicklung des Keims wie auch in der Stammesgeschichte der Gruppe ist uns ganz verborgen. So lange das so ist, müssen wir Erklärungen ablehnen, die das Besondere eines Phänomens gar nicht erhellen. Wir wollen lieber unseren Sinn offenhalten für die auf Antwort wartenden Fragen.

Im Blick auf dieses Ziel ist es vielleicht angebracht, einmal für diesen besonderen Fall zu überschauen, was die ernst zu nehmenden Erklärungsversuche unserem Verständnis aufschließen und was nicht. Die Lehre von der Auslese macht uns verständlich, daß Arten, die eine bergende Tracht haben, besser geschützt sind vor Feinden als die mit prachtvollen Farben gezierten Formen. Da es von diesen letzteren aber gerade in unserer Schneckengruppe sehr viele gibt, stellt sich die Frage nach der Bedeutung dieser Farben. Die Augen dieser Meeresschnecken nehmen keine Bilder wahr. Nie sieht ein noch so herrlich gefärbter *Opisthobranchier* seinen Partner; bloß auf dem Weg über chemische Reize kann er ihn entdecken. Die bunten Trachten und die auffälligen Formen können es nur mit den Augen von Feinden zu tun haben, die Bilder sehen. In der Tat: wir beobachten, daß die meisten von Fischen als ungenießbar abgelehnt werden und daß der Fisch bald lernt, diese auffälligen Gesellen zu meiden. Die Färbung wird daher nicht ohne Grund als eine Warneinrichtung aufgefaßt. In dieser Hinsicht kommt ihr ein arterhaltender Wert zu. Was aber erklärt denn diese Feststellung wirklich? Sie zeigt, daß Formen mit so auffälligem Kleid eine Chance haben, am Leben zu bleiben, weil der böse Feind unangenehme Erfahrungen hinter sich hat und solche bunten Dinger meiden gelernt hat. Der Schutz ist aber in diesem Fall nie einer *bestimmten* Farbtracht zuzuschreiben – er ist ein Kollektivschutz aller Bunten in den Algenwäldern und Seegraswiesen des Meeres.

Was uns an diesen marinen Organismen wie an ungezählten anderen Naturgestalten fesselt, das ist die ausgeprägte Sonderform der Erscheinung von Art zu Art, die strenge, artgemäß jeweils besondere Ordnung einer phantastischen Formenvielfalt. Das alles ist auch dann nicht verstanden, wenn einmal der chemische Aufbau der Farbstoffe völlig bekannt sein wird, wenn das Spiel der physikalischen Faktoren des Lichtes in seiner Bedeutung für das schöne Erscheinungsbild dieser verborgenen Meerwunder uns völlig klar sein wird. Denn was vor uns ist als ungelöstes Rätsel, sind geordnete Formbildungen, die sich in ihrer formalen Eigenart nicht aus der Funktion erklären lassen. Was wir fragen, bleibt unbeantwortet: Welches sind die Kräfte, welches die im Plasma der Keimzellen bereits erblich vorgebildeten Anlagen, und welches ist der Ursprung der Ordnungsfaktoren, die zur Entfaltung dieser so streng gefügten Erscheinungen führen?

Die oft gehörte Feststellung, der Anfang solcher Muster, den wir als Anlaß für eine Selektion brauchen, sei eben zufällig entstanden, kann ja nur meinen, daß die Ursachen nichts mit jenen Faktoren zu tun haben, deren Spiel wir heute schon durchschauen. Die Mustergeometrie unserer Schnecken setzt geordnete Systeme der Erbfaktoren voraus, die immer wieder in jeder Generation gerade diese artgemäßen Gestaltungen und keine beliebigen erzeugen.

Wer dem Sinn dieser vielgestaltigen Muster und Formen näherkommen will, der muß von einer weiten, umfassenden Sicht des Organismus ausgehen, er muß von einer hohen Auffassung vom Leben angeregt sein. Dann ist jedes Tier zunächst einmal vor uns als ein rätselvolles, reiches Gebilde mit einer langen Geschichte, als ein Wesen, das in der Welt als Erlebendes steht, das ein inneres Leben hat, schwer faßbar für den Forscher, aber eben doch ein tätiges Selbst, wenn auch noch so bescheiden, welches in die umgebende Welt eingreift und in vielerlei Beziehung zu dieser Umgebung steht. In solcher Sicht werden wir gewahr, daß dieser besonderen Art, als Erlebendes zu sein, auch eine besondere Weise des Erscheinens, der Form und des Gebarens entspricht – ein sinnlich Faßbares, durch das in einer eigenen Sprache in verschiedenen Sinnesbereichen etwas von der Eigenart, dem Besonderen dieser Lebensform ausgesprochen wird. Das Erscheinen ist wie das Erleben ein Grundmerkmal des Lebendigen, und es steigert sich in gleicher Weise wie der Reichtum der Weltbeziehung einer jeweiligen Lebensform. Daß in jeder lebenden Erscheinung auch alle Notwendigkeiten der Erhaltung ihre Organe und Funktionen haben, steht nicht im Gegensatz zu unserer Aussage. Das eine schließt das andere nicht aus. Nur wäre es verfehlt, die Organe der Erhaltung, soweit sie auch im Erscheinungstyp des Tieres eine Rolle spielen, mit ihrer erhaltenden Funktion allein erklären zu wollen.

In der Überzeugung, daß der Aufwand für die sinnenmäßig wirkende Erscheinung eines Tieres einer besonders bedeutungsvollen Eigenheit des Lebendigen diene, habe ich dieses Kennzeichen durch einen Namen herauszuheben versucht und es als »*Selbstdarstellung*« bezeichnet. Als »Selbst-« nicht als »Ich-«Darstellung! Im *Selbst*, das hier im Gewand des Sinnlichen vor uns erscheint, ist das ganze Geheimnis des unbewußten Lebens wirksam, das auch in uns jenseits vom Treiben des Ich die relative Eigenart und Autonomie eines lebenden Individuums ausmacht. Die Psychologen zeigen uns Wege zu diesen verborgeneren ordnenden Mächten, und so wie wir heute durch die Verhaltensforschung wieder lernen, von dieser Innerlichkeit des höheren Lebens groß zu denken, so lernt der Morphologe neu, auch das sinnfällige Erscheinen der höheren Lebensformen wieder als etwas Großes, Hohes einzuschätzen.

Ich sprach vom Aufwand für die Erscheinung. Dieser Aufwand wird für eine Gestaltungsfülle geleistet, deren Deutung eine andere Ansicht als die der puren Zweckmäßigkeit fordert und die denn auch für uns seit langem nicht nur eine Freude der Augen, sondern Objekt wissenschaftlicher Beachtung ist. Baut doch die morphologische Arbeit der Systematiker seit jeher auf diesen Gestaltungen ihre Artbeschreibungen auf, für die sehr oft eben die äußeren Merkmale die markantesten Kennzeichen bieten. Wie schwierig wäre es, die isolierten Eingeweide von 50 verschiedenen Fischarten eines Korallenriffs voneinander zu unterscheiden – wie leicht ist es dagegen, die farbigen Trachten mit ihren so einprägsamen Mustern zu sondern und in Erinnerung zu bewahren.

Die zoologischen Fachschriften bewahren einen für den einzelnen nicht mehr überschaubaren Formenschatz von tierischen Gestaltungen auf, doch spielt diese Welt von Gestaltungen in der gegenwärtigen Wissenschaft eine untergeordnete Rolle. Ja, sie ist vom zeitgemäßen Drang nach der Ermittlung allgemeiner Gesetze geradezu abgewertet. Man spricht leichthin vom »bloß systematischen Wert«, von der »lediglich taxonomischen Bedeutung« vieler Kennzeichen der Erscheinung. In Wirklichkeit ist die Selbstdarstellung eine der großen Kundgebungen des Lebendigen, die nur deshalb sehr oft nicht recht eingeschätzt wird, weil sie den heute am meisten gepflegten Arbeitsweisen der Biologen nur in Ausschnitten zugänglich ist.

Wer immer sich mit dem höheren Organismus forschend abgibt, dem ist

Abb. 6: Bei den Medusen beherrscht die radiäre Symmetrie den ganzen Bauplan (Foto: Bavaria-Verlag/Reiserer).

klar, daß ein Auge, ein Ohr, eine Hand einen reich gegliederten Anlageplan im Keim zur Voraussetzung hat, einen Plan, dessen Ordnung wir zum Teil im Zellkern, in den Chromosomen zu lokalisieren hoffen, die aber zu einem noch sehr viel rätselhafteren Anteil in der Plasmastruktur der Eizelle vorgebildet sein muß. Prüfen wir die in jeder Generation neu verwirklichte artgemäße Struktur eines Geweihs – anders beim Hirsch als beim Reh –, die von Art zu Art wechselnde Form des Gehörns von Antilopen, der Vogelfedern, der Falterflügel, dann sehen wir bald ein, daß auch für diese Gestaltungen dasselbe gilt, daß auch hier eine vorgegebene, reichgestufte Ordnung in Plasma und Keim angelegt sein muß, *die nur dem Aufbau der Erscheinung dient* und von einer Art zur anderen sich unterscheidet.

Ich bin in diesem Überblick mit Absicht von den Tiertypen ausgegangen, mit deren Erscheinung sich ein Minimum von visuellen Funktionen verbindet. Alle die glashellen Wesen in den Seen und im Meer müssen vielerlei Forderungen der Umwelt genügen, um so zu leben, wie sie es tun: Sie müssen etwa dem spezifischen Gewicht des Wassers gleich sein; sie müssen in bescheidenem Umfang sich dirigieren können. Aber ihre Gesamterscheinung spricht weder zu Artgenossen, noch zu Feinden; sie ist weder Lockung, noch Warnung, noch Tarnung, und doch ist sie spezifische Gestalt. Hier ist Selbstdarstellung in der reinsten Weise verwirklicht. Die *Erscheinung* ist das Werk einer ganz spezifischen Plasmastruktur, sie ist ihr eigener Zweck.

Ist einmal dem Blick die Welt dieser Selbstdarstellung des Lebendigen geöffnet, so wird gar vieles Fragwürdige in den Erklärungsversuchen, welche stets nach Funktionen und Erhaltungswerten forschen, hinfällig und als Teil, als bloß eine der Möglichkeiten von »Sinn« erkannt. Wie weit die Aussage über Selbstdarstellung der methodischen Präzision nahekommen kann, die wir in manchen naturwissenschaftlichen Arbeitsarten fordern, das wird die Zukunft entscheiden. Dies gilt ja auch von Aussagen über die Motivierung des Verhaltens und über die Deutung der tierischen Innerlichkeit.

Aber wenn einer Arbeitsweise manche Methoden der Exaktheit verwehrt sind, wie etwa dem morphologischen Vergleich und der systematischen Ordnung der Lebewesen, so darf uns dies nicht der Einsicht verschließen, daß die in solchen Gebieten sichtbaren Zusammenhänge dennoch ein Glied der Wirklichkeit sind und eine angemessene Methode der Erforschung fordern.

Eberhard Curio

Wie Insekten ihre Feinde abwehren[1]

Obwohl der Begriff der Mimikry altbekannt und auch in Laienkreisen geläufig ist, weiß man in Wirklichkeit doch erst seit relativ kurzer Zeit, wie außerordentlich verbreitet und mannigfaltig die Variationen der Färbung und des Verhaltens sind, mit denen vor allem Insekten sich ihren Feinden optisch entziehen. Die durch ihr »Raffinement« verblüffenden Beispiele, von denen hier berichtet wird, stellen die gültige Lehre von der Entstehung spezialisierter Anpassungen durch willkürliche Mutationen und anschließende Auslese auf eine harte Probe.

Eine unübersehbare Zahl verschiedenster Tiere ernährt sich von Insekten. Entsprechend bunt sind daher auch die Methoden, mit denen Insekten sich ihrer zahllosen Feinde erwehren. Das tun sie mit chemischen, akustischen und vor allem optischen Mitteln. Diese umfassen grundsätzlich drei Methoden: Die Insekten tarnen sich, sie warnen den Räuber durch bestimmte optische Merkmale, oder sie täuschen ihn. Tarnung, die am weitesten verbreitete Methode, hält den Feind auf Distanz; Warnung und Täuschung dagegen wenden seinen tödlichen Zugriff erst ab, wenn er das potentielle Opfer schon entdeckt hat. Manche Insekten bedienen sich mehrerer dieser Möglichkeiten.

Tarntracht und Tarnverhalten

Am häufigsten passen sich Insekten in Farbe, Zeichnung und Form ihrem Untergrund an. Laubbewohner sind meist grün gefärbt, Zweig-, Borken- und Bodenbewohner dagegen braun oder graubraun. Insekten, die in grüner Umgebung leben, sind durchaus nicht nur deshalb grün, weil sie grüne Blät-

1 Die eigenen Beobachtungen, über die hier berichtet wird, sind Teilergebnis einer Expedition des Autors zu den Galapagos-Inseln, die durch die Deutsche Forschungsgemeinschaft ermöglicht wurde, der hierfür bei dieser Gelegenheit nochmals gedankt sei.

Abb. 1: Raupe des Pappelschwärmers in Ruhestellung. Die gelben Linien imitieren Blattnerven.

ter fressen. Außer durch den grünen Darminhalt kommt die grüne Farbe vieler Raupen z. B. auch durch Blutfarbstoffe oder Hautpigmente zustande. Viele verschiedene Wege führen also zu einer äußerlich gleichen Tarntracht. Raupen, wie z. B. die vom Pappelschwärmer *(Amorpha populi)*, die von den grünen Blättern der Weiden und Pappeln leben, sind fast durchweg grün gefärbt; das Grün des Körpers ist nur auf den Flanken durch schräg stehende gelbe Linien unterbrochen. Dadurch aber wird die Anpassung an den Hintergrund noch vollkommener, denn diese gelben Linien ähneln den parallel zueinander schräg verlaufenden Blattnerven (siehe Abb. 1). Im Gegensatz dazu haben vorwiegend im Gras lebende Raupen vieler Nachtschmetterlinge Längsstreifen; denn im parallelnervigen Gras wären schräge

Abb. 2: Das »Wandelnde Blatt«

Linienmuster von Übel. Andere Nachtfalter wieder, die tags unbeweglich an der Borke von Bäumen ruhen, imitieren Färbung und Relief der Rinde und sogar ihren Flechtenbewuchs durch ihre Flügelzeichnung in vollendeter Weise. Aber auch die Form des Körpers hilft mitunter die schützende »Tarnkappe« bilden. Am weitesten ging das »Wandelnde Blatt« *(Phyllium)*, ein Insekt, das den Heuschrecken verwandt ist und mit Flügeln, Flügeldekken und Beinen einem Blatt tatsächlich zum Verwechseln ähnlich sieht (siehe Abb. 2).

Zur Tarntracht muß auch das jeweilige Tarnverhalten passen, das bei manchen Arten während verschiedener Lebensabschnitte wechselt. So ist z. B. die Raupe des Kiefernschwärmers *(Hyloicus pinastri)* in ihrer Jugend längsgestreift. Diesem Aussehen trägt auch ihr Verhalten Rechnung, indem sie sich den sie umgebenden Kiefernnadeln in ganzer Länge anschmiegt. Wenn sie älter wird, weicht ihre Jugendzeichnung einem unregelmäßigen braungrünen Fleckenmuster, und gleichzeitig wandert die Raupe ständig mehr auf den braunen Zweig, an dem sie sich schließlich gänzlich verankert.

In allen diesen Fällen kommt die »Passung« also dadurch zustande, daß das Insekt sein Aussehen seinem Untergrund angleicht. Niemand wird auf den Gedanken kommen, daß sich etwa die Blätter, zwischen denen das »Wandelnde Blatt« lebt, in ihrer Form dem Aussehen dieses ungewöhnlichen Insekts angepaßt hätten. Jedoch gibt es tatsächlich, wenn auch selten, das umgekehrte Prinzip. So schneiden z. B. bestimmte südamerikanische Raupen Blattstücke aus, die ihrer eigenen Größe und Körperform entsprechen, und hängen diese »Schnittmuster« an selbstgesponnenen Fäden um sich herum auf. Der echte Raupenkörper ist dann nur noch ein Schattenbild unter vielen Attrappen. Hier paßt also ein Tier den Untergrund an sich selbst an. Ähnlich verfährt eine malaiische Spinne *(Cyclosa insulana)*. Das Tier ist in seiner Jugend silbrig behaart und paßt mit diesem Aussehen zu seinem ebenso glänzenden Netz. Mit dem Älterwerden aber wird die Spinne braun und pudert nunmehr ihr Netz mit braunem Holzmehl ein.

Eine andere Methode besteht in dem Kunstgriff, die Kontur des eigenen Körpers optisch »aufzulösen«. Diesen Trick wenden Insekten an, die in einer Umwelt mit vielen kleinen Schlagschatten leben, also z. B. zwischen Kieselgeröll. Bei ihnen stoßen oft helle und dunkle Körperpartien übergangslos und in einem regellosen Muster aneinander und verlieren sich deshalb in den wirklichen Schlagschatten, in denen ihr Körperumriß auf diese Weise völlig aufgeht.

Einen nicht durch ein Muster strukturierten Körper sehen wir räumlich, weil er einen Schatten wirft. Auch Raupen, die im allgemeinen drehrund und dicker als die Zweige ihrer Futterpflanze sind, heben sich auf diese Weise von ihrer Umgebung ab. Dem hilft eine spezielle Schutzfärbung ab, die diesem Effekt entgegenwirkt, nämlich eine »Gegenschattierung«. Dabei ist der Raupenkörper auf der in der Regel dem Licht zugekehrten Seite dunkler und auf der normalerweise im Schatten liegenden Seite heller gefärbt, und zwar so, daß helle und dunkle Zone fließend ineinander übergehen wie bei einem echten Schatten auf einem gerundeten Körper. Eine solche Gegenschattierung kann eine Raupe nicht nur unseren Augen, sondern auch z. B. denen eines Eichelhähers verbergen.

Färbung und Untergrund

Nur wenn die Farbe des Tieres zu seinem Untergrund paßt, ist das Insekt vor den Augen des Räubers geschützt. Grundsätzlich gibt es für ein Insekt zwei Möglichkeiten, einen zur eigenen Körperfarbe passenden Untergrund zu finden. Es könnte »ausprobieren«, welcher Untergrund am besten zu ihm paßt, d. h., es prüft, ob Unterlage und eigener Körper miteinander übereinstimmen, und kommt erst dort zur Ruhe, wo das der Fall ist. Das hätte aber nur dann einen Sinn, wenn die ihm selbst sichtbaren Partien des eigenen Körpers genauso oder wenigstens ähnlich gefärbt sind, wie der im »toten Blickwinkel« liegende Rest des Körpers. Außerdem müßte das Insekt die optischen Meldungen, die von seinem Körper und vom Untergrund kommen, voneinander unterscheiden können, um sie miteinander zu vergleichen.
Die zweite Möglichkeit, den passenden Ruheort zu finden, bestände im gezielten Aufsuchen einer passenden Unterlage, also ohne das vorhergehende Suchen nach dem Prinzip von »Irrtum und Erfolg«. Sinnesphysiologische Überlegungen sprechen entschieden für diese zweite Annahme. Außerdem steuern aufgestörte Heuschrecken *(Trimerotropis saxatilis)* gezielt eine zu ihrer Färbung passende Unterlage an, ohne nach ihr erst suchen zu müssen. Manche Insekten bekommen bei einer Häutung ein neues Tarnkleid, und zwar je nach dem Untergrund, auf dem sie sich zur Ruhe setzen. Die Raupe des Schwalbenschwanzes *(Papilio macchaon)* nimmt, wenn sie sich zur überwinternden Puppe häutet, eine grauweiße *oder* grünliche Farbe an. Zwischenstufen der Färbung gibt es nicht. Ein verblüffend einfacher Mechanismus sorgt nun dafür, daß die Wandlung zu der einen oder der anderen Puppenform nicht wahllos erfolgt. Raupen, die sich an Stengeln zur Puppenruhe setzen, werden grün, solche, die an senkrechten Flächen sitzen, überwiegend grau. Da an Stengeln aber grünliche Farbtöne vorherrschen, an senkrechten Flächen wie Bäumen oder Felsen dagegen grau, ist gesichert, daß die Puppe tarnfarbig wird.

Aber nicht nur durch ihr Tarnverhalten entziehen sich Insekten ihren Fein-

3a

3b

3c

den, sondern mitunter auch durch andere Verhaltenseigentümlichkeiten: Während der heißen Tagesstunden dösen in den Tropen viele Räuber, die nur morgens und abends auf Jagd gehen. Diesen Umstand nützen manche optisch auffälligen Fluginsekten, indem sie gerade mittags fliegen.

Arten mit mehreren Trachten

Seit langem kennt man Insekten – wie übrigens auch andere Tiere –, die gewissermaßen in mehreren Ausgaben vorkommen. Solche verschiedenen Formen gibt es bei ein und derselben Population ohne vermittelnde Übergänge. Ist solche Vielgestaltigkeit erblich, so bezeichnet man sie als *Polymorphismus*. Dieser ist bei Spanner- und Schwärmerraupen besonders häufig. *Erinnyis ello* z. B., ein südamerikanischer Schwärmer, hat drei »Morphen«, die in Grundfarbe und Zeichnung scharf voneinander abweichen (siehe Abb. 3). Die eine Raupenform ist vorwiegend blattgrün und auf beiden Seiten des bläulich überhauchten Rückens mit einer gelben Längslinie versehen. Diese gleicht Blattstiel und Blattnerv des Laubes vom Mancanillo-Baum *(Hippomane mancinella)*, von dem diese Raupen auf den Galapagos leben. Die zweite Form ist schieferfarben mit roten und weißen Flankentupfen, und die dritte überwiegend braun gefärbt. Trotz des unterschiedlichen Aussehens haben diese drei Raupenformen vieles gemeinsam: Ihre Beine sehen gleich aus, ebenso ihr Afterhorn, gemeinsam ist ihnen weiter eine schwarze Linienzeichnung auf der Brustoberseite und ein zwischen dem zweiten und dritten Brustsegment in einer Hautfalte versteckter schwarzer, orange eingefaßter Abwehr-Fleck.

Die drei Raupen sind höchstwahrscheinlich Morphen und keine Modifikationen wie z. B. Arbeiterin und Königin in einem Bienenvolk. (Die beiden Bienenkasten sind erbgleich und nur durch verschiedenes Larvenfutter zu zwei so verschiedenen Angehörigen der Art geworden.) In einer bisher als einzigartig anzusehenden Weise unterstützt nun das Verhalten dieser drei Raupenformen die Schutzwirkung ihres jeweiligen Aussehens: Alle drei fressen die Blätter des schon erwähnten Mancanillo-Baumes. Während nun

Abb. 3: Die drei Formen der Raupe von Erinnyis ello im Mancanillo-Baum, ihrem natürlichen Lebensraum. Jede dieser drei Spielarten wählt als Ruheplatz den zu ihrem Aussehen »passenden« Untergrund.
a) die grüne Blattnachahmerin;
b) die graue Zweignachahmerin;
c) die braune Zweignachahmerin.

aber die grüne Raupe das Blatt auch zu ihrem Rastplatz macht, ruhen die graue und die braune am Zweig des Baumes. Die beiden dunklen Raupenformen sind auf den olivbraunen Zweigen gegen die zahlreichen Singvögel sicher vorzüglich geschützt. Diese Art besteht also aus drei Farbmorphen und zwei Verhaltensmorphen. Bisher lassen sich diese nur durch ihr unterschiedliches Ruheverhalten voneinander unterscheiden. Zwischen den beiden dunklen Zweignachahmern scheint kein Verhaltensunterschied zu bestehen. Wir besprachen oben schon einmal die Beziehung zwischen dem Aufsuchen verschiedener Ruheorte und einer unterschiedlichen Färbung bei der Puppe des Schwalbenschwanzes. In jenem Falle bestimmte jedoch erst der Ruheort die Färbung der Puppe, und jede Raupe konnte grundsätzlich zu der einen oder der anderen Puppe werden. Bei den *ello*-Raupen dagegen scheint die Färbung erblich vorgegeben. Beides führt zum selben Ergebnis, nämlich einer biologisch ungemein sinnvollen Entsprechung von Färbung und Tarnverhalten.

Wozu hat eine Art mehrere Trachten?

Für den biologischen Sinn eines solchen Polymorphismus lassen sich sowohl genetisch-physiologische als auch ökologische Gründe anführen. Wir wollen hier nur die letzteren betrachten, weil sie uns später bei der Besprechung der Mimikry noch einmal beschäftigen werden. Einer dieser Gründe besteht in einer ungemein bezeichnenden Eigenart der Wahrnehmung des Räubers. Verteilt man zweignachahmende Spanner-Raupen *(Biston strataria, B. hirtaria, Ennomos alniaria)* in großen, natürlich bewachsenen Käfigen und läßt einen hungrigen Eichelhäher hinein, der daran gewöhnt ist, dort Futter zu finden, dann geschieht folgendes: Der suchende Häher übersieht zunächst die stöckchenartig an den Zweigen sitzenden oder zwischen Zweiglein am Boden liegenden Raupen gänzlich. Tritt er aber zufällig auf eine, so zuckt diese zusammen und wird augenblicklich gepackt und verspeist. Daraufhin beginnt der Häher ermuntert durch den Käfig zu hüpfen und immer wieder raupenähnliche Stöckchen aufzunehmen, wobei er bald viele der »getarnten« Raupen entdeckt, die er mit Genuß verzehrt. Ähnlich spielte sich die Entdeckung gegenschattierter Raupen durch die Eichelhäher ab. Es sieht folglich so aus, als formte sich in dem Vogel durch den ersten Zufallserfolg ein »Suchbild«, das von da ab »einrastet«, sobald sein Blick auf eine Raupe fällt. Man möchte fast fragen, warum im Freien überhaupt noch Spanner-Raupen leben, wenn das erste Opfer der Art so zwangsläufig weitere nach sich zieht, nachdem sich ein Räuber erst einmal auf ihren Anblick »dressiert« hat. Dieser Frage ist jedoch entgegenzuhalten, daß die Raupendichte in den Versuchskäfigen unnatürlich viel höher war als im Freien, wo die Raupen außer durch ihre Tarnung auch noch durch eine weit gestreute Verteilung geschützt sind.

Wenn unsere Annahme vom »Suchbild« stimmt, dann liegt es auf der Hand, warum viele verschiedene Kleider einem Insekt von Nutzen sind. Hat z. B. einem Darwinfinken eine braune Raupe von *Erinnyis ello* gemundet, so entdeckt er zwar möglicherweise rasch weitere braune Raupen, übersieht aber die anders gefärbten, weil ihm das »Suchbild« einer braunen Raupe »vorschwebt«. Wenn das stimmt, muß man fordern, daß gerade solche Arten polymorph sind, die sehr dicht siedeln, und außerdem, daß eine Art nicht *unübersehbar* viele Kleider trägt. Wie zwei nah verwandte Nachtfalter zeigen, ist die häufige Art *(Hydriomena furcata)* ungemein vielgestaltig, und die seltene *(H. ruberata)* vergleichsweise einförmig im Aussehen. Hohe Siedlungsdichte scheint also dem Polymorphismus tatsächlich Vorschub zu leisten.

Zum Verständnis der zweiten Forderung – dem Verbot einer unübersehbar großen Zahl verschiedener Morphen – ein Gedankenexperiment: Eine Art, die nur ein einziges Kleid trägt, trifft der volle Feinddruck. Er verkleinert sich für eine andere Art, die in *zwei* verschiedenen Trachten vorkommt. Eine dritte Art, die vielleicht 100 Morphen hätte, könnte diese nun aber nicht mehr so verschieden voneinander ausfallen lassen, als wenn sie auch nur über zwei verfügte. Je größer die Zahl der verschiedenen Trachten einer Art wird, um so ähnlicher müssen sich viele von ihnen wieder werden. Um so häufiger muß es folglich vorkommen, daß ein Räuber einem Opfer begegnet, das nun zwar nicht genau zu seinem Suchbild paßt, ihm aber doch so ähnlich ist, daß es den Angriff noch auslöst. Mit anderen Worten: Je mehr Trachten, um so größer wird für die verschiedenen Morphen die Möglichkeit verhängnisvoller »Verwechslungen« beim Räuber. Die Zahl der Morphen muß also hinreichend klein bleiben, wenn der Polymorphismus noch einen Schutz für die Art bilden soll. Tatsächlich sind mir auch bei keinem Insekt mehr als höchstens fünf verschiedene Morphen bekannt.

Für die eben skizzierte Suchbild-Theorie sprechen noch zwei weitere Tatsachen. Zum einen findet man Polymorphismus immer bei Insekten, die offen und nicht im Verborgenen leben. Und zweitens beschränkt sich die Vielgestaltigkeit nicht auf ein verstecktes Detail, sondern betrifft meist Grundfarbe und Zeichnungsmuster, wie oben an einem Beispiel gezeigt. Für die Suchbild-Theorie ist es belanglos, ob die Vielgestaltigkeit einer Art erblich ist *(Polymorphismus)* oder umweltbedingt *(Polyphänismus)* wie beim Schwalbenschwanz. Andererseits ist nur beim erblichen Polymorphismus die Gewähr gegeben, daß die verschiedenen Trachten immer wieder in gleicher Häufigkeit auftreten, so daß keine von ihnen verhängnisvoll überwiegen kann.

Abb. 4: Einen Gegensatz zur Tarnfärbung bildet die auffällige, plakatartige Warnfärbung. Sie findet sich vorwiegend bei wehrhaften oder widerwärtig schmeckenden Insekten. Hier die von Vögeln ihres Geschmacks wegen abgelehnte Wolfsmilchschwärmerraupe.

Noch auf eine ganz andere Weise könnte der Räuber zu dem Auftreten verschiedener Trachten bei ein und derselben Art führen. Wie genaue Freilandbeobachtungen lehren, jagen auch nah verwandte Vögel, wie z. B. Meisen, an ganz verschiedenen *Orten*. Die einen durchmustern die Zweigspitzen, andere die Zweige selbst, wieder andere Äste und Zweige, und noch andere, wie die Baumläufer, die Borke von Stämmen und Ästen. Eine Insektenart, die zwei solcher Jagdgründe mit je einer Form gleichmäßig besetzte, hätte bessere Aussichten, zu überleben, als eine ortsgebundene Art, vorausgesetzt natürlich, sie wäre in beiden Fällen etwa gleich vorteilhaft getarnt. Denn die Bejagung durch verschiedene Feinde fordert an beiden Orten sehr wahrscheinlich verschieden viele Opfer. Selten wird der Auslesedruck in beiden Fällen genau gleich groß sein. Das könnte folgenden Vorteil haben. Indem die Beuteart auf diese Weise großräumiger siedelt, verdünnt sie ihre Individuendichte. Dort, wo der Auslesedruck durch Feinde kleiner ist, verliert sie weniger Opfer als im zweiten Jagdrevier. Entsendet die Art in diesen weniger gefährdeten Raum mehr Individuen, so vermindert sich der Aderlaß für die Art insgesamt. Die höhere Siedlungsdichte im »Asyl« darf natürlich nicht dazu führen, daß der Feinddruck dort so sehr zunimmt, daß er den Vorteil des gestreuteren Wohnens wettmacht.

Die drei Raupen von *E. ello* sitzen also je nach ihrem Aussehen an Zweig oder Blatt. Die beiden dunklen Zweignachahmer sind an Zahl zusammen etwa genauso stark vertreten wie der eine grüne Blattnachahmer. (Unter den dunklen Tieren ist die graue Raupe seltener als die braune.) Die beiden Zweignachahmer sind stärker gefährdet als der Blattnachahmer, und zwar aus drei Gründen: Ihre Hauptfeinde, die Finken, durchsuchen nämlich die schattigen Zweige eifriger als die randständigen und daher sonnendurchglühten Blattbüschel, in denen die Blattnachahmer leben. Außerdem verraten sich die Zweignachahmer natürlich häufiger als der Blattnachahmer, denn zum Fressen müssen sie ans Blatt kommen, wo sie eher auffallen als dieser, der den Vorteil hat, daß das Blatt Ruhe- und Freßplatz zugleich für ihn ist. Den Tarnschutz, den der Blattnachahmer so ständig genießt, haben die beiden Zweignachahmer nur beim Ruhen am Zweig. Und drittens fallen die Zweignachahmer einem Feind eher auf als der Blattnachahmer, weil sie mehr kriechen müssen, um vom Ruhe- zum Freßplatz und zurück zu gelangen. Diese drei Umstände zusammen könnten dazu geführt haben, daß im Gezweig mehr Tarntrachten vorkommen als am Blatt. Denn dadurch kommen die beiden Zweignachahmer wie zum Ausgleich noch zu einem zusätzlichen Schutz durch das Suchbild-Prinzip. Es sieht folglich so aus, als hätten die Zweignachahmer zweierlei Tarntracht zum Ausgleich ihres größeren Risikos entwickelt. Wenn jedoch alle drei Morphen während des Fressens auf den Blättern vereint sind, dann ziehen sie alle Nutzen aus dem Suchbild-Prinzip, und zwar wohl einen noch größeren als die beiden Zweignachahmer auf ihrem Ruheplatz; denn drei am selben Ort narren einen Räuber ceteris paribus natürlich öfter als zwei. So könnten das »Suchbild-Prinzip« und das »Orts-Prinzip« einander ergänzen. Für die Freilandforschung eröffnet sich damit ein verlockendes Arbeitsfeld.

Auffällige Signale warnen den Räuber

Insekten, die schlecht schmecken oder schmerzhaft stechen, sind in der Regel entweder sehr auffällig bunt gefärbt oder verhalten sich auffällig (bei vielen findet sich beides). Im Gegensatz zum Besitzer einer Tarntracht legen diese Insekten es geradezu darauf an, nicht übersehen zu werden. Ein bekanntes Beispiel sind die Wespen und ihre Verwandten mit ihrer schönen, auffällig schwarzgelben Querstreifung. Ihr Stich ist nicht nur für uns Menschen unangenehm, sondern auch für ihre Hauptfeinde, die Singvögel: manche behalten einen Wespenstich mehrere Monate lang. Auch schlechter Geschmack ist ein Schutz. Es ist sicher kein Zufall, daß die am buntesten gefärbte Schwärmerraupe unserer heimischen Fauna, nämlich die vom Wolfsmilchschwärmer *(Celerio euphorbiae)*, auch am widerlichsten schmeckt (siehe Abb. 4). Haussperlinge wie Hühner meiden sie, sobald sie die Raupe ein paarmal gehackt haben. Ganz so, als wüßten sie um den galligen Geschmack ihres Körpers, sitzen diese Raupen im hellsten Sonnenlicht und zu Scharen auf der Zypressenwolfsmilch, und niemand tut ihnen etwas zuleide. Andere Raupen dagegen, die Vögeln gut schmecken, wie z. B. die des Kleinen Weinschwärmers *(Pergesa porcellus)*, die von ebenso niedrigen Kräutern leben, fressen nur nachts an ihnen und verkriechen sich tagsüber am Boden. Ganz allgemein gilt die Faustregel: Gut schmeckende Insekten sind tarnfarbig, schlecht schmeckende sind plakathaft bunt gezeichnet. Man wird annehmen dürfen, daß das den biologischen Sinn hat, dem Räuber, der mit dem gleichen bunten Signal schon einmal schlechte Erfahrungen gemacht hat, die Erinnerung an das unerfreuliche Erlebnis möglichst nachdrücklich wieder zu vergegenwärtigen. Daß die Räuber das Aussehen z. B. von Wespen erst lernen müssen, ist zumindest für Rotkehlchen, Rotschwänzchen und einige Fliegenschnäpper erwiesen. Jungvögel, die noch keine Bekanntschaft mit Wespen gemacht hatten, flogen im Experiment auf sie wie auf gut schmekkende Schwebfliegen zu. Mitunter kurierte sie aber schon ein einziges Zuschnappen. Übrigens stört diese Vögel weniger der Stich selbst als der ihnen offenbar widerliche Geschmack des Giftes. Bestreicht man nämlich sonst gut schmeckendes Futter mit dem Inhalt der Giftblase einer Wespe, so wird es genauso entschieden abgelehnt wie die Wespe selbst nach übler Erfahrung. Und umgekehrt werden Bienen und Wespen für die Vögel zu Leckerbissen, wenn man ihnen Stachel und Giftblase herausoperiert.

Warner bilden Interessengemeinschaft

Je häufiger ein unbekömmlicher »Warner« in einem bestimmten Gebiet auftritt, um so öfter müßten Individuen seiner Art noch unerfahrenen Räubern zum Opfer fallen. Würde die gleiche Anzahl Warner aber mehreren verschiedenen Arten angehören, so würde sich der Feinddruck insgesamt auf sie alle verteilen und damit für die einzelne Art verringern. Dies ist der Grund dafür, daß sich warnfarbige Insekten, die im gleichen Gebiet vorkommen, einander mitunter verblüffend nachahmen, wenigstens in einigen auffälligen Merkmalen. So haben die ungenießbaren Falter dreier verschiedener Verwandtschaftsgruppen der südamerikanischen *Nymphalidae* ähn-

Abb. 5: Schmetterling (Caligo eurylachus) mit »typischem« Augenfleck (Foto: Otmar Danesch).

liche durchsichtige Flügel gemeinsam. Erreicht wird das auf denkbar verschiedene Weise, im Grenzfall dadurch, daß der eine Falter seine undurchsichtigen Schuppen bald nach dem Schlüpfen verliert, während der andere von vornherein durchsichtige Flügel hat. Eine derartige Nachahmung soll den Räuber also nicht täuschen, sondern ihn vor tatsächlich vorhandenen Waffen oder einem widerwärtigen Geschmack warnen. Es ist leicht einzusehen, daß sich die zu solchen Interessengemeinschaften zusammengeschlossenen Warner keinen Polymorphismus leisten können: Eine Abweichung vom genormten Warnplakat würde die beteiligten Arten sofort zusätzliche Opfer kosten, es sei denn, der »Außenseiter« würde in eine Gruppe anders aussehender Warner »entsandt«, in der er untertauchen könnte. Ein solcher Fall ist meines Wissens bisher aber nicht bekannt geworden.

Vorgetäuschtes Übel: Die Bates'sche Mimikry

Die Unbekömmlichkeit mancher Insekten machen sich andere Insektenarten ihrerseits zunutze, indem sie jene nachahmen. Sie täuschen also Giftstachel oder Ekelgeschmack vor, obwohl sie in Wirklichkeit durchaus genießbar sind. Das nennt man BATESsche Mimikry[1]. So ahmen z. B. Schwebfliegen die Zeichnung von Wespen nach, und manche wohlschmeckenden Schmetterlinge, wie etwa die Glasflügler *(Aegeriidae)*, die noch wehrhafteren Hornissen. Der Nachahmer gleicht sich dem Modell oder Original bis in erstaunliche Einzelheiten an. Da gibt es welche, die ahmen die trillernden Bewegungen der Antennen nach, mit denen die stachelbewehrten Hautflügler umherhuschen, andere machen die meist auffällige Hinterleibszeichnung nach und wieder andere die charakteristische »Wespentaille«. Insektenfressende Singvögel meiden Wespennachahmer aber erst dann, wenn sie schon einmal eine schlechte Erfahrung mit einer Wespe, also dem Modell, gemacht haben. Erlernt der Vogel das Aussehen des Modells erst wie im Fall der Wespen, so muß die Modellspezies je Feind mindestens ein Opfer bringen, der Nachahmer jedoch nicht unbedingt, sondern nur dann, wenn er dem Räuber begegnet, ehe dieser eine schlechte Erfahrung mit dem Modell gemacht hat. Je mehr Nachahmer dem Räuber also unter die Augen kommen, desto geringer wird der vom Modell ausgehende Schutzeffekt. Denn würden die Kopien sehr viel häufiger als die geschützten Originale, dann würden die wohlschmeckenden Mahlzeiten die wenigen üblen Erlebnisse mit diesen übertönen.

1 Nach dem Engländer HENRY BATES, der die »vorgetäuschte Warntracht« 1862 beschrieb und damit das Phänomen der Mimikry entdeckte (d. Red.).

Dies ist wohl einer der Gründe dafür, daß BATESsche Mimikristen einander und auch ihrem Modell ähnlicher sind als verschiedene Warner, die einander nachahmen. Denn die brauchen nur oberflächlich miteinander übereinzustimmen, um als ungenießbar wiedererkannt zu werden. Denn jeder aus ihrer Interessengemeinschaft würde der Erinnerung eines vergeßlichen Räubers wieder auf die Sprünge helfen. Jedes Beuteerlebnis ist eine erneute Lektion. Der selbst harmlose Mimikrist dagegen bewirkt beim Feind das genaue Gegenteil: Er lockert durch seine Genießbarkeit die angestrebte Abdressur des Modells. Er muß es daher so genau wie möglich nachahmen, um auch bei vergeßlicheren Räubern die trübe Erinnerung an das Orginal wieder zu wecken, noch bevor er gepackt ist.
Früher glaubte man, der Nachahmer müsse, um noch geschützt zu sein, stets seltener sein als sein Vorbild. Heute wissen wir, daß die schlechte Erfahrung mit dem Modell auch sehr hohe Kopfzahlen des Nachahmers aufwiegen kann. So setzte man Staren »künstliche« BATESsche Mimikristen vor. Sonst gern genommene Mehlwürmer wurden mit einer Chininlösung vergällt und gleichzeitig mit einer grünen Leibbinde gekennzeichnet. Die »Nachahmer-Mehlwürmer« wurden genauso angemalt, jedoch nur in destilliertes Wasser getaucht. Kontrollstaren bot man lediglich grün bemalte und unvergällte Mehlwürmer an, die prompt gefressen wurden. Die grüne Leibbinde schützte also nicht die Spur.
Nach ersten Versuchen, die vergällten Modelle zu kosten, und nach deutlich ekelbetonter Ablehnung erkannten die Stare Modelle und Nachahmer allein an der Farbe. Sie schonten 80% der Nachahmer, wenn diese 10, 30 oder 60% aller Mehlwürmer ausmachten. Ja, zwei Stare, die nur *ein* Modell unter je 10 Mehlwürmern bekamen, lehnten noch 17% der Nachahmer ab! Ein so hoher Schutz des Nachahmers geht sicher auf die vollkommene visuelle Übereinstimmung von Modell und Mimikrist zurück, jedoch zeigten andere Versuche, daß auch eine geringe Ähnlichkeit schon einen Schutzeffekt hervorruft. Er nimmt mit dem Grad der üblen Erfahrung zu: je abstoßender diese ausfällt, um so geringer braucht die Übereinstimmung zu sein. Im Gegensatz zu der Interessengemeinschaft genormter Warner, die wir oben besprochen haben, »darf« ein BATESscher Nachahmer polymorph sein. Er sollte es sogar sein, um nicht von Artgenossen um die erschwindelte Sicherheit betrogen zu werden, seien sie nun tarn- oder warnfarbig. So ahmen denn auch die Weibchen eines afrikanischen Schwalbenschwanzes *(Papilio dardanus)* schlecht schmeckende andere Tagfalter nach und bilden dabei bis zu drei verschiedene Morphen in einer Bevölkerung aus. Die verschiedenen Weibchen ahmen jeweils ein anderes Modell nach, und in fast allen Gegenden sind genauso viele Weibchen-Morphen wie Modellarten da.

Es ist sicher kein Zufall, daß bestimmte optische Merkmale von Schlangen gerade von den *größten* Raupen und obendrein in den *Tropen* nachgeahmt werden. Denn die kleineren Raupen erinnern eher an harmlose Würmer als an Schlangen, und in der gemäßigten Zone leiden Insektenfresser, also die Feinde, die es abzuwehren gilt, weit weniger unter Schlangen, die sie deshalb wohl auch weniger schrecken. Die Raupen mehrerer tropischer Schwärmer haben unabhängig voneinander dieselben Schlangenmerkmale entwickelt. Z. B. ahmt die Raupe von *Leucorampha ornatus* mit feiner Kästchenzeichnung das Schuppenkleid einer Schlange nach. Aufgestört verdickt sie den Brustabschnitt zu einem Kopf, indem sie die vorderen Körpersegmente teleskopartig ineinanderschiebt. Dabei krümmt sie den Körper S-förmig vom Zweig ab, an dem sie mit den hinteren Beinen verankert bleibt. Die Beine des Brustabschnittes legt sie eng an und wendet dem Störenfried die dunkel gezeichnete Unterseite zu, auf der zwei dunkle Flecke sichtbar werden, die an Augen erinnern. Andere Arten schwingen bei einem ähnlichen Manöver mit dem gekrümmten Vorderende sanft hin und her oder lassen, wenn man sie reizt, vorher unsichtbare blaue Scheinaugen hervorquellen. Etwas ganz Raffiniertes hat sich eine südamerikanische Schwärmerraupe *(Pholus labruscae)* »ausgedacht« (Abb. 6). Auch sie trägt ein falsches Schuppenkleid und macht, wenn man sie vorsichtig antippt, einen dicken Kopf mit besonders schönen Augenflecken. Obendrein hat sie dort, wo bei anderen Schwärmerraupen das Afterhorn sitzt, ein kleines, schwarz glitzerndes Plättchen auf der sonst stumpfen Haut. Reizt man die Raupe weiter, so fängt dieses Plättchen an zu flimmern, und bald darauf schießt unter seinem Hinterrand ein spitzes schwarzes Zünglein hervor, das mit abnehmenden Ausschlägen, ganz wie beim Züngeln einer Schlange, vor- und zurückschnellt (Abb. 7). Wie Untersuchungen mit Attrappen bei Vögeln gezeigt haben, lassen sich manche Merkmale aus ihrer gewöhnlichen Umgebung herausnehmen, ohne dadurch beim Empfänger wesentlich an Wirksamkeit einzubüßen. Es spricht daher nicht gegen die Zungennatur der Zungenattrappe von *Pholus*, wenn diese am Hinterende statt am Kopf »züngelt«. Für die Richtigkeit der Deutung spricht dagegen der Umstand, daß die Bewegung der falschen Zunge an nichts mehr erinnert als an das bekannte Züngeln einer Natter.

Wenn die Schwärmerraupe tatsächlich Schlangen nachahmt, dann muß man fordern, daß die Feinde dieser Raupen vor Schlangen auch tatsächlich Angst haben. Auf Galapagos, wo das Züngeln beobachtet wurde, fürchten Darwinfinken *(Geospizidae)* nun tatsächlich sogar schon ziemlich kleine Schlangen von nur 40 Zentimeter Länge, und zwar durchaus zu Recht, weil

Abb. 6: Die Raupe des südamerikanischen Schwärmers Pholus labruscae ahmt bei Störungen durch Gestalt und pendelnde Bewegungen eine Schlange nach.
Abb. 7: Die Raupe der Abb. 6 mit schlangenähnlichem Scheinkopf.

sie von Schlangen tatsächlich heimgesucht werden. Damit wäre der Ring bei diesem Fall von Batesscher Mimikry geschlossen, nur wissen wir bisher noch nicht, ob diese Finken Schlangen tatsächlich an der Schuppenzeichnung und am Züngeln erkennen, oder ob diese Form der Mimikry bei der Raupe vielleicht nur einen historischen Rest aus ihrer Festlandzeit darstellt. *Pholus* ist nämlich von dort erst nach Galapagos eingewandert.
Die züngelnde Raupe ist an den Flanken mit schrägen, beigefarbenen Feldern gezeichnet, die sich von dem Braungrau des übrigen Körpers scharf abheben. Sie wirken – jedenfalls für unser Auge – körperauflösend, indem sie dem Raupenkörper das Aussehen einer durchgehenden runden Walze nehmen. Eine andere Tarnkappe hat sich die oben erwähnte *Leucorampha*-Raupe aufgesetzt: in Ruhestellung ahmt dieses Tier in stocksteifer Haltung einen abgebrochenen Seitenzweig nach. Die Schlangen-Mimikristen verkörpern damit ein häufiges Prinzip: viele Batessche Nachahmer imitieren erst dann ihr geschütztes Vorbild, wenn sie entdeckt sind, also erst in höchster Gefahr. Bis dahin verlassen sie sich auf ihre Tarnung.

Falsche Augen schrecken Singvögel

Die züngelnde Raupe ist sogar noch durch eine dritte Eigenschaft geschützt. Wenn sich das Vorderende zu einem »Kopf« verdickt, weisen zwei sonst zur Seite schauende Augenflecken schräg nach vorn (Abb. 7). Es gibt sogar noch größere und einem richtigen Auge noch ähnlichere Augenflecke als diese. Z. B. weisen das Nachtpfauenauge *(Smerinthus ocellata)* oder eine Gottesanbeterin *(Pseudocreobotra wahlbergi)* ihre sonst verborgenen Augenflecken erst dann blitzschnell vor, wenn sie angegriffen werden. Zu besonderer Vollkommenheit haben Schmetterlinge diese Augenflecken entwickelt. Gemeinsam ist ihnen ein dunkler Hof, der eine helle »Iris« umsäumt, die ihrerseits eine schwarze »Pupille« aufweist, womöglich noch mit einem oder mehreren »Glanzlichtern« (Abb. 5).

Im Laboratoriumsversuch gelang es zu beweisen, daß insektenfressende Singvögel Augenflecke tatsächlich mehr fürchten als andere, ähnlich große und ähnlich gegliederte flächige Figuren. Dazu wurden zwei kleine Glasscheibchen, auf welche die jeweils zu testenden Figuren aufgezogen waren, so in einen Kastendeckel eingelassen, daß sie von unten immer dann durchleuchtet werden konnten, wenn der untersuchte Vogel einen zwischen ihnen angebrachten Mehlwurm, die Lockspeise, wegpicken wollte. Auf diese Weise konnten nacheinander viele verschiedene Musterpaare durchprobiert und miteinander verglichen werden. Dabei ergab sich eine durchaus unterschiedliche Abschreckungswirkung der verschiedenen Muster auf sowohl zahme als auch wilde Kohlmeisen, Buchfinken und Goldammern. Die abschreckende Wirkung eines Ringes war parallelen oder gekreuzten Streifen gleicher Ausdehnung turmhoch überlegen. Ein einzelner Ring wiederum wirkte auf Goldammern deutlich schwächer (32 : 94) als drei konzentrische Ringe, deren größter denselben Durchmesser hatte. Zwei konzentrische Ringe wiederum waren bei 7 wilden Kohlmeisen mit 4 : 42 einem naturalistisch wirkenden »fixierenden Auge«, d. h. exzentrisch angeordneten, kugelig schattierten Ringen mit einem »Glanzlicht« darauf, eindeutig unterlegen. Die abschreckende Wirkung des in dieser Weise imitierten Wirbeltierauges war durch keine andere Figur zu übertreffen. Selbst 6 handaufgezogene, augenfleck-unerfahrene Goldammern antworteten darauf öfter als auf jedes andere Musterpaar. Dies gibt zu der Annahme Anlaß, daß das Erkennen von Augenflecken angeboren ist, daß es instinktiv erfolgt.

Bemerkenswert ist, daß auch Streifenfiguren bei dieser Versuchsanordnung immerhin eine deutliche, wenn auch geringere Schreckwirkung hatten. Demnach ängstigt also auch schon allein das plötzliche Auftauchen einer ungewohnten Figur einen Vogel. Auch das ist sinnvoll, wenn man berücksichtigt, daß ein wirklicher Vogelfeind meist genauso überraschend erscheint. Wahrscheinlich haben plötzlich erscheinende Strukturen vieler Insekten einen Überlebenswert, auch wenn sie nicht wie die Augenflecke Gefahr verheißen.

Hierhin gehören sicher die langen, roten »Schwanzfäden« der Gabelschwanzraupen *(Dicranura spec.)*, die bei der Störung des Tieres aus einem umgewandelten Hinterleibs-Beinpaar hervorgestoßen werden, oder eine auffällig gefärbte Nackengabel, die zwischen Kopf und erstem Brustsegment ausgestülpt wird *(Papilio; Eucereon)*.

Raubfliegen *(Mallophora bomboides)* ahmen Hummeln *(Bombus americanorum)* nach, die sie erjagen und verzehren. Die Übereinstimmung mit ihrem Vorbild erlaubt es den Raubfliegen, nahe genug an ihre Opfer heranzukommen, ohne deren Argwohn zu erregen. Gleichzeitig übt dieser »Wolf im Schafspelz« damit aber im Hinblick auf einen Wirbeltierfeind auch noch BATESsche Mimikry. Denn Kröten verschmähten im Laborversuch ihnen vorgesetzte Raubfliegen, wenn sie einmal von einer Hummel gestochen worden waren. Hier zieht also der Nachahmer aus seiner Ähnlichkeit mit einem bestimmten Modell gleich einen doppelten Nutzen, nämlich Angriffs- *und* Schutzvorteile.

Falter mit »falschem Kopf«

Bestimmte Bläulinge (Lycaenidae) sind weder BATESsche noch Angriffs-Mimikristen, und dennoch täuschen sie ihren Feinden etwas vor. Sie spiegeln ihnen nämlich die vordere Körperhälfte da vor, wo sich in Wirklichkeit die hintere befindet, und zwar durch ein verblüffendes Zusammenspiel von Struktur und Verhalten. Ein südamerikanischer tropischer Zipfelfalter *(Thecla togarna)* ahmt mit den Spitzen seiner Hinterflügel einen Kopf nach. Während der richtige Kopf des Schmetterlings und die Antennen unscheinbar klein und grau sind, laufen die Spitzen der Hinterflügel in zwei auffällige Pseudo-Antennen aus, auf deren endständiger Verdickung wie bei einem gleich dicken wirklichen Antennen-Endkolben ein »Glanzlicht« sitzt (Abb. 8). In die schwarze Basis dieser falschen Antennen sind weitere »Glanzlichter« eingelassen, wie sie sonst auf dem gewölbten Facettenauge eines Insekts spielen. Die falschen Antennen überkreuzen einander und werden durch gegenläufige Bewegungen der gefalteten Flügel wie tastend auf und ab bewegt, nachdem der Falter auf einem Blatt gelandet ist. Am unteren Ende der falschen Antennen ist der Flügel in einem Umfang, welcher der Größe des Auges eines Falters dieser Größe entspricht, gerundet und vorgewölbt. Auf diese Weise entsteht auch beim Blick von oben am Hinterende des Schmetterlings der Eindruck eines Kopfes. Ein Landemanöver, das mir von keinem anderen Insekt bekannt ist, macht die Deutung dieser Flügelenden als Kopfattrappe zur Gewißheit: Im Augenblick der Landung auf einem waagerechten Blatt schwingt der Falter blitzschnell derart um seine Körperachse, daß sein Hinterende in die bisherige Flugrichtung weist, sein wirklicher Kopf aber dahin, woher er gekommen ist. Dieses Verhalten läßt nur eine Deutung zu: Der Falter täuscht einen möglicherweise lauernden Feind über

Abb. 8: Der südamerikanische Zipfelfalter Thecla togarna verdankt seinen Namen den charakteristischen Ausläufern an den Enden der Hinterflügel. Das Foto zeigt den Falter in seiner typischen Ruhehaltung mit zusammengeklappten Flügeln. In dieser Stellung erwecken die »Zipfel« den täuschenden Eindruck eines Scheinkopfes mit aufgesetzten Antennen und sogar der Andeutung eines Auges. Die Täuschung wird in diesem Falle noch durch ein höchst verblüffendes Manöver bei der Landung auf dem Ruheplatz unterstützt, das im Text beschrieben ist.

seine künftige Startrichtung. Anders als *Thecla togarna* mit ihrer »Verkehrtlandung« täuschen andere Bläulinge eine falsche Startrichtung vor. Gewöhnlich ruhen Schmetterlinge an senkrechten Flächen so, daß ihr Kopf nach oben zeigt, wenn ihnen ihre Körperzeichnung nicht aus Tarngründen ein anderes Verhalten vorschreibt. Einige Bläulinge jedoch, solche mit und solche ohne »falschen Kopf«, sitzen an senkrechten Flächen nun so, daß ihr wirklicher Kopf nach unten zeigt. Es ist anzunehmen, daß ein solches Ruheverhalten einen Räuber veranlassen kann, beim Zustoßen in der falschen Richtung (nämlich »aus Gewohnheit« nach oben, anstatt, wie es in diesem Ausnahmefall notwendig wäre, nach unten) »vorzuhalten«.

Der Zipfelfalter täuscht hinten sein Vorderteil vor. Insofern ahmt er also keine andere Art, sondern sich selbst nach. Genau genommen ahmt er aber nicht seinen eigenen Kopf nach – was den Erfolg der Nachahmung beeinträchtigen würde –, sondern er entwickelt am Hinterende gewissermaßen einen nicht übersehbaren »Insektenkopf an sich«. Ob er mit ihm überhaupt eine bestimmte Insektenart kopiert, ist durchaus fraglich und für den Erfolg der Nachahmung auch weitgehend belanglos. Aus diesem Grunde scheint diese Form der Nachahmung weder in das Kästchen der BATESschen Mimikry noch in das der Angriffs-Miminkry zu passen. Wir müssen folglich nach einem neuen Namen suchen.

Literatur

Bell, T.R.D. u. F.B. Scott, 1937, The Fauna of British India, including Ceylon and Burma, Moths. V. Sphingidae. London.

Blest, A.D., 1957, The Function of Eyespot Patterns in the Lepidoptera. Behav. *11,* 209–255.

Blest, A.D., 1964, Protective Display and Sound Production in some New World Arctiid and Ctenuchid moths. Zoologica *49,* 161–181.

Bristowe, W.S., 1941, The Comity of Spiders. London.

Brower, J. van Z., 1960, Experimental Studies of Mimicry. IV. The Reactions of Starlings to Different Proportions of Models and Mimics. Amer. Nat. *94,* 271–282.

Brower, L.P. u. J. van Z. Brower, 1964, Birds, Butterflies, and Plant Poisons. Zoologica *49,* 137–159.

Brower, L.P. u. J. van Z. Brower u. P.W. Westcott, 1960, The Reactions of Toads (Bufo terrestris) to Bumblebees (Bombus americanorum) and their Robberfly Mimics (Mallophora bomboides). Amer. Nat. *94,* 343–355.

Cain, A.J. u. P.M. Sheppard, 1954, Natural Selection in Cepaea. Genetics *39,* 89–116.

Clarke, C.A. u. P.M. Sheppard, 1960, The Evolution of Mimicry in the Butterfly Papilio dardanus. Brown. Heredity. *14,* 163–173.

Curio, E., 1965, Ein Falter mit »falschem Kopf«. Nat. Mus. *95,* 43–46.

Curio, E., 1965, Die Schlangenmimikry einer südamerikanischen Schwärmerraupe. Nat. Mus. *95,* 207–211.

Curio, E., 1965, Die Schutzanpassungen dreier Raupen einns Schwärmers (Lepidopt., Sphingidae) auf Galapagos. Zool. Jahrb. Abt. Syst. *92,* 487–522.

Curio, E., 1965, Zur geographischen Variation des Feinderkennens einiger Darwinfinken (Geospizidae). Verh. Deut. Zool. Kiel 1964, Zool. Anz. Suppl. *28,* 466–492.

De Ruiter, L., 1952, Some Experiments on the Camouflage of Stick Caterpillars. Behav. *4,* 222–232.

De Ruiter, L., 1955, Countershading in Caterpillars. An Analysis of its Adaptive Significance. Arch. Néerl. Zool. *11,* 1–57.

Duncan, C.J. u. P.M. Sheppard, 1965, Sensory Discrimination and its Role in the Evolution of Batesian Mimicry. Behav. *24,* 268–282.

Folsom, J.W., 1923, Entomology, with Special Reference to its Ecological Aspects. London, Zit. in: Cott, H.B., 1957, Adaptice Coloration in Animals. London.

Ford, E.B., 1964, Ecological Genetics. London, New York.

Gibb, J., 1954, Feeding Ecology of Tits, with Notes on Treecreeper and Goldcrest. Ibis, *96,* 513–543.

Herrebout, W.M., P.J. Kuyten, L. de Ruiter, 1963, Observations on Colour Patterns and Behaviour of Caterpillars Feeding on Scots Pine. With a Discussion of their Possible Functional Significance. Arch. Néerl. Zool. *15,* 315–357.

Hinde, R.A., 1954, Factors Governing the Changes in Strength of a Partially Inborn Response, as Shown by the Mobbing Behaviour of the Chaffinch (Fringilla coelebs). I. The Nature of the Response, and an Examination of its Course. Proc. Roy. Soc., B, *142,* 306–331.

Hingston, R.W.G., 1933, The Meaning of Animal Colour and Adornment. London.

Kernbach, K., 1957, Der »Ekelgeschmack« der Raupe von Celerio euphorbiae L. Mitt. Dt. Ent. Ges., *16,* 51–52.

Kettlewell, H.B.D., 1955, Recognition of Appropriate Backgrounds by the Pale and Black Phases of Lepidoptera. Nature *175*, 943–944.

Lenz, F., 1917, Alternative Modifikationen bei Schmetterlingen. Z. indukt. Abst. Vererb.'lehre *18*, 93–103.

Lenz, F., 1918, Alternative Modifikationen bei Schmetterlingen. II. Mitteilung. Z. indukt. Abst. Vererb.'lehre *19*, 304–309.

Liepelt, W., 1963, Zur Schutzwirkung des Stachelgiftes von Bienen und Wespen gegenüber Trauerfliegenschnäpper und Gartenrotschwanz. Zool. Jb. Abt. Physiol. *70*, 167–176.

Moss, A.M., 1912, On the Sphingidae of Peru. Trans. Zool. Soc. London *20*, 73–114.

Mostler, G., 1935, Beobachtungen zur Frage der Wespenmimikry. Z. Morph. Ökol. Tiere *29*, 381–455.

Mühlmann, H., 1934, Im Modellversuch künstlich erzeugte Mimikry und ihre Bedeutung für die »Nachahmer«. Z. Morph. Ökol. Tiere *28*, 259–296.

Poulton, E.B., 1898, Natural Selection the Cause of Mimetic Resemblance and Common Warning Colours, J. Linn. Soc., Zool. *26*, 558–612. Zit. s.u. Folsom.

Süffert, F., 1932, Phänomene visueller Anpassung, I.–III. Mitteilung. Z. Morp. Ökol. Tiere *26*, 147–316.

Tinbergen, L., 1960, The Dynamics of Insect and Bird Populations in Pine Woods. Néerl. Zool. *13*, 259–473.

Tinbergen, N., 1961, Wo die Bienenwölfe jagen. Berlin u. Hamburg.

Irenäus Eibl-Eibesfeldt

Formen der Symbiose

Zum Milieu lebender Organismen gehören nicht nur die unbelebte Umwelt, sondern immer auch die Lebewesen anderer Arten, die in dieser Umwelt vorkommen und an die daher ebenfalls eine evolutionäre Anpassung erfolgt. Diese Tatsache kann erklären, daß sich auch zwischen verwandtschaftlich weit voneinander entfernten Lebewesen mitunter erstaunlich differenzierte Verständigungsformen und Partnerschaftsbeziehungen entwickelt haben.

Die Beziehungen der Organismen untereinander sind sehr vielfältig. Artgenossen können Konkurrenten, Geschlechtspartner, Eltern oder Kinder sein. Besondere, oft sehr komplizierte Verhaltensweisen und Signale regeln den Umgang innerhalb der gleichen Art. Daneben gibt es aber auch Beziehungen zwischen Mitgliedern verschiedener Arten, und diese sind oft nicht weniger kompliziert. Man denke etwa an den Wettlauf der wechselseitigen Anpassungen im Raubfeind-Beute-Verhältnis, der u. a. Tarn-, Täuschungs- und Fluchtmanöver der Beute und entsprechende neue Überlistungstaktiken der Verfolger erzwang[1]. Zahlreich sind die als Parasiten lebenden Tiere, deren äußerst mannigfaltige Verbreitungsweisen die Zoologen von jeher faszinierten. Und schließlich gibt es noch Partnerschaften, bei denen einer der Partner oder sogar beide einen Vorteil aus dem Zusammenschluß ziehen. Profitiert nur einer von ihnen, ohne daß der andere dabei einen Schaden erleidet, nennt man das *Kommensalismus*, ziehen dagegen beide einen Vorteil aus der Partnerschaft, so spricht man von *Symbiose*[2]. Mit dieser letzteren Form der Partnerschaft wollen wir uns hier befassen. Ihre Untersuchung hat dem Verhaltensforscher eine Reihe interessanter Einblicke in die Möglichkeiten zwischenartlicher Verständigung vermittelt.

1 s. den Beitrag von Curio in diesem Band, S. 85 ff.

2 Im englischen Schrifttum spricht man von Mutualismus und gebraucht den Terminus Symbiose als Oberbegriff für alle Formen zwischenartlichen Zusammenlebens, Parasitismus, Kommensalismus und Mutualismus eingeschlossen. Eine klare Abgrenzung dieser drei Kategorien ist übrigens gar nicht immer möglich.

Abb. 1: Der Putzerlippfisch Labroides dimidiatus, darunter sein Nachahmer Aspidontus taeniatus, beide aus dem Indopazifik, zuunterst die Neongrundel (Elacatinus oceanops), ein Putzerfisch der Karibischen See.

Wer in den Korallenriffen des Indischen Ozeans taucht, wird bald bemerken, daß eine ganze Reihe verschiedener Fischarten miteinander auf freundschaftlichem Fuße steht. Da gibt es z. B. die Putzerlippfische *(Labroides dimidiatus)*, schlanke, etwa 10 cm lange Fischchen mit sehr auffallender blauschwarzer Zeichnung (Abb. 1). Sie bewohnen meist paarweise einen bestimmten Riffbezirk, der regelmäßig von sehr vielen anderen Fischen aufgesucht wird. Da kommen dicke Zackenbarsche mit langsamen Schlägen ihrer lappigen Brustflossen angerudert. Über einem Korallenblock halten sie an, und dann kann man zu seiner Überraschung sehen, daß die kleinen Putzerfische, die dort zu Hause sind, den großen Raubfisch ganz ungeniert anschwimmen und an seiner Körperoberfläche herumzupicken beginnen. Nach einer Weile sperrt der Zackenbarsch auch noch sein Maul auf, und die Putzer verschwinden darin. Man braucht sich aber nicht um sie zu sorgen,

Abb. 2: Ein Putzerlippfisch bei der Säuberungsarbeit im Maul eines Süßlippenbarsches (Plectorhynchus diagrammus).

der Raubfisch schluckt sie nicht. Nach kurzer Zeit kommen sie wieder zum Vorschein und schlüpfen jetzt sogar unter die abgehobenen Kiemendeckel des Barsches. Hat der genug, so schüttelt er sich, und die Putzerfische verlassen ihn sofort, um einen anderen Kunden zu besuchen, der in der Nähe bereits wartet.

Wir hatten bald herausgefunden[3], daß die Putzerfische bei dieser Gelegenheit andere Fische von Parasiten befreiten, in erster Linie von blutsaugenden Ruderfußkrebschen. Sie fraßen aber auch nekrotisches Gewebe und verpilzte Hautstellen und waren überhaupt hinter allen Unregelmäßigkeiten auf der Haut ihrer Kunden her. Als wir später Putzer im Aquarium hielten, beobachteten wir dementsprechend gelegentlich auch groteske Fehlleistungen. So bemühte sich ein Putzerlippfisch einmal hartnäckig, die hellen Punkte eines Spitzkopfkugelfisches *(Canthigaster)* aufzupicken. Der geplagte Fisch versuchte seinem Peiniger zuletzt dadurch zu entkommen, daß er sich japsend an die Wasseroberfläche hing, für einen Fisch gewiß ein verzweifelter Ausweg! Manche Fische wechseln die Farbe, wenn sie geputzt werden. So wird der sonst dunkle *Naso lapeinosoma* dabei hellblau, mit dem Erfolg, daß sich die Parasiten von seiner Körperoberfläche um so deutlicher abheben.

Fische der verschiedensten Arten lassen sich von Putzern säubern: Raubfische in gleicher Weise wie Friedfische, und Riffbewohner ebenso wie Fische des freien Wassers. Wir sahen manchmal ganze Schwärme von Fischen aus dem tiefen Blau des offenen Meeres auftauchen und über einer Putzerstation wie auf ein Kommando innehalten und kopfabwärts kippen. So warteten sie auf die Putzer, die alsbald auch emsig ihrem Geschäft nachgingen. Wenige Minuten später verschwand der Fischschwarm wieder.

Unvergeßlich bleibt mir auch eine Begegnung mit den gewaltigen Riesenrochen. Wir tauchten damals in den Riffkanal eines Atolls, als wir plötzlich schräg unter uns in etwa 15 m Tiefe vier *Mantas* mit langsamen Flossenschlägen wie riesige Vögel um einen Korallenfelsen kreisen sahen. Über dem Fels hielten sie immer an derselben Stelle einen Augenblick an. Wir konnten uns zunächst keinen Vers darauf machen, welchen Sinn dieses Verhalten haben mochte, bis wir dann Schwärme von Putzerlippfischen entdeckten, die zu den ganz offensichtlich auf sie wartenden *Mantas* hinschwammen und an deren Maul und Bauchseite umherzupicken begannen. Die Rochen öffneten daraufhin auch ihre Kiemenspalten weit und gewährten den Putzern sogar hier Einlaß. So kreisten diese seltsamen Wesen wie Besucher aus einer ande-

3 Die folgenden Beobachtungen machte der Verfasser als Teilnehmer an den Xarifa-Expeditionen von Dr. H. Hass.

Abb. 3: Putzerlippfisch (Labroides dimidiatus) beim Putzen eines Drükkerfisches (auch Rotzahndrückerfisch – Odonus niger).

ren Welt um uns und entschwanden dann wieder in die Weiten des Meeres. Die Rolle der Putzer im Leben der Riff-Fische ist außerordentlich groß. Wie wichtig sie für das Wohlergehen ihrer Kunden sind, hat LIMBAUGH nachgewiesen. Er fing von zwei Riffen der Bahamas alle Putzer weg. Die Folge war, daß ein großer Teil der Riff-Fische abwanderte und von den übriggebliebenen viele nach zwei Wochen Haut- und Flossenschäden aufwiesen. Erst als nach einiger Zeit Putzer wieder neu zugewandert waren, begann auch die Zahl der übrigen Riffbewohner wieder zuzunehmen. LIMBAUGH zählte auch aus, daß ein Putzer in sechs Stunden von mehr als 300 Kunden der verschiedensten Arten besucht werden kann.

Wir beobachteten, daß sich die Fische an solchen Putzstationen gelegentlich geradezu drängten. Dicklippen, Barsche, Seebader und viele andere warteten regelrecht darauf, an die Reihe zu kommen. So unverträglich sie an anderen Orten auch waren, hier warteten sie friedlich und geduldig miteinander. Die Putzerstation ist gleichsam eine Barbierstube im Riff, Allgemeinbesitz und damit neutraler Grund. Aber wie kommt es, daß die Raubfische, die sonst doch jeden kleinen Fisch sofort auffressen, die kleinen Putzer verschonen? Woran erkennen sie ihre Wohltäter, und wie verständigen sie sich mit ihnen?

Nach und nach gelang es uns, den „Dialog" zwischen Putzer und Kunden zu verstehen. Der Putzer hat besondere Gebärden, mit denen er zum Putzen einlädt. Sieht er einen großen Fisch heranschwimmen, so tanzt er vor ihm, mit dem Hinterkörper auffällig auf- und abwippend. Umgekehrt kann auch der Kunde die Putzer einladen, ihn zu säubern, indem er sich mit offenem Maul und abgespreizten Kiemendeckeln und Flossen regungslos vor sie hinstellt. Manche Fische kippen dabei kopfüber nach unten; bei ihnen ist offenbar der Kopf schwerer, und sie warten folglich mit dem Schwanz nach oben im Wasser. Einen auf diese Weise zum Putzen einladenden Kunden schwimmen die Putzer stets an. Beim Absuchen »betrillern« sie ihn dann ununterbrochen mit ihren Bauchflossen. Damit »sagen« sie ihm allem Anschein nach, wo sie gerade arbeiten, und der geputzte Fisch richtet sich auch danach: Er hält die Flossen still, an denen ein Putzer gerade tätig ist, zusammengefaltete Flossen richtet er auf. Stößt ein Putzer mehrmals fest mit der Schnauze gegen seinen Mundwinkel, dann sperrt der Kunde sein Maul weit auf und gewährt ihm Einlaß. Will der Kunde dann aber wieder durchatmen – was er ja nicht kann, solange er mit aufgesperrtem Maul dasteht –, so schließt er sein Maul ruckartig, aber nicht vollständig, und der Putzer verläßt auf dieses Signal hin sofort die Mundhöhle. Unter dem Kiemendeckel arbeitende Putzer werden bei der gleichen Gelegenheit durch entsprechend ruckartige Kiemendeckelbewegungen gewarnt. Vor dem Wegschwimmen schließlich schütteln sich die geputzten Fische regelmäßig, und daraufhin lassen die Putzer sofort von ihnen ab. Sehr einfache Signalbewegungen regeln hier also den zwischenartlichen Kontakt. Interessant ist, daß offensichtlich Fische der verschiedensten Familien nahezu identische Aufforderungs- und Ablehnungsgebärden (Kiemendeckelabspreizen, Kiemendeckelklappen, Maulöffnen und intendiertes Maulschließen, Schütteln des Körpers usw.) entwickelt haben. Manchmal luden die Putzer beim Tauchen sogar uns Menschen ein, sich putzen zu lassen. Sie tanzten dann besonders stark auf- und abwippend vor uns. Aber dabei blieb es, denn wir konnten unsererseits ja nicht einladend den Mund aufsperren. Der Putzertanz entstand aus dem Konflikt zwischen den Tendenzen, den herankommenden größeren Fisch

Abb. 4: Anemonenfische (Amphiprion melanopus) und ein dunkler Riffbarsch (Dascyllus trimaculatus) bei einer Riesenanemone (Stoichactis).

anzuschwimmen und vor ihm zu den schützenden Korallen wegzutauchen. Dieses Hin- und Herpendeln zwischen Anschwimmen und Flucht wurde zu einer Ausdrucksbewegung ritualisiert. Man kann die ursprüngliche Motivation heute noch daran erkennen, daß der Putzer vor großen Fischen, die er nicht kennt, besonders auffällig tanzt.

Im Aquarium entwickeln sich zwischen Putzer und Kunden gelegentlich individuelle Bekanntschaften. Ein Schmetterlingsfisch ließ sich z. B. nur von einem ganz bestimmten Putzer säubern. Als wir einen anderen einsetzten, der den bisherigen Putzer vertrieb, ließ sich der Fisch nicht mehr putzen und verpilzte. Erst als wir den neuen Putzer herausfingen und daraufhin der alte wieder aus seinem Versteck kam, ließ der Schmetterlingsfisch sich wieder säubern.

Fische erkennen ihren Putzer aber nicht allein an seinen charakteristischen Tanzbewegungen, sondern auch an seiner auffälligen blau-schwarzen Tracht. Das aber nützt nun ein *Nachahmer* aus, der auch uns lange Zeit irreführte. Fische, die in Stimmung sind, sich säubern zu lassen, halten sofort an, wenn sie einen Putzer erblicken, und warten mit geöffnetem Maul oder abgespreizten Kiemendeckeln. Die Putzer schwimmen einen solchen Fisch daraufhin an und beginnen, ihn zu putzen. Nun sahen wir gelegentlich aber auch Putzer, die sich ganz anders verhielten. Sie kamen wohl ebenfalls langsam tanzend an den auffordernden Kunden heran, aber anstatt zu putzen, stießen sie aus nächster Nähe plötzlich heftig auf ihn los und schnappten nach seinen Flossenenden. Der Kunde flüchtete daraufhin regelmäßig. Lange konnten wir das ungewöhnliche Verhalten dieses Putzers nicht deuten, bis wir eines Tages einen von ihnen fingen und dabei endlich entdeckten, daß es sich gar nicht wirklich um einen Putzer, sondern um einen kleinen Raubfisch, und zwar einen Säbelzahnschleimfisch handelte. Das merkten wir dann allerdings sehr schnell, denn er biß einen von uns recht heftig.

Verwandte dieser Säbelzahnschleimfische waren uns schon in anderen Meeren begegnet. Bei den Galapagos-Inseln hatten wir entdeckt, daß die Art *Runula albolinea* anderen Fischen Stücke aus Haut und Flossen stanzt. Die Fische dieser Art pirschen sich von hinten an ihre Opfer heran und überfallen sie. Die Art, die wir jetzt im Indischen Ozean gefangen hatten, zeigte offensichtlich ganz ähnliche Ernährungsgewohnheiten. Diese Fische aber hatten sich nun auch noch als Putzer getarnt und kamen daher um so leichter an ihre bis zuletzt ahnungslos bleibenden Opfer heran. Und die Ähnlichkeit beschränkte sich keineswegs nur auf das Aussehen. Auch die Nachahmer »tanzten« an ihre Opfer heran, obwohl diese Bewegungsweise bei anderen Vertretern der gleichen Art nicht beobachtet wird. Wir hatten mit diesem Fisch folglich einen besonders interessanten Fall einer Mimikry entdeckt.

Weitere Untersuchungen haben inzwischen ergeben, daß der Nachahmer selbst kleinste artspezifische Details seines Vorbildes nachahmt. In bestimmten Gegenden (bei den Tuomotus) haben die Putzer z. B. einen orangeroten Fleck auf der Seite. Die in diesem Gebiet vorkommenden Nachahmer sind ebenso gefärbt. In anderen Gebieten trägt der Mimikrist, wie sein Vorbild, einen schwarzen Streifen an der Basis der Brustflosse, der in wieder anderen Meeren Vorbild und Nachahmer fehlt.

Es zeugt von dem ungeheuren Konkurrenzdruck, dem die Arten in einem Korallenriff ausgesetzt sind, wenn selbst eine so ausgefallene Nische wie die eines Putzer-Nachahmers besetzt wird. Zumal der Nachahmer gegenüber seinem Vorbild ja nur in sehr viel geringerer Zahl auftreten darf, wenn er die von ihm ausgenutzte Ähnlichkeit bei seinen Opfern nicht in Mißkredit bringen will.

Putzsymbiosen hat man mittlerweile in den verschiedensten Meeresgebieten beobachtet und dabei festgestellt, daß die Fische auf dieses »Gewerbe« nicht überall in gleicher Weise spezialisiert sind. Im indopazifischen Bereich, wo vor allem die Putzerlippfische der Gattung *Labroides* tätig sind, findet man relativ wenig andere Putzer. Im tropischen Atlantik gibt es dagegen eine Vielzahl verschiedener Arten, die gelegentlich oder regelmäßig andere Fische putzen. In der Karibischen See beobachteten wir Angehörige von mindestens vier verschiedenen Arten, die andere Fische putzten, bei den Bermudas noch zwei weitere Arten. Es sieht folglich so aus, als sei die ökologische Nische des Putzers im tropischen Atlantik noch nicht fest besetzt, als wetteiferten hier noch mehrere Arten um diese eine Planstelle.

Diese Unterschiede zwischen den Putzern im Indopazifik und im tropischen Atlantik bedürfen einer Erklärung. Sie können sich erst nach der Hebung der Panama-Landbrücke im mittleren Miozän vor etwa 20 Millionen Jahren herausgebildet haben. Bis dahin standen beide Meere in Verbindung. Wir finden daher auf beiden Seiten der Panama-Landenge auch heute noch eine sehr große Zahl gleicher Fischgattungen, ja sogar einige identische Arten. Man könnte also zunächst vermuten, daß sich der heutige indopazifische Putzer und sein Nachahmer erst *nach* der Trennung der Meere entwickelt haben. Das würde bedeuten, daß sich die Entwicklung zu dieser Anpassungsform im Pazifik aus irgendeinem Grunde schneller vollzogen hätte als im tropischen Atlantik, wo sie heute noch in vollem Fluß ist. Es ist jedoch nicht recht einzusehen, aus welchen Gründen einige wenige Fische des Indopazifik eine exzeptionell schnelle Entwicklung durchgemacht haben sollten, während die übrige Fischfauna in beiden Meeresgebieten noch weitgehend identisch ist. Es gibt eine bessere Erklärung: Man kann nämlich davon ausgehen, daß die Ahnen der indopazifischen Putzerfische ursprünglich auch im atlantischen Gebiet verbreitet waren, daß sie nach der Trennung der beiden Ozeane im Atlantik aber ausstarben, vielleicht als Folge einer sich hier stärker auswirkenden eiszeitlichen Abkühlung. Das würde wohl am befriedigendsten erklären, weshalb in dieser Region heute so viele Fischarten um diese noch nicht wieder endgültig besetzte Stelle konkurrieren. Und es könnte auch verständlich machen, warum die in diesem Gebiet am weitesten zum Putzer spezialisierte Neongrundel *(Elacatinus oceanops)* dem Putzerlippfisch des Indopazifik so verblüffend ähnelt. Denn wenn es hier einst einen Putzerlippfisch gegeben hat, der mit dem heutigen indopazifischen Putzer eng verwandt war, so waren seine Kunden an dessen »Uniform« auch sicherlich in der Weise angepaßt, daß sie ihn daran als »ihren« Putzer erkannten. Diese genetisch fixierte Anpassung der Kunden an ein bestimmtes Aussehen des Putzers muß aber nun mit dessen Aussterben nicht gleich verlorengehen. Die Anpassung als Putzer wird jener Art am leichtesten gelingen, die bereits eine gewisse Ähnlichkeit mit dem ursprünglichen Putzer mitbringt. Und weil die Selektion die weitere Angleichung an die Rezeptormechanismen der Kunden begünstigt, züchtet gleichsam deren »Geschmack« einen Putzer heran, der dem ausgestorbenen Vorbild weitgehend gleicht.

Auch Hochseefische haben ihre Putzer. Bei den Malediven sahen wir einmal einen Hai einen Korallenblock umkreisen. Ein Putzerlippfisch *(Labroides bicolor)*, der dort wohnte, kam prompt herbei und begann, an ihm herumzuputzen. Das mochte ein Schiffshalter, der den Hai begleitete, sichtlich ungern, denn er versuchte, den Putzerlippfisch zu verjagen. Diese Beobachtung brachte mich auf den Gedanken, der Schiffshalter, der ja ein regelmäßiger Begleiter der Haie ist, könnte ihr Putzer sein. Daß sich das tatsächlich so verhält, wurde uns wenig später bestätigt, und zwar auf sehr eigenartige Weise. Unser Schiffsingenieur hatte gerade einen freien Tag und erfreute sich schnorchelnd an den bunten Korallenfischen. Als er so langsam dahinschwamm, begegnete er einem Schiffshalter, der offenbar Anschluß suchte, denn der Fisch steuerte auf den Schwimmer zu und bewegte sich an dessen Körper auf und ab, als suche er etwas. Und er suchte in der Tat, denn auf einmal biß er den Mann kräftig in eine Brustwarze, und als dieser die Hände schützend davorhielt, attackierte er die andere. Das Tier hatte es sichtlich auf diese Unregelmäßigkeit des schwimmenden Körpers abgesehen. Nun erinnerte ich mich, daß ich an gefangenen Haien braune Egel gesehen hatte, und der Zusammenhang wurde klar: Der Schiffshalter hatte sich unserem Ingenieur angeschlossen, wie er sich einem Hai anzuschließen pflegte, und ihn auch gleich nach Parasiten abgesucht. Wenig später erzählte ich das einem Kollegen, der mir sogleich bestätigte, daß er im Magen von Schiffshaltern Haiparasiten gefunden hätte.

Abb. 5: Anemonenfische, die sich zwischen den Tentakeln einer Riesenanemone verbergen.

Aber nicht nur Fische sind als Putzer tätig. In einer 30 m tiefen Höhle eines Maledivenatolls sah ich einen Rotfeuerfisch, von dem eine rotweiß gebänderte Garnele mit ihren Scheren etwas abzupfte. In einer anderen Höhle beobachtete ich eine Muräne, die von mehreren *Stenopus*-Garnelen gesäubert wurde. Die Putzgarnelen dürften den Putzerfisch in Höhlen vertreten, die dieser nicht aufsucht.
An Land gibt es den Putzsymbiosen durchaus Vergleichbares. Vom Krokodilswächter *(Pluvianus aegyptius)* berichtet schon HERODOT, daß er in das Maul der Krokodile schlüpfe und Egel fresse, worauf das Krokodil auch mit offenem Rachen warte. Näher untersucht hat man diese Symbiosen aber nicht. Ebenso ist es im Falle der Madenhacker, jener wie Kleinspechte auf Großtieren umherkletternden Starverwandten, die Dasselbeulen aufhacken und die Insekten und Larven verzehren, die das Großwild peinigen. Sie sind darauf spezialisiert, möglicherweise sind sie gelegentlich aber auch Parasiten. Ich beobachtete jedenfalls Madenhacker, die bei Nashörnern Wunden

aufhackten und das Blut tranken. Der Nutzen dürfte den Schaden aber aufwiegen. Ob die beiden Arten sich irgendwie der Methode der Putzerfische vergleichbar verständigen, ist nicht bekannt. Eine eigene Zufallsbeobachtung weist in diese Richtung: Ein Madenhacker, der im Amboseli-Nationalpark an einer von Dasseln befallenen Hautstelle eines Nashorns arbeitete, wurde in seiner Arbeit wiederholt dadurch gestört, daß sich das Nashorn hinlegte und auf die Seite wälzte. Nachdem sich das einige Male wiederholt hatte, begann der Vogel, als das Nashorn gerade wieder einmal aufgestanden war, mit schnellen Rufen zu zetern, ehe er ihm wieder auf den Rücken flog. Und so rief er auch noch eine Weile, als er bereits auf dem Nashorn saß, bevor er sich erneut an die Wundstelle begab.

Die Madenhacker sind von ihren Wirten bereits völlig abhängig. Es gibt jedoch eine ganze Reihe von Beispielen für mehr oder weniger lockere Vergesellschaftungen, die als Modelle für die Art und Weise der *Entstehung* solcher Putzsymbiosen dienen können. Unsere Stare z. B. sieht man sehr häufig in der Nähe von Weidevieh und hin und wieder auch einmal auf dem Rükken eines weidenden Tieres Insekten fangen. Bachstelzen hat man auf Schweinen nach Insekten jagen sehen. Die Kuhreiher, die so häufig auf Elefanten und Büffeln reiten, sind in erster Linie hinter den von den Großtieren beim Weiden aufgestöberten Insekten her. Der kleine Grundfink der Galapagos-Inseln sucht auf Meerechsen Zecken. Wo immer zwei Arten sich in solcher Weise begegnen, ist die Voraussetzung für die Ausbildung echter symbiotischer Partnerschaften gegeben.

Die Partner können einander sehr viele verschiedene Vorteile bieten. Dementsprechend mannigfaltig sind die Erscheinungsformen der Symbiose. Auch dafür noch einige Beispiele: Im Roten Meer und im tropischen Indopazifik leben Riesenanemonen der Gattungen *Stoichactis, Radianthus* und *Discosema*, zwischen deren nesselnden Tentakeln man ziemlich oft Anemonenfische *(Amphiprion* und *Premnas)* antrifft. Die Fische sind fast nur hier und kaum je im freien Wasser anzutreffen. Der Vorteil, der ihnen aus diesem Zusammenschluß erwächst, ist leicht einzusehen: Zwischen den Fangarmen der Anemonen sind sie vor Verfolgern gut geschützt. Kein Raubfisch kann sie dort angreifen, ohne sich selbst den nesselnden Tentakeln auszusetzen.

In einigen Fällen hat man andererseits beobachtet, daß die Anemonenfische ihren Wirt säubern, indem sie dessen Auswurf wegtragen und Sand von seiner Oberseite wegfegen. Im Aquarium füttern einige Anemonenfische »ihre« Anemone, doch ist ungewiß, ob sie es auch im Freien tun.

Wie ist es aber nun eigentlich zu erklären, daß die Fische selbst nicht genesselt werden? Zu dieser Frage wurden einander widersprechende Ansichten geäußert, da verschiedene Autoren verschiedene Arten untersuchten, deren Verhalten voneinander abweicht. Ich selbst habe bei den Nikobaren mit *Amphiprion akallopisus, A. xanthurus* und *A. percula* experimentiert und herausgefunden, daß diese Fische durch einen von ihrer Haut abgesonderten Stoff geschützt werden. Entfernt man nämlich den Schleim, der ihre Körperoberfläche bedeckt, dann werden auch sie von ihren Anemonen genesselt und von den Tentakeln festgehalten. Einen intakten Fisch kann man dagegen grob gegen die Tentakeln der Anemone stoßen, ohne daß ihm etwas geschieht. Das gilt auch, wenn man den Fisch passiv und in atypischer Weise über die Tentakel der Anemone bewegt, womit die von anderer Seite vertretene Ansicht widerlegt wird, daß die Anemone ihren Fisch an seiner charakteristischen Bewegungsweise erkenne. Untersuchungen von Davenport und Norris und neuerdings von Blösch haben ebenfalls bewiesen, daß Anemonenfische durch einen Schutzstoff geschützt sind.

Es gibt Anemonen, die *alle* Anemonenfische annehmen, während andere wiederum spezifisch nur *eine* bestimmte Fischart tolerieren und alle anderen Arten nesseln. Blösch fand außerdem auch noch Anemonen, die zunächst alle Fische nesselten, um sich dann erst allmählich an bestimmte Arten zu gewöhnen. Auch in diesem Falle gelingt es aber nur den Fischen, die über einen spezifischen Schutzstoff verfügen, eine anfangs nesselnde Anemone an sich zu gewöhnen.

Außer den typischen Anemonenfischen gibt es schließlich noch eine Reihe von Fischen, die zwar in der Nähe der Anemonen Schutz suchen, deren nesselnde Tentakeln dabei jedoch sorgfältig meiden. Von besonderem Interesse ist in diesem Zusammenhang das Verhalten des Riffbarsches *Dascyllus trimaculatus.* Bei den Malediven und den Nikobaren sahen wir diesen Fisch oft in unmittelbarer Nähe von Riesenanemonen, deren Fangarme er jedoch nie berührte. Im Roten Meer beobachtete ich dagegen kleine Schwärme von 1 bis 2 cm langen Tieren der gleichen Art, die sich in der typischen Weise von Anemonenfischen zwischen den Tentakeln aufhielten. Man geht wohl kaum fehl in der Annahme, daß diese Unterschiede des Verhaltens verschiedene Stufen im Rahmen der Entwicklung der betreffenden Art zum »typischen Anemonenfisch« darstellen.

Mit den Anemonen haben auch noch andere Tiere Freundschaft geschlossen. Am besten bekannt ist wohl das Beispiel des Einsiedlerkrebses der Gattung *Eupagurus*, auf deren Schneckengehäuse man Anemonen findet, die den Krebs schützen. Man hat oft beobachtet, wie sich Tintenfische bei dem Versuch, einen Einsiedlerkrebs zu überfallen, nesselten und darauf prompt von ihrem Opfer abließen. Aber auch die Anemone dürfte ihrerseits von dem Zusammenschluß profitieren, z. B. indem sie bei der Mahlzeit des Krebses mitfrißt. Auf jeden Fall zeigt auch sie sich deutlich an den Krebs angepaßt. Die Initiative dazu, auf das Schneckengehäuse eines Einsiedlerkrebses zu kriechen, dürfte ursprünglich sogar von den Anemonen ausgegangen sein. Die in der Umgebung der britischen Inseln vorkommende Anemone *Calliactis* erklettert z. B. das Gehäuse des Einsiedlerkrebses aus eigenem Antrieb und ohne jede Mitwirkung oder gar Hilfe durch den Krebs. Wenn die Anemone auf dem Meeresboden die hornige Außenschicht eines Schneckenhauses berührt, so erkunden ihre Arme die Schale sehr aktiv. Dabei entladen sich Nesselzellen, und viele ihrer Tentakeln bleiben an der Schale haften. Daraufhin löst sich die Anemone vom Meeresboden ab und beginnt auf das Schneckengehäuse zu kriechen. Hat sie dort einmal Fuß gefaßt, so ändert sich ihr Verhalten in einem sehr beachtenswerten Punkt: Wenn ihre Tentakeln jetzt – aktiv oder passiv – mit der Schneckenschale in Berührung kommen, dann bleiben sie nicht mehr haften, und auch die Nesselzellen entleeren sich nicht mehr. Die klassische Auffassung der Nesselzellen als unabhängige Effektoren, deren Funktion einfach durch mechanischen Kontakt ausgelöst wird, ist angesichts dieser Beobachtung nicht mehr zu halten. Die Entladungsschwelle der Nesselkapseln scheint vielmehr von der Unterlage, auf der die Anemone haftet, spezifisch beeinflußt zu werden.

Im Mittelmeer hilft der Einsiedlerkrebs *Pagurus arrosor* seiner Anemone dagegen beim Besteigen der Schneckenschale. Stößt der umherwandernde Krebs auf eine festsitzende Seerose, so beginnt er, sie von der Unterlage zu lösen. Dazu beklopft und bestreicht er sie mit den Scheren und den ersten Schreitbeinen, worauf sich die Seerose, die sich bei der ersten Berührung zunächst zusammengezogen hat, wieder entfaltet und schließlich vom Stein ablösen läßt. Ohne das »Einverständnis« der Seerose wäre das Ablösen nie möglich, da die Fußscheibe sehr fest an der Unterlage haftet. Die abgelöste Anemone klebt mit den Tentakeln am Schneckengehäuse fest und krümmt sich langsam u-förmig, bis ihre Fußscheibe am Schneckengehäuse Halt gewinnt. Übersiedelt der Krebs in eine neue Schale, so nimmt er die Anemone nach der gleichen Methode mit.

Auch diese beiden Fälle repräsentieren sicher zwei Entwicklungsstufen dieser besonderen Form einer zwischenartlichen Beziehung. Im Falle des ersten Beispiels ist der Krebs noch relativ unbeteiligt, im zweiten ist er an das Verhalten des Partners bereits bis in Einzelheiten angepaßt. Immerhin können beide auch noch ohne einander auskommen. Bei einem anderen Krebs, *Eupagurus prideauxi*, und seiner Anemone, *Adamsia palliata*, ist die wechselseitige Beziehung dagegen bereits so eng geworden, daß die Anemone ohne den Krebs nicht mehr lebensfähig ist. Man findet die erwachsenen Partner nie mehr allein. Die Anemone setzt sich unter der Mundöffnung des Krebses

Abb. 6: Seeigelfische (Siphamia versicolor).

an der Schale fest, die sie mit der Fußscheibe allmählich umwächst. Dabei scheidet sie über der Mündung des Schneckengehäuses eine hornige Substanz aus und bewirkt auf diese Weise sogar noch, daß das Schneckengehäuse wächst. Damit erspart sie sich und ihrem Krebs, auf den sie als Ernährer angewiesen ist, ein wiederholtes Übersiedeln.

So gibt es Schutz- und Trutzbündnisse der verschiedensten Art. Eine kleine Koralle, die den Sand des Meeresbodens bewohnt *(Heteropsammia)* kann dies nur mit Hilfe eines Sternwurms *(Aspidosiphon)*, der am Fuß ihres Kalkskelettes wohnt: Er bewegt die Koralle über den Sand, verhindert ihr Einsinken und richtet sie wieder auf, wenn sie einmal umfällt. Umgekehrt genießt der Wurm den Schutz der Koralle. Mit Garnelen der Gattung *Alpheus* haben sich verschiedene Grundeln *(Cryptocentrus lutheri* u. a.*)* zusammengeschlossen. Die Garnele schaufelt ihnen im Sand einen Bau, die Grundel bewacht sie dafür. Kardinalfische suchen Schutz bei Seeigeln, die sie als Gegendienst säubern. Die »Honiganzeiger« *(Indicator)* genannten Vögel führen Honigdachse, Paviane und Menschen zu den von ihnen entdeckten Bienenstöcken, an die sie ohne deren Hilfe nicht herankommen. Sie fressen dann die übriggebliebenen Wabenreste. In Gegenden, in denen der Mensch Bienenstöcke nicht mehr ausräumt, haben sie es aufgegeben, ihn zu führen. Hier ist über die konkrete Form der zwischenartlichen Verständigung bisher nichts bekannt, obwohl die Einzelheiten gerade in diesem Falle besonders interessant wären, da sich der Vogel ja an mehrere ganz verschiedene Spezies wendet. Zahlreich sind ferner die Zusammenschlüsse zwischen verschiedenen Insektenarten. Es sei nur an die Ameisen-Blattlaus-Gemeinschaft erinnert. Außerordentlich interessant sind schließlich auch die vielfältigen Symbiosen von Insekten und Blütenpflanzen.

Die Erforschung aller dieser und zahlreicher anderer Formen des Phänomens der »Symbiose« steht heute erst in den Anfängen. Sie stellt für den Zoologen und insbesondere den Verhaltensforscher eine besonders reizvolle Aufgabe dar. Ihre Analyse eröffnet nämlich einen Zugang zu einem ganz neuen Gebiet der verhaltensphysiologischen Forschung: dem des Studiums der Verständigung zwischen Organismen, die verschiedenen Arten angehören.

Nachtrag

Seit der ersten Drucklegung dieser Arbeit sind zu den in diesem Beitrag behandelten Symbiosen eine Reihe von weiteren Beiträgen erschienen. Sie belegen, daß ich das Phänomen 1955 zu Recht als »Putzsymbiose« beschrieb. Putzsymbiosen sind weltweit verbreitet. In den meisten Fällen treffen sich Putzer und Wirte an bestimmten Putzstationen. Es gibt Einzelgänger unter den Putzern und solche, die in Paaren und Schwärmen auftreten. Viele verteidigen ein Revier. Manche sind nur gelegentlich als Putzer tätig, andere nur in der Jugend, wieder andere dagegen zeitlebens. Manche Putzer tanzen vor dem Wirt, andere nähern sich ihm ohne einleitendes Zeremoniell. Die »Uniform« ist – wie schon der im Text erwähnte Nachahmer zeigt – ein Erkennungssignal des Putzers. Es dürfte Arten geben, die bereits angeborenermaßen auf dieses Signal ansprechen. Bei den meisten dürfte es sich jedoch um ein Dressursignal handeln. Die Wirtsfische lernen den angenehm taktilen Eindruck des Geputztwerdens mit dem auffälligen Muster des Putzers zu verbinden. Daß auch der Wirt – wie erwähnt – mit seinem Putzer kommuniziert (Putzaufforderung, Putzabwehr), dürfte ziemlich allgemein sein. Einige Putzer, die nur gelegentlich Wirte säubern, meiden Raubfische, was Spezialisten unter den Putzern nicht tun. Auch zeigen die Putzerfische deutliche Wirtspräferenzen. Wir sehen also in den Putzerfischen alle Übergänge von extrem ans Putzen angepaßten bis zu nur gelegentlich als Putzer auftretenden Arten und sind daher in der Lage, die stufenweise Evolution dieses Verhaltens im Vergleich zu erarbeiten. Wer sich in die reizvollen Details vertiefen will, der sei auf die letzte Literaturzusammenstellung in J. Brockmann und J. P. Hailman[1] verwiesen. Weitere Literatur zum Thema Symbiose kann der interessierte Leser der 5. Auflage meines Lehrbuches »Grundriß der vergleichenden Verhaltensforschung« (München 1978) entnehmen.

1 Zeitschrift für Tierpsychologie, Band 42, S. 129–138.

Jürgen Nicolai

Der Brutparasitismus der Witwenvögel

Der Autor hat eine der kompliziertesten biologischen Anpassungen entdeckt, die bisher bekannt geworden sind. Es erscheint nahezu unmöglich, daß das Täuschungsmanöver, mit dem die hier beschriebenen Vögel ihren Nachkommen einen entscheidenden Vorteil verschaffen, auf das blinde Wirken von Mutation und Selektion zurückzuführen sein soll. Und doch handelt es sich auch hier um ein Beispiel für die Tragfähigkeit der Theorie Darwins.

Das hohe Ziel der Arterhaltung hat in der Evolution der Organismen zu oft seltsamen Wegen und geradezu abenteuerlichen Erfindungen geführt. Ob es einer Tierart gelingt, ihren Platz auf der Bühne des Lebens zu behaupten, hängt neben anderen Faktoren im wesentlichen von ihrer Fähigkeit ab, ihre natürlichen Verluste durch eine genügend große Zahl von Nachkommen immer wieder auszugleichen. Dabei kommt es nicht auf die Zahl der Kinder an, die in die Welt gesetzt werden, sondern auf die, denen es vergönnt ist, bis zur Geschlechtsreife am Leben zu bleiben. Nur sie können zur Arterhaltung beitragen.

Wie hoch die Verluste sind, die eine Art zu ersetzen hat, läßt sich an ihrer Fortpflanzungsrate, so bei Vögeln an der Gelegegröße, ablesen. Die riesigen Meeressegler über den Ozeanen der Südhalbkugel, die Albatrosse, legen nur alle zwei Jahre ein einziges Ei. Mit dieser geringen Vermehrungsrate sind die wehrhaften Vögel Zehntausende von Jahren gut gefahren, denn sie brüten auf abgelegenen Inseln, auf denen es keine großen Raubsäuger gibt, und wissen ihre monatelang hilflosen Jungen wirkungsvoll gegen Übergriffe anderer Seevögel zu verteidigen. Kleine und wehrlose Arten können dagegen meist nur durch eine große Kinderzahl die hohen Verluste ausgleichen, die ihnen durch ihre vielen Feinde zugefügt werden. Die beiden mitteleuropäischen Goldhähnchenarten ziehen in jedem Sommer zwei Bruten von je 8–10 Jungen auf, um ihre Bestände zu erhalten.

Die Notwendigkeit, das ganze Gelege auf einem Platz, an dem es bebrütet werden kann, zu konzentrieren, birgt die Gefahr in sich, daß durch einen

Nestfeind die ganze Brut und damit für viele Arten die Nachkommenschaft eines ganzen Jahres auf einmal vernichtet wird. Ein Ausweg aus dieser Situation ist die Verteilung der Eier auf viele fremde Nester, in denen die Jungen einzeln aufgezogen werden. Diese Erfindung der Risikoverteilung hat eine ganze Reihe von Vogelarten aus den verschiedensten Verwandtschaftsgruppen unabhängig voneinander im Laufe der Evolution gemacht. Wir nennen diesen Fortpflanzungsmodus »Brutparasitismus« und finden ihn über das bekannte Beispiel unseres einheimischen Kuckucks hinaus bei einer Anzahl anderer, vor allem tropischer Kuckucksvögel, bei den afrikanischen Honiganzeigern *(Indicatoridae)*, bei einigen Arten der amerikanischen Stärlinge *(Icteridae)*, der südamerikanischen Schwarzkopfente *(Heteronetta atricapilla)* und schließlich bei zwei Unterfamilien der afrikanischen Webervögel *(Ploceidae)*.

Fast alle diese Brutparasiten schädigen das Vermehrungspotential ihrer Wirtsvögel erheblich, indem sie durch Ausschalten der Konkurrenz der Jungvögel der Wirtsart ihrer eigenen Nachkommenschaft eine optimale Entwicklungsmöglichkeit verschaffen. Der neugeborene Kuckuck z. B. wirft alle Eier oder Jungvögel wenige Stunden nach dem Schlupf aus dem Nest und sichert sich damit die ganze Nahrungsmenge, die das Pflegeelternpaar herbeischaffen kann. Die Weibchen einiger der brutparasitierenden amerikanischen Stärlinge »punktieren« sogar die Eier der Wirtsvögel durch vorsichtige Schnabelhiebe, mit denen sie nadelstichfeine Löcher in die Schale stanzen, und verhindern damit eine Weiterentwicklung der Embryonen, so daß beim Schlupf der Brutparasit der einzige Nestinsasse ist. Bei den afrikanischen Honiganzeigern, die ihre Eier hauptsächlich in die Nisthöhlen von Spechten und Bartvögeln schmuggeln, bringt der frischgeschlüpfte, noch blinde Jungvogel die Kinder der Wirtsart mit Hilfe scharfer, dolchartig gebogener Schnabelhaken um, indem er mit unvorstellbarer Hartnäckigkeit auf sie einschlägt und ihnen dabei tödliche Verletzungen beibringt.

Mit dieser Schädigung der Wirtsvogelarten begrenzen aber nun alle diese Brutparasiten auch ihre eigene Fortpflanzungsmöglichkeit erheblich, denn wenn in einer Vogelpopulation auch nur 50% der Paare Jungvögel von Brutparasiten statt eigener Kinder aufziehen, so bedeutet das, daß die Hälfte der Population für die Erhaltung des Bestandes der Art ausgefallen ist. Damit sinken aber auch gleichzeitig die Vermehrungsmöglichkeiten für die Brutparasiten, deren »Erfindung« ja nur dann zum Tragen kommt, wenn die Wirtsvogelart so zahlreich ist, daß jedem Weibchen der Brutparasiten die Nester mehrere Wirtspaare zur Verfügung stehen. So ist also auch hier dafür gesorgt, daß die Vermehrung dieser Vögel nicht ins Uferlose wächst, ja wir müssen sogar feststellen, daß durch die Rigorosität dieser Methode der

Wert der Erfindung bis zu einem gewissen Grade wieder hinfällig wird. Aber auch diese Schwierigkeit ist von einer Gruppe von Brutparasiten gemeistert worden. Den afrikanischen Witwenvögeln *(Viduinae)* ist es gelungen, durch eine einzigartige Anpassung, eine Umkonstruktion ihrer Nachkommen zu fast ununterscheidbaren Abbildern der Nestlinge ihrer jeweiligen Wirtsvögel, den geschilderten Nachteil auszuschalten.

Die Witwenvögel sind über die Steppen- und Savannengebiete des Schwarzen Erdteils vom Südrande der Sahara bis herab zum äußersten Kapland weit verbreitet. Die langen, wallenden Schmuckfedern, die die Männchen im Hochzeitskleid zur Schau tragen und die die Zoologen an herabhängende schwarze Witwenschleier erinnerten, haben ihnen ihren wissenschaftlichen Namen *(Viduinae)*, wie auch ihre deutschen, englischen und französischen Bezeichnungen (Witwen, widow-birds, veuves) eingetragen.

Die Witwen gehören in die Familie der Webervögel. Ihre nächsten Verwandten sind die Feuerweber und die meist gleichfalls mit langen Schmuckfedern ausgestatteten Widavögel, die jedoch alle selbständige Brutpflege treiben. Die Wirtsvögel der Witwen stellen verschiedene Arten der Prachtfinken *(Estrildidae)*, die ihnen verwandtschaftlich recht fern stehen. Eines der auffälligsten Merkmale der Prachtfinken sind die merkwürdigen Rachenzeichnungen ihrer Jungvögel. Während der gesamten Nestlingszeit weisen ihre Sperrachen ein von Art zu Art wechselndes, auffälliges Zeichnungsmuster auf, das im einfachsten Falle aus 5 tiefschwarzen, im Fünfeck angeordneten Gaumenflecken besteht. Dazu finden sich auf den stark verdickten Schnabelwülsten des Ober- und Unterkiefers je eine oder zwei weitere rundliche Papillen, die meist weißgefärbt sind. Bei einigen Arten, so den polynesischen Papageiamadinen *(Erythrura)* haben die Schnabelwülste lichtreflektierende Papillen entwickelt, die im Dunkel der geschlossenen Nestkammer blau leuchten. Die Nestlinge der verschiedenen Witwenarten zeigen nun gleichfalls Rachenzeichnungen, die von den Mustern bestimmter Prachtfinken, nämlich denen der jeweiligen Wirtsvogelart, ununterscheidbar sind. Da die nächsten brutpflegenden Verwandten der Witwenvögel solche Rachenzeichnungen nicht aufweisen, ist ihr Vorhandensein bei den Brutparasiten nur als das Ergebnis eines starken Selektionsdrucks zu verstehen, der von den Wirtsvögeln ausging und die Brutparasiten zwang, gleiche Muster zu entwickeln. Alle Prachtfinken kennen nämlich angeborenermaßen die Rachenzeichnung ihrer Kinder sehr genau und übergehen Jungvögel mit abweichenden Mustern, die sich zwischen den eigenen Kindern im Nest befinden, bei der Fütterung, so daß diese nach kurzer Zeit verhungern (Abb. 1).

Die jungen Witwen sind aber nicht nur durch die Färbung ihrer Sperrachen,

Abb. 1: Die Rachenzeichnungen der jungen Witwen stimmen mit denen ihrer jeweiligen Wirtsvögel völlig überein. Unser Bild zeigt in der oberen Reihe die Sperrachen eintägiger Nestlinge von 4 Prachtfinkenarten und in der unteren Reihe die ebenso alter Nestlinge des zugehörigen Brutparasiten. Von rechts nach links: Buntastrild (Pytilia melba) oben (Wirtsvogel) und Spitzschwanz-Paradieswitwe (Steganura paradisaea) unten (Brutparasit); Veilchenastrild (Granatina ianthinogaster) oben (Wirtsvogel) und Strohwitwe (Tetraenura fischeri) unten (Brutparasit); Rosenamarant (Lagonosticta rhodopareia) oben (Wirtsvogel) und Purpur-Atlaswitwe (Hypochera purpurascens) unten (Brutparasit); Senegalamarant (Lagonosticta senegala) oben (Wirtsvogel) und Rotfuß-Atlaswitwe (Hypochera chalybeata) unten (Brutparasit).

sondern auch durch ihre merkwürdig drehenden Kopfbewegungen beim Betteln und schließlich auch durch die Farbe des Jugendkleides und durch ihre Bettellaute auf die Jungen der Wirtsvögel abgestimmt. So werden sie von den Pflegeeltern mit der gleichen Sorgfalt betreut und aufgezogen. Im Gegensatz zu den meisten anderen Brutparasiten, die das Vermehrungspotential ihrer Wirte erheblich schädigen, wachsen die jungen Witwen also im fremden Nest heran, ohne daß auch nur eines ihrer Wirtsgeschwister geopfert wird.

Die hervorragende Anpassung, die hier vorliegt, ist das Ergebnis eines langen Selektionsprozesses, in dessen Verlauf alle weniger »guten« Mutanten immer wieder durch den Hungertod ausgeschaltet wurden. Die heutige

Vollkommenheit dieser Mimikry ist für die Witwenvögel von größter Wichtigkeit und darf deshalb durch nichts gefährdet werden. Kein anderes Ereignis aber könnte sich hier verhängnisvoller auswirken als das Zustandekommen von Mischehen zwischen den verschiedenen Witwenarten, von denen oft 3 bis 4 im gleichen Gebiet nebeneinander leben. Da die ganz spezielle Ausbildung der Rachenzeichnung bei jeder Witwenart erblich festgelegt ist, würden Mischlinge weder an die Wirtsvögel der einen noch der anderen El-

Abb. 2: Atlaswitwe. Oben: Amarant und 16tägige Jungvögel, davon der obere: Atlaswitwe, darunter Amarant.

ternart genügend gut angepaßt und damit in den allermeisten Fällen zum Hungertod verdammt sein. Nun sind zwar die Männchen der meisten Witwenarten durch ihr hochentwickeltes Prachtkleid gut unterscheidbar. Doch scheint das allein nicht zu genügen, um den Weibchen, die der aktive Teil bei der Partnerwahl sind, zu gewährleisten, daß das erwählte Männchen auch tatsächlich dem gleichen Anpassungstyp angehört. Die Männchen müssen sich zusätzlich durch Verhaltensmerkmale zu erkennen geben, und das geschieht in einer in der Vogelwelt einzigartigen Weise.

Wie die Mehrzahl aller Singvögel tragen die Witwen-Männchen während der Fortpflanzungszeit einen abwechslungsreichen Gesang vor. Hat man die Gelegenheit, die Gesänge mehrerer Witwenarten zu vergleichen, so zeigt sich, daß bestimmte hart und schäckernd klingende Motive bei allen Witwen wiederkehren und von Art zu Art nur geringfügig variieren. Der Kenner der Stimmen afrikanischer Kleinvögel hört aus diesen Gesangsanteilen sofort ihren weberartigen Charakter heraus: sie erinnern an die harten Gesänge der Feuerweber und Widavögel, die wir als nahe Verwandte der Witwen kennengelernt haben. Diese Strophen sind uraltes Erbgut dieser ganzen Vogelgruppe, und wir wollen sie daher als »Witwenstrophen« bezeichnen. Den Hauptteil des Gesanges nehmen jedoch andere Motive ein, die bei jeder Witwenart verschieden und jeweils vollendete Kopien der Lautäußerungen einer ganz bestimmten Prachtfinkenart sind. Jede Witwenart trägt neben den für die ganze Gruppe typischen Witwenstrophen den gesamten Wortschatz einer Prachtfinkenart vor, und es sei vorweggenommen, daß diese Nachahmungen die Laute der zugeordneten Wirtsvogelart sind. Wir nennen diese Motive daher »Wirtsvogelstrophen«.

Wie der Gesang eines Witwenmännchens zusammengesetzt ist, wollen wir nun am Beispiel der westafrikanischen Atlaswitwe *(Hypochera ch. chalybeata)* etwas näher betrachten (s. Abb. 2). Die schwarzen, blauglänzenden Männchen dieser kurzschwänzigen Art beginnen ihren Gesangsvortrag meist mit einer langen Folge von schmatzenden *tzet*-Lauten, den Erregungsrufen eines kleinen roten, im gleichen Gebiet lebenden Prachtfinken, des Amaranten *(Lagonosticta senegala)*. Wie ein aufgeregtes Amarantenmännchen diese einsilbigen Rufe bei einer Störung am Nest oder einer anderen Erregung in wechselndem Tempo minutenlang hören läßt, so imitiert sie auch das Atlaswitwenmännchen in gleicher Klangfarbe und gleichem Rhythmus in seinem Gesang. Auf diese Nachahmung kann entweder eine der verschiedenen Witwenstrophen oder ein anderes Motiv aus dem Wortschatz des Amaranten folgen. So hört man die kurze, flötende, zwei- oder mehrsilbige Gesangsstrophe des Wirtsvogelmännchens, die Distanzrufe und Stimmfühlungslaute und schließlich ein gezogenes wisperndes Tongebilde, den Nestlockruf, mit dem das Amarantenmännchen seine Partnerin auf einen neuerwählten Nistplatz aufmerksam macht. Das Eindrucksvollste im Gesang des Atlaswitwenmännchens ist jedoch die täuschende Nachahmung des Bettelgeschreis einer Geschwisterschar junger Amaranten. Es beginnt mit den zweisilbigen, etwa wie *zet-tet – zet-tet* klingenden Bettelrufen eines Jungvogels, in das zögernd andere Jungvögel einfallen, und schwillt schließlich zu dem vielstimmigen Heißhungergeschrei an, mit dem eine Geschwisterschar die fütternden Altvögel bedrängt! Den Vielstimmeneffekt bringt das singende Atlaswitwenmännchen durch ständigen Wechsel des Vortragstempos, durch willkürliche Änderung und Verkürzung der Pausen zwischen den zweisilbigen Bettelrufen einerseits und ihren beiden unterschiedlichen Elementen andererseits, und schließlich durch Aneinanderreihen und Verschmelzen identischer Elemente zustande. Mit diesen fünf Lauttypen (Erregungsrufe, Distanzrufe, Gesang, Betteln, Nestlocken) beherrscht das Atlaswitwenmännchen den gesamten Wortschatz seiner Wirtsvogelart und trägt ihn in seinem Gesang als buntes Potpourri neben seinen Witwenstrophen vor. Die Nachahmungen der Wirtsvogellaute sind so vollendet, daß selbst die Wirtsvögel sie nicht von arteigenen Lauten unterscheiden können, was sich nachweisen läßt, wenn man kontaktsuchenden Amaranten ein Tonband mit dem Gesang eines Atlaswitwenmännchens vorspielt. Sie antworten in solchen Situationen auf die Nachahmungen wie auf die Lautäußerungen eines Artgenossen.

Im südlichen und südwestlichen Afrika lebt die Königswitwe *(Tetraenura regia)*, die nach Beobachtungen im Freien 8 verschiedene Vogelarten, darunter Prachtfinken, Sperlingsweber, Weber und sogar einen kleinen Insektenfresser zu parasitieren schien (Abb. 3). In den Nestern aller dieser Arten hatte man einzelne weiße Eier gefunden, die man für Eier der Königswitwe hielt. Die jungen Königswitwen gleichen jedoch in Jugendkleid und Rachenzeichnung nur den Jungvögeln einer dieser Arten, nämlich denen des Granatastrild *(Granatina granatina)*. So erschien es also sehr verlockend, den Gesang der Königswitwe auf Wirtsvogelstrophen zu untersuchen, und dabei stellte sich heraus, daß sich nur die Lautäußerungen des Granatastrild im Gesang der Königswitwenmännchen wiederfinden. So ist also auch hier das Prinzip der völligen Anpassung an eine einzige Wirtsvogelart nicht durchbrochen. Alle Eier, die durch gelegentliche Fehleistungen der Weibchen in die Nester anderer Vögel geraten, haben keine Zukunft: die jungen Witwen sind den Jungen der Nestinhaber so unähnlich, daß sie zum Hungertod verurteilt sind, weil sie nicht gefüttert werden.

Alle sieben zum Wortschatz des Granatastrild zählenden Lautäußerungen werden von den Königswitwenmännchen in Vollendung nachgeahmt. Be-

Abb. 3: Königswitwe (links oben) und Granatastrild (Mitte), 20tägige Jungvögel (oben Königswitwe, unten Granatastrild).

sonders überrascht das singende Männchen den Zuhörer durch eine ganz bestimmte Koppelung zweier Wirtsvogelstrophen, der Erregungsstrophe des Wirtsvogelmännchens und der Begrüßungsstrophe des Weibchens. Auch beim Granatastrild läßt das Weibchen seine kurze, klangvolle Begrüßungsstrophe immer nur dann hören, wenn es den Gatten nach kurzer Trennung wiedersieht, was ihn wiederum dazu veranlaßt, seine Erregungsstrophe ertönen zu lassen. Das Königswitwenmännchen gibt in seinem Gesang also ein regelrechtes, im Sozialleben der Wirtsvogelart häufiges Zeremoniell wieder. Wie eng die Beziehungen zwischen Brutparasit und Wirtsvogel sind, wie sehr der erste auf den zweiten angewiesen ist, drückt sich auch in der geographischen Verbreitung beider Arten aus: die Königswitwe lebt nur dort, wo auch der Granatastrild vorkommt (s. Abb. 4).

Wesentlich komplizierter werden die Verhältnisse bei einer anderen Witwengattung, den Paradieswitwen *(Steganura)*, die 7 Formen umfaßt, die sich im wesentlichen nur durch die Länge und Breite der Schmuckfedern in den Prachtkleidern der Männchen unterscheiden. Sie wurden deshalb auch von den meisten Ornithologen als geographische Rassen einer einzigen Art betrachtet. Gegen diese Auffassung sprach allerdings die Tatsache, daß in manchen Gebieten Afrikas zwei Paradieswitwenformen nebeneinander leben. So stößt im südöstlichen Kongo, Nordrhodesien und mittleren Mozambique die Breitschwanz-Paradieswitwe *(Steganura obtusa)* weit in das Verbreitungsgebiet der schmalschwänzigen Form *(Steganura paradisaea)* vor (Abb. 5), und im Nordosten Afrikas, in Eritrea und Abessinien, überlappt sich das Gebiet der schmalschwänzigen mit dem einer weiteren Form *(orientalis)*.

Auch bei den Paradieswitwen ließen sich aus den Gesängen der Männchen die Wirtsvögel ermitteln, und das wiederum eröffnete die Möglichkeit, zu entscheiden, welche der Formen Artselbständigkeit erreicht haben. Wir wollen uns dabei auf ein Beispiel beschränken: Die Männchen der Breitschwanz-Paradieswitwe tragen in ihrem Gesang die Lautäußerungen eines gedrungenen, kurzschwänzigen Prachtfinken, Wieners Astrild *(Pytilia afra)*, vor, die der schmalschwänzigen Form singen dagegen die langen, schleifend-flötenden Strophen des Buntastrild *(Pytilia melba)*. Diese Entdeckung erklärt auch das gemeinsame Vorkommen der beiden Witwenformen in dem oben erwähnten Gebiet; dort leben auch die beiden Wirtsvogelarten nebeneinander (s. Abb. 6 und 7). Daß diese beiden Paradieswitwenformen sich im gemeinsamen Wohngebiet nicht vermischen dürfen, liegt auf der Hand: Mischehen würden die Anpassungen an die Wirtsvogelarten zunichte machen. *Steganura obtusa* und *Steganura paradisaea* sind also selbständige Arten, zwischen denen kein Gen-Austausch mehr stattfindet. –

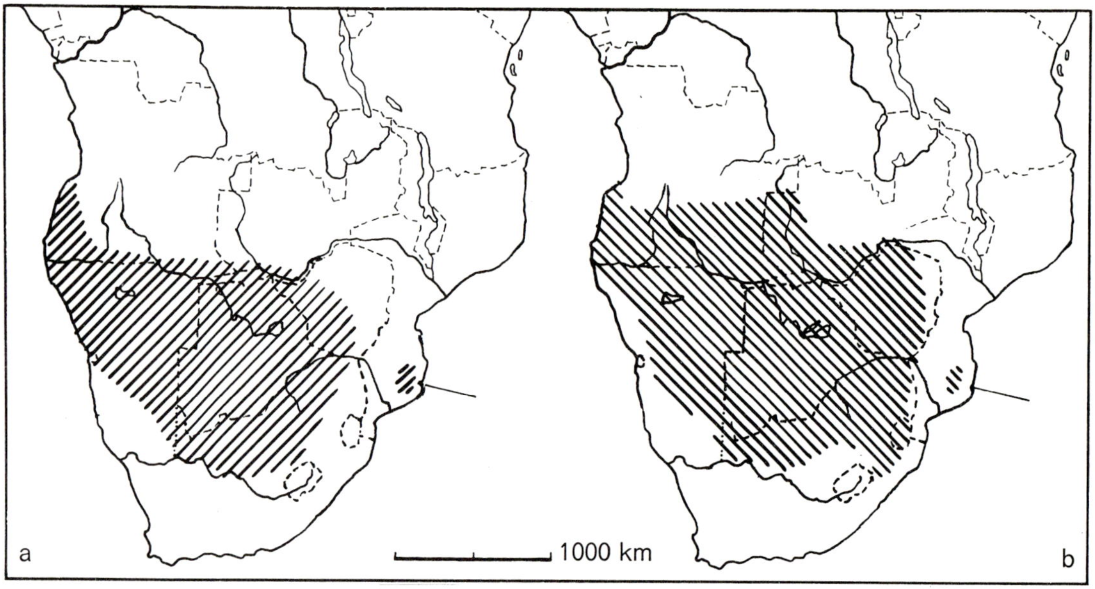

Abb. 4: Die Verbreitung von Königswitwe (a) und Granatastrild (b).

Wir haben gesehen, daß die Männchen der Witwenvögel in ihren Gesängen über ihre Wirtsvögel Auskunft geben. Das war vor allem bei den Witwenarten aufschlußreich, deren Wirtsvögel noch unbekannt waren. Schon nach einer Vortragsdauer von wenigen Minuten hat ein singendes Witwenmännchen verraten, zu welcher der insgesamt 64 afrikanischen Prachtfinkenarten seine Pflegeeltern gehören. In einigen Fällen war eine Entscheidung sogar schon nach wenigen Sekunden möglich, nämlich dann, wenn das als Auskunftsquelle dienende Witwenmännchen seinen Gesang mit einer charakteristischen Wirtsvogelstrophe begann. So leitete das erste in Gefangenschaft verfügbare Männchen der – hier nicht behandelten – Strohwitwe *(Tetraenura fischeri)* seinen ersten Gesangsvortrag mit einem langen Triller ein, der durch seine Klangfarbe sowie ein typisches Accelerando sofort als das unverwechselbare Kontakttrillern des Veilchenastrild *(Granatina ianthinogaster)* zu bestimmen war. Als der Vogel unmittelbar darauf einen zweiten Triller und anschließend eine der klangvollen Rufstrophen dieses Prachtfinken hören ließ, war der Wirtsvogel eindeutig – innerhalb von sechs Sekunden – bestimmt (so lange braucht das Witwenmännchen, um die fraglichen Strophen zu singen). Aus dem Freileben der Strohwitwe, die vom südlichen Abessinien bis zum mittleren Tanganyika verbreitet ist, war der Wirtsvogel vorher nicht feststellbar gewesen.

Haben nun die Nachahmungen der Wirtsvogellaute in den Witwengesän-

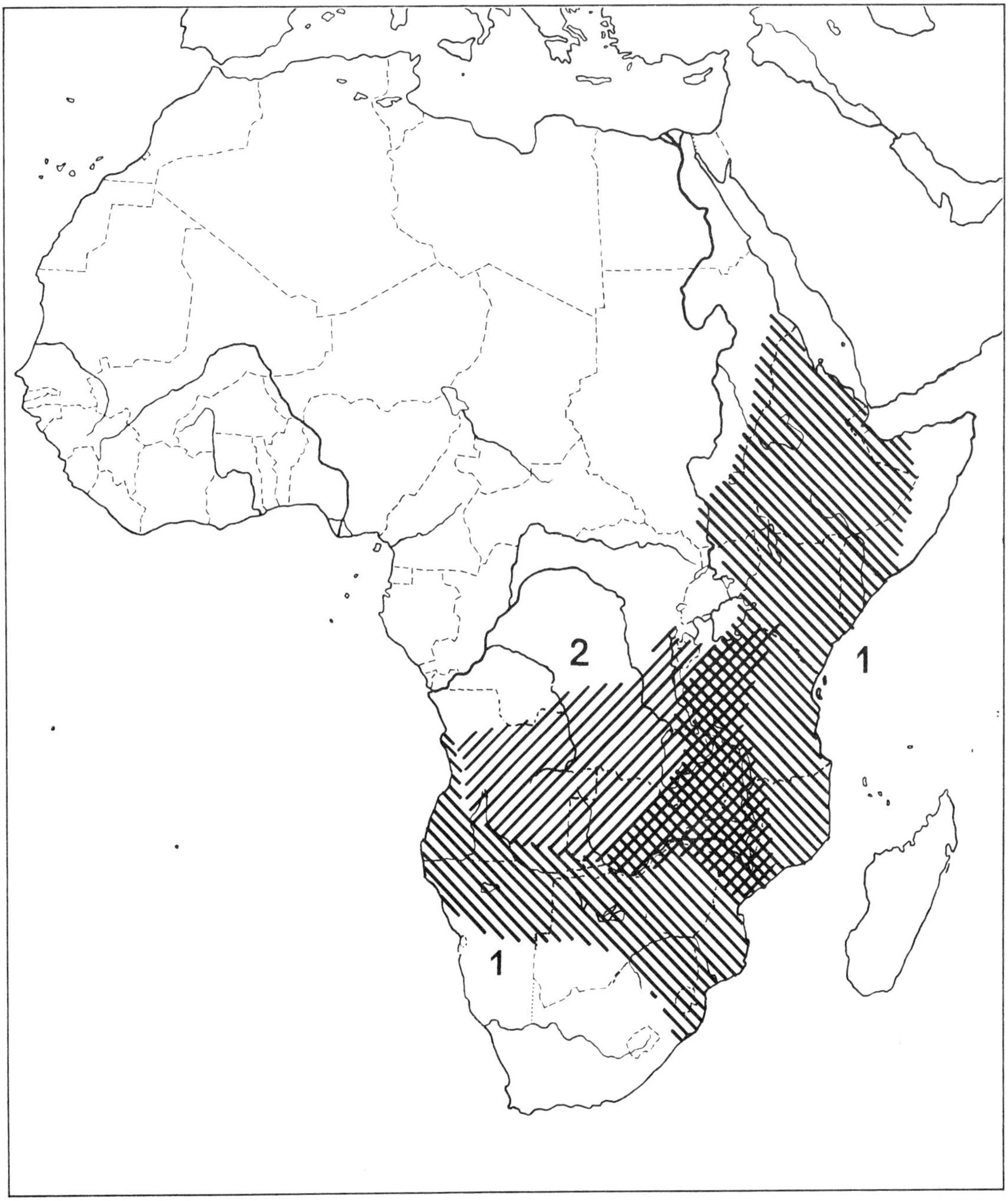

Abb. 5: Die Verbreitung von Paradieswitwe (1) und Breitschwanz-Paradieswitwe (2); gekreuzte Schraffur: Gebiet gemeinsamen Vorkommens.

Abb. 6: Spitzschwanz-Paradieswitwe (oben), Buntastrild (Mitte) und 30tägige Jungvögel (links Buntastrild, rechts Paradieswitwe).

Abb. 7: Breitschwanz-Paradieswitwe (rechts oben), Wieners Astrild (links oben) und 19tägige Jungvögel (Wieners Astrild oben, Witwe unten).

gen irgend eine biologische Bedeutung, oder sind sie nur ein Nebenprodukt der Prägung, die die jungen Brutparasiten in ihrem Fortpflanzungsverhalten zeitlebens an die Art der Pflegeeltern bindet? Die jungen Witwen wachsen mit den Wirtsgeschwistern heran und befinden sich in den ersten Wochen ihres Lebens in ständigem Kontakt mit den Pflegeeltern. Nach dem Selbständigwerden leben sie noch einige Zeit mit den Wirtsgeschwistern zusammen und bilden erst später mit gleichaltrigen Artgenossen kleine Jungvogelschwärme. In diesen Wochen des engen Zusammenlebens werden sie auf die Wirtsvogelart geprägt; diese Zeitspanne ihrer Jugendentwicklung ist für ihr späteres Fortpflanzungsverhalten von entscheidender Bedeutung. Kurz nach dem Selbständigwerden, im Alter von 7 bis 8 Wochen, setzt bei den jungen Witwen eine Periode frühsexueller Stimmungen und Betätigungen ein, die wie bei anderen Singvögeln bis zum Beginn der Jugendmauser anhält. Während andere Jungvögel in dieser Zeit spielerisch Nestbaubewegungen machen, sich gegenseitig füttern oder miteinander balzen, ist das Interesse junger Witwen auf die Brutvorbereitungen, also den Nestbau und alle ihn begleitenden Verhaltensweisen der Wirtsvogelart konzentriert.

Die enge Bindung der Jungvögel an die Wirte prägt beiden Geschlechtern die Stimme der Pflegeeltern in allen Einzelheiten ein. Auch das Witwenweibchen trägt über alle Lautäußerungen der Wirtsart ein ebenso vollständiges, alle Bedeutungen umfassendes Bild wie das Männchen zeitlebens in sich. Diese Fähigkeit erlaubt es ihm später, nach Erreichen der Geschlechtsreife, mit Erfolg auf die Suche nach fortpflanzungsgestimmten, nestbauenden Wirtsvogelpaaren zu gehen. Die Beobachtung des gesamten Fortpflanzungsverhaltens der Wirte hat dann zur Folge, daß das Witwenweibchen die eigene Ovulation mit der des Weibchens des jeweils erwählten Paares synchronisieren kann.

Beide Geschlechter sind also durch Jugenderlebnisse auf die Art der Pflegeeltern geprägt, jedoch sind die Auswirkungen dieser Prägung nur auf ganz bestimmte Funktionskreise beschränkt. Die Kenntnis des Artgenossen ist beiden Geschlechtern angeboren und bleibt erhalten, so daß für beide nur ein Artgenosse als späterer Geschlechtspartner in Betracht kommt. Die Weibchen der meisten Singvogelarten verlangen jedoch vom zukünftigen Partner außer männlichem Verhalten, Balz und Kopulationsfähigkeit noch andere Leistungen, die meist Vorarbeiten für die spätere Brutpflege sind. So müssen die Männchen der Webervögel, die ja die nächsten Verwandten der Witwen sind, den heiratslustigen Weibchen ein fertig gebautes Nest anbieten. Erst diese Tätigkeit der Männchen weckt das Interesse der Weibchen, regt sie zu Inspektionen des zukünftigen Nistplatzes an, setzt dadurch ihre Ovulation in Gang und macht sie paarungsbereit.

Während nun bei allen selbstbrütenden Vogelarten diese männlichen Eigenschaften und Tätigkeiten, die das Weibchen bei der Partnerwahl beeinflussen, in einem Individuum vereinigt sind, erwartet das Witwenweibchen sie von zwei verschiedenen Partnern. Seine Ovulation wird nur durch Beobachtung der Nestbautätigkeit eines Männchens der Wirtsvogelart, der der Pflegevater angehörte, ausgelöst. Zur Begattung bieten sie sich dagegen stets artgleichen Männchen an. Das Witwenweibchen braucht also während der Fortpflanzungszeit immer gleichzeitig zwei Männchen, die verschiedenen Arten angehören und von denen jedes ganz bestimmte Reize auf das Weibchen ausübt. Dem artgleichen Männchen schließt es sich für die Dauer einer ganzen Brutperiode an, während sein Interesse für ein bestimmtes Wirtsvogelmännchen jeweils erlischt, sobald es ein Ei in dessen Nest abgelegt hat.
Dieses Verhalten der Weibchen war zweifellos die Ausgangsbasis für jenen Selektionsdruck, der bei den Männchen die vollendeten Nachahmungen der Wirtsvogellaute herausgezüchtet hat. Je vollkommener ein Witwenmännchen die Lautäußerungen der gemeinsamen Wirtsart in seinem Gesang vortrug, desto attraktiver war es für die partnersuchenden Weibchen, denen es damit zusätzliche Reize bot, die sonst nur vom Wirtsvogel kommen.
Die Einplanung der Wirtsvogelstrophen in die Witwengesänge war somit das Ergebnis einer strengen geschlechtlichen Zuchtwahl, die darin bestand, daß die Weibchen bei der Gattenwahl immer wieder Männchen bevorzugten, die ihre Herkunft von der gleichen Wirtsvogelart und damit ihren gleichen Anpassungstyp in ihrem Gesang zu erkennen gaben. Dieses Verhalten hat nichts Vergleichbares in anderen Vogelgruppen. Es hat die Evolution der Witwenvögel nachhaltig beeinflußt und immer wieder zur Erhaltung und Vervollkommnung des hohen Anpassungsgrades beigetragen, der über Sein oder Nichtsein dieser Brutparasiten entscheidet.

Konrad Lorenz

Die »Erfindung« von Flugmaschinen in der Evolution der Wirbeltiere

I. Fliegende Fische

Ein vom Menschen konstruierter Torpedo, ein Delphin, ein Ichthyosaurus der Juraformation und ein Haifisch ähneln einander in gewissen Hinsichten ganz außerordentlich, wie aus Abb. 2 hervorgeht. Dies kann unmöglich Zufall sein. An der Außenform des Torpedos, wie an der anderer Wasserfahrzeuge, haben menschliche Ingenieure jahrzehntelang herumexperimentiert, bis sie jene »Stromlinienform« herausfanden, die dem zu durchschneidenden Wasser den geringsten Widerstand bietet. Die drei oben erwähnten Tierstämme haben etwas Analoges getan. Auch Tierarten erlangen bzw. verbessern ihre Anpassung an den umgebenden Lebensraum durch einen Vorgang, in welchem Versuch und Irrtum eine wichtige Rolle spielen. Ein durch die Mutationsrate bestimmter, von der Art tragbarer Prozentsatz der

Abb. 1 (oben und rechts): Kalifornischer fliegender Fisch (Cypselurus californicus). (Nach Elektronenblitz-Aufnahmen von Dr. H. Edgerton)
Abb. 2 (linke Bildfolge): Versteinerter Ichtyosaurus (Fischechse) aus den schwarzen Liasschiefern von Württemberg; Haifisch; Delphin.

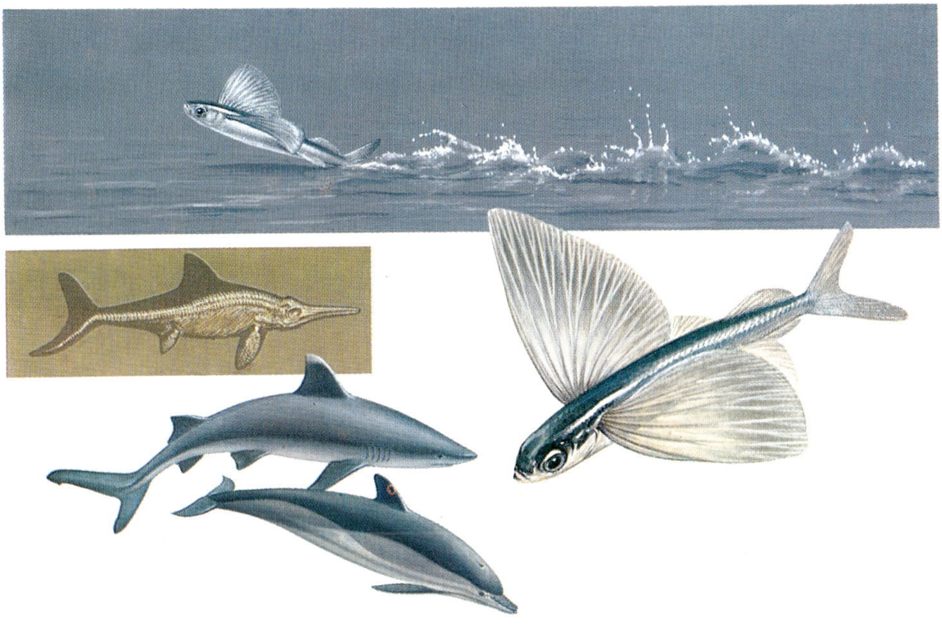

Nachkommen wird aufs Spiel gesetzt, das heißt durch blindes Würfeln in ungerichteten Erbsprüngen, sogenannten Mutationen, abgeändert. Ein wahrscheinlichkeitsmäßig äußerst kleiner Teil der so entstehenden Mutanten ist in irgendeinem Sinne besser angepaßt, als die Ausgangsform es war, und kann diese im Wettbewerb überflügeln, ja ausrotten, denn das Bessere ist des Guten tödlichster Feind. Dieses Verfahren der Anpassung, das einem Sammeln von Information über den Lebensraum gleichkommt, kann als echte *Induktion* aufgefaßt werden, unterscheidet sich indessen dadurch von dem Vorgehen menschlicher Forschung, daß in ihm die Deduktion und mit ihr das *gezielte* Experiment fehlt. Mutation und Selektion, in denen wir die großen Konstrukteure des Artenwandels zu erblicken haben, sind dem menschlichen Erfinder darin unterlegen, daß sie auf das blinde Würfeln angewiesen und durch keinerlei Schlußfolgerungen zu vorausschauenden Maßnahmen befähigt sind, durch die sie davor bewahrt würden, gelegentlich in Sackgassen zu geraten. Wenn man als Naturforscher, der von der natürlichen Erklärbarkeit der Evolution überzeugt ist, ihre Ergebnisse unvoreingenommen betrachtet, so wird man hin- und hergerissen zwischen ehrfürchtiger Bewunderung für die komplexen und fein ausgeklügelten Konstruktionen, die sie »erfunden« hat, und einer beinahe ernüchternden Verwunderung darüber, welche einfachen und offensichtlichen Auswege aus konstruktiven Sackgassen sie *nicht* zu finden vermag. Wirklich ernüchternd sind diese Leistungsbeschränkungen indessen keineswegs, sondern im Gegenteil sehr geeignet, uns dazu anzuspornen, »die Kette der natürlichen Verursachung, so lange sie aneinanderhängt, zu verfolgen«, wie Immanuel Kant so schön sagt.

Die Kette natürlicher Verursachung, die zur Entstehung spezieller Anpassungen führt, läßt sich aus verständlichen Gründen dann besonders deutlich verfolgen, wenn verschiedene Tierstämme unter dem Selektionsdruck ähnliche Leistungen, im Falle des obigen Beispiels des schnellen Schwimmens in der Hochsee, ähnliche Merkmale, wie Stromlinienform und flügelförmige Propeller am Hinterende, geschaffen haben.

Jeder ausgeprägte Fall einer solchen »konvergenten Anpassung« übt aus guten Gründen auf Biologen sehr verschiedener Forschungsrichtung eine starke Anziehung aus. Der Erforscher der Physiologie und der funktionellen Anatomie des bei verschiedenen Tierstämmen ähnlich gewordenen Organs kann aus dem Vergleich die für die Leistung wesentlichen, weil nicht aus gemeinsamer Abstammung erklärbaren Merkmale eindeutig als solche erkennen, der Stammesgeschichtsforscher aber hat deshalb Gelegenheit, die Wirkungen der natürlichen Zuchtwahl besonders klar zu erfassen, weil er ausnahmsweise einmal ziemlich genau weiß, welche Funktion es ist, die im vor-

Abb. 3: Flugechse: Pterodactylus (amselgroße Flugechse aus der oberen Jurazeit, Solnhofen); Vogel: Alpenstrandläufer; Säugetier: Abendsegler (Fledermaus).

liegenden Falle einen Selektionsdruck ausübt. Aus leicht einzusehenden Gründen ist das Studium konvergenter Anpassungen um so interessanter und aufschlußreicher, je weiter voneinander entfernt ihre Ausgangspunkte lagen. Wie verhältnismäßig gut man in solchen Fällen den beiden großen Konstrukteuren bei der Arbeit zusehen kann, will ich nun an dem Beispiel der *fliegenden Wirbeltiere* zu illustrieren versuchen. Vier von den fünf Klassen der Vertebraten – Fische, Reptilien, Vögel und Säugetiere – haben unabhängig voneinander das Fliegen erfunden und sind dabei auf erstaunlich ähnliche Konstruktionstypen verfallen (Abb. 3). Selbst die Amphibien können sich eines schwachen Versuches in gleicher Richtung rühmen, den der javanische »Flugfrosch« Rhacophorus unternommen hat.
Wenn wir nun damit beginnen, das Evolutionsgeschehen zu rekonstruieren, dem gewisse Knochenfische *(Teleostei)* ein recht beachtliches Flugvermögen verdanken, und damit dessen Entstehung bei anderen Wirbeltieren vergleichen, so stoßen wir alsbald auf eine Gegensätzlichkeit, die nicht nur den stammesgeschichtlichen Ausgangspunkt der Anpassungsreihen – hier Fisch, hier Vierfüßler – betrifft, sondern merkwürdigerweise auch den räumlichen Ausgangspunkt des Fluges selbst: alle fliegenden Fische starten ja notwendigerweise von der Oberfläche des Wassers und haben auch, stammesgeschichtlich gesprochen, damit angefangen, von »unten nach oben« zu fliegen, während alle anderen flugfähigen Wirbeltiere damit begonnen haben, von oben nach unten zu fliegen. Sie alle stammen von Baumtieren ab, die ur-

sprünglich von Ast zu Ast, von Baum zu Baum sprangen und allmählich Organe entwickelten, mittels derer sie den Luftwiderstand zur Verlängerung der Sprünge ausnutzen konnten. Dies führte in fließendem Übergang zunächst zum abwärts gerichteten Gleitflug und schließlich bei Flugsauriern, Vögeln und Fledermäusen zum aktiven Muskelflug. Die Bewegungsweise der Fische, an der die Selektion ansetzte und aus der sie schließlich bei einigen von ihnen ein wirkliches Fliegen machte, ist merkwürdigerweise nicht der Sprung, zu dem viele von ihnen in so ausgiebigem Maße befähigt sind. Vielmehr ist es eine sehr spezielle Fluchtbewegung, die sich bei sehr vielen schnell schwimmenden und die oberflächlichen Schichten freien Wassers bewohnenden Knochenfischen vorfindet, in hervorragender Ausbildung z. B. bei unserer gewöhnlichen Ukelei oder Laube *(Alburnus alburnus L.)*. Die Bewegung besteht darin, daß der Fisch, von unten her ziemlich steil gegen die Oberfläche anschwimmend, diese durchstößt, Kopf und Körper bis zur Schwanzflosse über sie erhebt und nun ein Wieder-Zurückfallen dadurch verhindert, daß er durch sehr schnelle Schläge der im Wasser verbliebenen Schwanzflosse diesen Unterstützungspunkt so rasch vorwärtstreibt, daß er den Schwerpunkt des schräg nach vorne aufwärts in die Luft ragenden Körpers beinahe einholt. Genau so trachten die Sohlen eines laufenden Menschen mit seinem Schwerpunkt Schritt zu halten: sie dürfen ihn nie ganz einholen, sonst kommt die Sache zum Stillstand, sie dürfen ihn nicht überholen, sonst fällt der Mensch auf den Rücken, und sie dürfen nicht hinter seinem Schwerpunkt zurückbleiben, sonst fällt der Betreffende auf die Nase. Der Fisch *läuft* also gewissermaßen mit seiner Schwanzflosse auf der Oberfläche des Wassers.

Diese Bewegungsweise wird bei den in Rede stehenden Oberflächenfischen durch jede von unten her drohende Gefahr ausgelöst, man kann sie in sehr großen Aquarien an Lauben und Elritzen *(Phoxinus leavis L.)* beobachten, wenn man diese Tiere an große Raubfische verfüttert. Auch im Freien bekommt man das Dahinflitzen kleiner Fischchen über die Oberfläche oft zu sehen. Die Wirksamkeit dieser Fluchtbewegung liegt sicherlich weniger in ihrer Schnelligkeit – obschon begreiflicherweise der Widerstand des Mediums für den Fischkörper in der Luft sehr gering und die Lokomotion dementsprechend schnell ist – als darin, daß der Fisch dem schräg von unten her kommenden Räuber durch die Totalreflexion der Oberfläche verborgen wird. Dies wurde mir einst sehr anschaulich, als ich, an der Küste Floridas schnorcheltauchend, einen großen, etwa 35 cm langen Hornhecht *(Belone)* zu fangen versuchte. Der Fisch stand dicht unter der Oberfläche, und ich hatte nur deshalb einige Hoffnung auf Erfolg, weil ich von weitem sah, daß er auf einem Auge, das völlig verpilzt war, nichts sehen konnte. Von seiner blinden Seite her an ihn heranschleichend versuchte ich, mein größeres Handnetz von unten her unter ihn zu schieben, da schoß er plötzlich nach oben durch den Spiegel der Oberfläche und – war weg! Erst Sekunden später sah ich die sich in der Ferne (unter Wasser sind etwa 20 m Entfernung »Ferne«) verlierende Linie des kleinwelligen Kielwassers, das seine propellernde Schwanzflosse an der Oberfläche hinterlassen hatte. Jener Hornhecht ist ein Verwandter der echten Flugfische, die imstande sind, Dutzende, ja Hunderte von Metern weit die Luft zu durchsegeln und sich dabei, wenn Aufwinde dies begünstigen, mehrere Meter hoch über die Oberfläche des Meeres zu erheben. Was aber für den vergleichenden Biologen das Schönste ist: es finden sich in dieser Gruppe, den *Synenthognathi*, alle nur denkbaren Übergänge, die von solchen Arten, denen nur das eben beschriebene Schwanzflossenlaufen auf der Oberfläche möglich ist, zu solchen hinüberleitet, die längere Zeit völlig frei in der Luft zu schweben vermögen.

Schon unter den biederen Weißfischen aus dem Karpfengeschlecht, das die Binnengewässer Europas bevölkert, gibt es einen, der sich auf das Schwanzflossenlaufen spezialisiert hat: Es ist ein Bewohner der unteren Donau, der

Abb. 4: Sichling oder Ziege (Pelecus cultratus), links; Laube oder Ukelei (Alburnus alburnus), rechts.

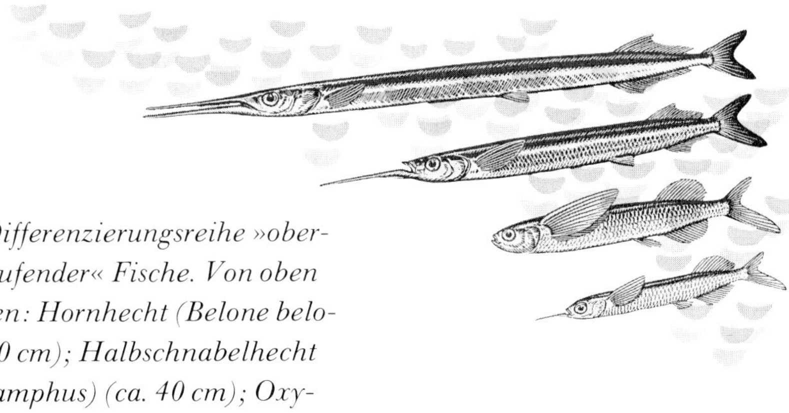

Abb. 5: Differenzierungsreihe »oberflächenlaufender« Fische. Von oben nach unten: Hornhecht (Belone belone) (ca. 70 cm); Halbschnabelhecht (Hemirhamphus) (ca. 40 cm); Oxyphorhamphus micopterus similis (nach Breder, 1938), erwachsener Fisch (138 mm), Jungfisch (40 mm).

Sichling oder auch »Ziege« gennant wird *(Pelecus cultratus)*. Die Brustflossen sind sichelförmig vergrößert und besitzen einen deutlich verstärkten Vorderrand, gewisse Knochen des Schultergürtels bilden – wie bei den später zu besprechenden südamerikanischen Beilbauchfischen – einen leichten, aber sehr festen und hohen Kamm, der wie der Brustbeinkamm der Vögel den Brustmuskeln zum Ursprunge dient. Der Baum zeigt eine scharfe, seitlich gesehen stark konvexe Kante, und schließlich ist, wie bei den Flugfischen des Meeres, der untere Lappen der zweilappigen Schwanzflosse merklich länger als der obere. Die Seitenlinie zeigt eine merkwürdige tiefe Ausbuchtung, die ganz so aussieht, als ob sie dazu da sei, dieses empfindliche Druck-Sinnesorgan dem Schlagbereich der kräftigen Flosse zu entziehen (Abb. 4). Wie wir sehen werden, vereinigt die Ziege in diesen Merkmalen Ansätze zu zwei verschiedenen Anpassungsreihen in sich, deren eine bei den Meeresflugfischen zu ausgedehntem Gleitflug, und deren andere bei den Beilbauchfischen zu aktivem Muskelflug geführt hat.

Die Differenzierungsreihe, die von den Hornhechten über die Halbschnäbler zu den echten Flugfischen führt, beginnt mit Formen, deren Konstruktionsmerkmale denen des Sichlings ähneln, auch bei ihnen ist meist »schon« der untere Lappen der Schwanzflosse, dem begreiflicherweise beim Oberflächenlaufen die wichtigste Leistung als »Propeller« zukommt, etwas vergrößert (Abb. 5). Die Vergrößerung der Brustflossen und die überall feststellbare Verstärkung ihres Vorderrandes schafft eine Tragfläche, die schon bei geringer Ausbildung dazu beiträgt, das frei in die Luft ragende Vorderende des Fisches zu stützen, das Hinterende wird beim Oberflächenlauf ja zunächst sowieso von der Schwanzflosse getragen. Hierin liegt übrigens auch die Antwort auf eine Frage, die man noch jüngst von anti-darwinistisch eingestellten Denkern hören konnte. Wieso, so argumentierte man, kann die natürliche Zuchtwahl die Zwischenstufen der Brustflossenvergrößerung begünstigen, wo doch erst die volle Größe den Flug ermöglicht? Es müsse, so schloß man, eben doch ein richtungweisender »Faktor« in der Stammesgeschichte am Werke sein. In Wirklichkeit hätten eben die *Exocoetidae* das Fliegen nie »erfunden«, wenn sie nicht den Weg über die zunehmende Verbesserung des Oberflächenlaufes beschritten hätten.

In dieser Entwicklungslinie läßt sich nun mit ziemlicher Genauigkeit der Punkt angeben, an dem ein wirkliches, freies Schweben in der Luft möglich wird. Man kann von den in Abb. 5 in a, b, c dargestellten Fischen ohne weiteres behaupten, daß sie »noch« nicht frei fliegen können, und zwar deshalb nicht, weil der Flächenschwerpunkt der tragenden Brustflossen viel zu weit *vor* dem Körperschwerpunkt liegt, der Leib des Fisches würde also sofort hintenüber kippen, wenn ihm die Unterstützung der im Wasser paddelnden

Abb. 6 (oben links): Cypselurus furcatus (nachgezeichnet nach einer Farbtafel in: The Arcturus Adventure by W. Beebe, 1926).
Abb. 7 (oben rechts): Zum freien Gleiten durch die Luft befähigte Fische; von oben: Parexocoetus, Exocoetus, Cypselurus.
Abb. 8 (unten): Aufsicht auf die Tragflächen der in Abb. 7 dargestellten Fische; von links: Parexocoetus, Exocoetus, Cypselurus.
Abb. 9 (ganz unten): Schwanzfährten abfliegender Flugfische.

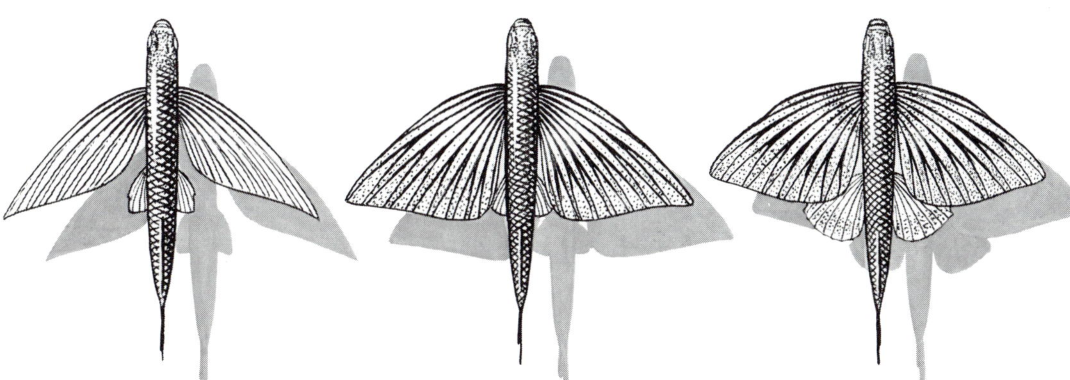

Schwanzflosse entzogen würde. Auch auf Darstellungen wirklich flugfähiger Formen wird oft die notwendige räumliche Beziehung von Flächenschwerpunkt und Körperschwerpunkt vernachlässigt, indem die Brustflossen viel zu weit ausgebreitet und somit zuweit vorne gezeichnet werden. Daß die Schwanzflosse ja leider lotrecht steht und keine Tragfläche abgibt, wird vom Künstler wie vom Beschauer allzuleicht vergessen, wozu noch die Ungleichlappigkeit der Flosse verführt, die bei oberflächlicher Betrachtung als perspektivische Verkürzung des oberen Flossenlappens mißdeutet wird, so daß die Flossenfläche als waagrecht liegend aufgefaßt werden kann (Abb. 7 und 8). (Flanderky, Fischbrehm S. 327.)

Sich völlig von der Wasserfläche lösen und frei im Luftraume dahingleiten kann der Fisch nur, wenn Flächen- und Körperschwerpunkt an annähernd gleicher Stelle liegen, wobei noch zu berücksichtigen ist, daß an der tragenden Fläche der Druckmittelpunkt mit zunehmender Schnelligkeit des Gleitfluges nach vorne rückt. Eben deshalb empfindet unser »Augenmaß« gerade die schnellsten Vögel und Flugzeuge so ausgesprochen als vorderlastig! Die nötige Rückwärtsverlagerung des Druckmittelpunktes ihrer tragenden Flächen erreichen die echten Flugfische der Gattung Exocoetus durch Verlängerung der Brustflossen, die nie rechtwinkelig vom Körper abgespreizt werden (Abb. 8), sondern wie die Flügel mancher Düsenflugzeuge stets spitzwinkelig nach hinten ragen. Bei anderen, so bei der Gattung *Cypselurus*, zu welcher der von Beebe ebenso witzig wie treffend als »Butterflying Fish« bezeichnete *C. furcatus Mitchill* gehört (Abb. 6), wird die richtige Flächenverteilung dadurch erreicht, daß auch die Bauchflossen, also die hinteren Extremitäten des Fisches, zu Flügeln umgebildet werden.

Alle diese Fische starten vom Wasser nicht im Sprung, sondern in dem beschriebenen Oberflächenlaufen, wie aus der nach Fotografien von Edgerton nachgezeichneten Abb. 1 und den Abflugspuren hervorgeht, die in Abb. 9 wiedergegeben sind. Schon während dieses Anlaufs werden alle zum Fliegen verwendeten Flossen voll ausgebreitet und verbleiben während des ganzen Fluges starr in dieser Stellung, merkwürdigerweise auch während des Augenblicks, in dem der Fisch wieder ins Wasser zurückfällt. Er tut letzteres nämlich nicht, wie man unwillkürlich erwartet, mit einem eleganten Kopfsprung, bei dem er die Oberfläche ohne jeden Spritzer durchschneidet, sondern er platscht mit einem ganz ordinären »Bauchfleck« hinein, ganz als ob ein erschöpfter Landvogel ins Wasser fiele. Für einen solchen eben dies tuenden habe ich selbst blamablerweise den ersten Flugfisch gehalten, den ich je sah und den ich in ziemlicher Entfernung gerade noch scharf ins Fernglas bekam, ehe er in sein ursprüngliches Element zurückkehrte.

Während des ganzen Fluges steht der Schwanz merklich tiefer als der Kopf, und wenn der allmählich abwärts gleitende Fisch sich der Oberfläche in stumpfem Winkel nähert, was nur in einem weiten Wellental oder tangential zu einem stumpf gerundeten Wellenberg vorkommen kann, so taucht der untere Lappen der Schwanzflosse als erstes ins Wasser. In solchem Fall wird der »Propeller« sofort wieder »eingeschaltet«, und der Fisch gewinnt in neuem Oberflächenlaufen wieder die zum Aufsteigen nötige kinetische Energie, ohne mit dem Kopf ins Wasser gekommen zu sein und ein paar Atemzüge getan zu haben. In der Luft sieht man keine Bewegungen der Schwanzflosse, doch ist es in Anbetracht ihrer Größe und der Kraft ihrer Muskulatur zumindest theoretisch durchaus möglich, daß sie auch in diesem Medium als Propeller wirkt.

Die Brustflossen – bzw. bei vierflügeligen Formen – Brust- und Bauchflossen tun das sicher nicht, schon das Größenverhältnis zwischen ihnen und ihrer Muskulatur macht es unmöglich. Wenn man gelegentlich ein schnelles Vibrieren der Flossen sieht, betrifft es immer nur ihren hinteren Rand und ist sicher nur eine passive, durch Luftwirbel hervorgerufene Bewegung, genau wie das Flattern, das am hinteren Rand eines nicht genügend gespannten Segels auftritt. Man sieht das Flossenflattern vor allem, wenn ein Fisch beim Überfliegen eines Wellenkammes plötzlich einen scharfen Windstoß von vorne bekommt, sowie, bezeichnenderweise, am Ende eines langen Fluges, wenn die Spannung der ausgebreiteten Flossen vielleicht aus Ermüdung etwas nachläßt. Der Flug der *Exocoetidae* ist somit sicher kein aktiver Muskelflug, sondern vergleichbar dem von Segelflugzeugen, die mit einem Gummiseil vom Boden gestartet werden.

Ganz anders liegen die Dinge bei einer kleinen Gruppe von Süßwasserfischen Südamerikas, den sogenannten Beilbauchfischen, die mit den gefürch-

Abb. 10: Zu aktivem »Flügel«-Schlag befähigte Süßwasserfische; links: Carnegiella vesca, ein südamerikanischer Beilbauchfisch (ca. 4 cm lang), dahinter Skelett; rechts: Triportheus elongatus (ca. 10 cm lang).

teten Piranhas zur großen Gruppe der Salmler *(Characinidae)* gehören. Diese kleinen, wenige Zentimeter langen Fischchen haben auf der Brust einen gewaltigen, aus dem *Procoracoid* (Vor-Rabenschnabelbein) gebildeten Knochenkamm, dessen Funktion genau der des hohen Brustbeinkammes flugfähiger Vögel entspricht, diesen aber an Länge und Höhe weit übertrifft (Abb. 10). An ihm entspringt eine gewaltige Muskulatur, die oft mehr als ein Viertel des Gesamtkörpergewichtes ausmacht und die ohne allen Zweifel dazu da ist, die ebenfalls sehr große Brustflosse des Fisches auf- und abzubewegen. Nach den funktionell-anatomischen Befunden wären diese Fische also ohne allen Zweifel als Flugfische anzusprechen, und zwar in einem engeren Sinne dieses Wortes als die nur zu passivem Gleitflug befähigten *Exocoetidae*. Doch schien dem zunächst die Beobachtung an den lebenden Tieren, die man als reizende Aquarienfische regelmäßig kaufen kann, durchaus zu widersprechen. Der zu erwartende aktive Muskelflug wurde in Gefangenschaft zunächst nie beobachtet. Ich habe seit Jahren die Gattungen *Gastropelecus* und *Carnegiella* (Abb. 10) in vielen Exemplaren in einem tiefen Becken, dessen Oberfläche 190 mal 170 cm mißt, ich habe die Fischchen von unten her mit Netzen, mit Raubfisch-Attrappen, ja mit wirklichen, freßbegierigen Raubfischen gehetzt – und habe sie doch immer nur hüpfen sehen, keines von ihnen machte je einen Flugversuch. Allerdings erbrachte auch sehr genaue, jahrelange Beobachtung keinen Hinweis auf eine *andere* Funktion der außerordentlichen Brustflossen und ihrer Muskulatur, und als guter Darwinist war ich der Ansicht, daß irgend ein Faktor am Werke sei, der die gefangenen Tiere am Fliegen *hinderte.*
Dr. Breder und Dr. Eigemann vom American Museum of Natural History sahen die Tiere im Freiland fliegen und die Brustflossen dabei bewegen, Breder machte auch die bedeutsame Feststellung, daß sie sich, von einem Zugnetz bedrängt, nur dann in die Luft erheben, wenn sie vom Ufer fort auf die freie Wasseroberfläche zufliegen können. Es leuchtet ein, daß für einen Süßwasserfisch, der häufig in kleine und kleinste Gewässer geht, das Flugvermögen eine ungeheure Gefahr bedeuten würde, wenn ihn nicht ein besonderer und wirkungsvoller Hemmungsmechanismus daran hinderte, vom Wasser aufs trockene Land zu fliegen. Auch in meinem großen Becken war »auf allen Seiten Land« und diese Hemmung daher voll wirksam. Daß die Beilbäuche tatsächlich zu aktivem Schwirrflug befähigt sind, konnte S. Weitzmann nachweisen. Aus einem halbvollen Glas sprang eine 3,5 cm lange *Carnegiella vesca* und flog lotrecht aufwärts und in 80 cm Höhe gegen das Handgelenk des Gewährsmannes, und zwar mit solcher Wucht, daß man schließen darf, sie wäre ohne dieses Hindernis noch sehr viel höher geflogen. Was aber das Wichtigste ist, Weitzmann hörte, als der Fisch wenige Zenti-

meter an seinem Ohr vorüberflog, deutlich ein feines *Summen.* Damit ist meines Erachtens die Fähigkeit dieser Fische zum aktiven Muskelflug eindeutig erwiesen, zumal wir gut verstehen können, weshalb dieser in Gefangenschaft so schwer auszulösen ist.

Über die stammesgeschichtliche Entstehung des Schwirrfluges der Beilbauchfische möchte ich keine Vermutungen äußern. Ein Oberflächenlaufen habe ich an ihnen nie beobachtet, sie scheinen durch ihre Körperform zu dieser Art der Fortbewegung auch wenig geeignet. Eine zwischen den nicht zum Fliegen spezialisierten Verwandten und den Beilbauchfischen vermittelnde Übergangsform, *Triportheus* (Abb. 10), habe ich nie lebend gesehen. Ähnliche Erwägungen, wie wir sie eben betreffs des Fliegens der Beilbauchfische angestellt haben, mögen auch für den merkwürdigen Süßwasser-Schmetterlingsfisch, *Pantodon buchholzi L.,* zutreffen. Auch bei diesem Fisch (Abb. 11) sind Brustflossen, Brustbein und Brustmuskulatur in ähnlicher Richtung, wenn auch viel weniger weit, spezialisiert wie bei jenen Salmlern. Doch erscheint mir angesichts der einander widersprechenden Berichte über diesen Fisch wirkliche Flugfähigkeit nicht erwiesen, und ich neige auch aus einem anderen Grunde dazu, sie zu bezweifeln. Während man nämlich bei den Beilbäuchen, solange sie sich unter Wasser fortbewegen, mit bestem Willen keine Funktion entdecken kann, welcher der gewaltige Brustflossenapparat dienen könnte, sieht man bei *Pantodon* alsbald, daß die Tragflächen der großen Flossen den Fisch beim Schwimmen unterstützen, dessen spezifisches Gewicht dem des Wassers oft nicht so genau angeglichen zu sein scheint, wie dies bei den meisten freischwimmenden Knochenfischen der Fall zu sein pflegt.

Wir kennen eine ganze Menge anderer Fische, deren spezifisches Gewicht dauernd erheblich größer als das des Wassers ist, und die doch einen großen Teil ihres Lebens freischwimmend verbringen. Für sie trifft eine Regel zu, die der belgische Paläontologe DOLLO das »Gesetz von der Irreversibilität der Anpassung« genannt hat. Es gibt viele Ausnahmen von dieser Regel, doch gilt sie wunderschön für die hier in Rede stehenden Fische. Sie alle stammen von Gruppen ab, die sich an das Leben auf dem Grunde des Wassers ange-

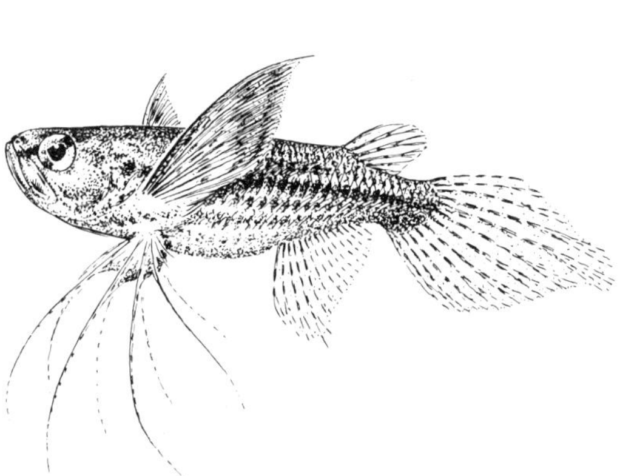

Abb. 11: Schmetterlingsfisch Pantodon bucholzi aus Westafrika (ca. 12 cm lang).

paßt haben und die im Zuge dieser Anpassung ihre Schwimmblase so weit zurückgebildet haben, daß sie nicht mehr schwerefrei im Medium zu schweben vermögen. Viele von ihnen haben »Beine« entwickelt, mit denen sie auf dem Grunde ganz regelrecht laufen. Wo sich nun bei solchen Bodenfischen eine teilweise Rückanpassung ans Freischwimmen vollzogen hat, beschritt diese, der DOLLOschen Regel gehorchend, nicht rückläufig den Weg, auf dem sich die Bodenanpassung vollzogen hatte, das heißt, es wurden nicht die Reste des Auftrieb liefernden Gasballons aus der Rumpelkammer geholt, sondern es wurde zu einem neuen Mittel gegriffen, nämlich zur Ausbildung großer Tragflächen. Zu diesen mußten meist die Brustflossen das Material liefern, und so entstanden, aus verschiedenen Verwandtschaftsgruppen von Grundfischen, Formen, die äußerlich fliegenden Fischen sehr ähnlich sind, und die man gut als »Unterwasserflieger« bezeichnen kann.

Eine mit den Haifischen nächstverwandte, uralte Fischgruppe, die sich an das Leben auf dem Meeresboden in besonderer Weise angepaßt hat, umfaßt die Rochen. »Hier führte Gründlichkeit zur Verflachung«, pflegte OSKAR HEINROTH zu sagen, wenn er bei Führungen durchs Berliner Aquarium die Becken mit Rochen und Flachfischen demonstrierte, die beide, wenn auch in senkrecht aufeinanderstehenden Ebenen, ihren Körper so weit abgeflacht haben, daß er sich über den Sandboden kaum erhebt. Von Rochen haben sich nun eine ganze Reihe von Formen zu ausgezeichneten Schwimmern »rück«-entwickelt, indem sie wie der Adler- und der Schmetterlingsrochen (Abb. 13) die breiten Brustflossen zu Flügeln ausbildeten. Manche von ihnen, so die planktonfressende Riesenform Manta, der Teufelsrochen, sind zu dauernd frei schwimmenden Hochseefischen geworden. Die Mechanik des Flügelschlages gleicht dem der Vögel in erstaunlicher Weise, vor allem beim ruhigen Durchschwimmen langer Strecken. Wie beim Vogel liegt der Druck dabei dauernd auf der *Unterseite* des »Flügels«, und zwar auch, wenn sich dieser beim Aufschlag nach oben bewegt: der Anstellwinkel wird dabei so vergrößert, daß der von vorne auftreffende »Fahrtwind«, der Strom des Mediums, trotz der Aufwärtsbewegung der tragenden Fläche

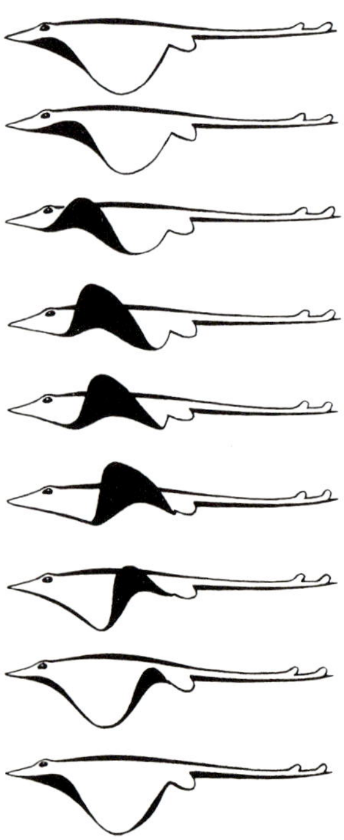

Abb. 12: Flossenbewegung eines schwimmenden Rochens.

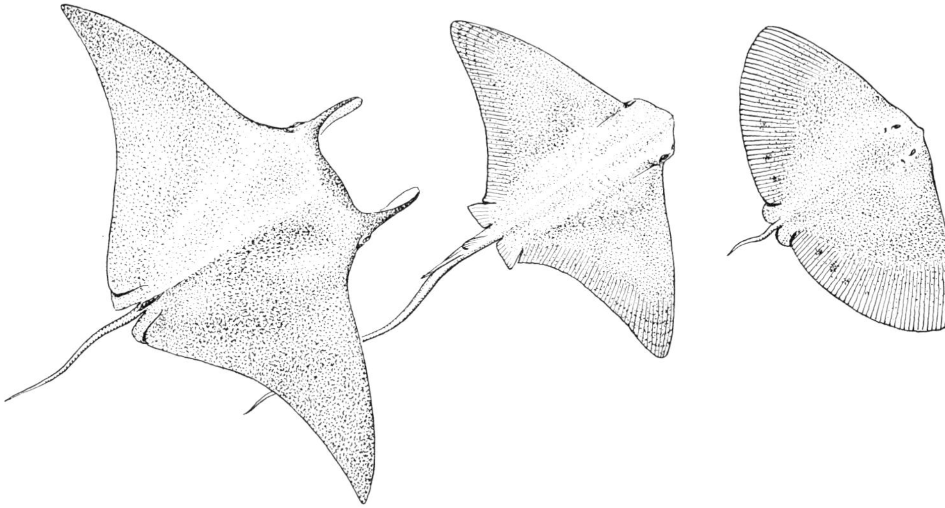

Abb. 13: Rochen, die sich nur durch den Schlag der Brustflossen fortbewegen; von links: Manta oder Teufelsrochen, Adlerrochen, Schmetterlingsrochen.

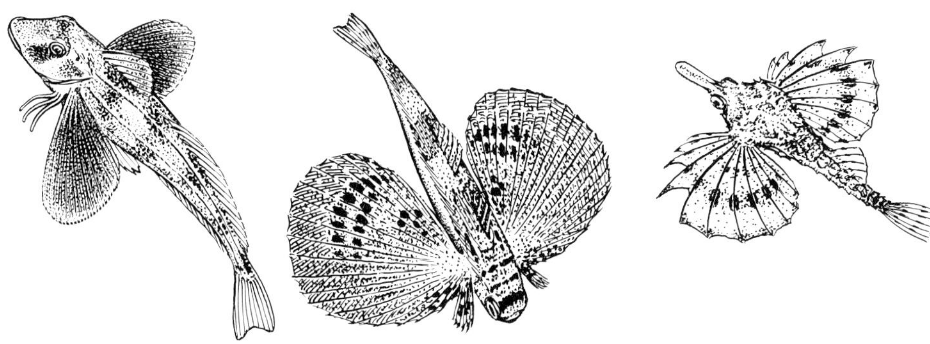

Abb. 14: Knochenfische, die schwerer als das Medium sind und deren Brustflossen unter Wasser als Tragflächen fungieren, während die Schwanzflosse vortreibt. Von links: Knurrhahn (Trigla hirundo) ca. 60 cm lang, Flughahn (Dactylopterus volitans) ca. 40 cm; Seemotte (Pegasus papilio), ein Flügelroßfisch, ca. 10 cm lang.

den Druck auf ihrer Unterseite aufrecht erhält. Deshalb sieht man auch, während der Flügel aufwärts schlägt, kein Absinken des von ihm getragenen Körpers. Da sich alle diese Vorgänge beim Rochen wegen der größeren Dichte und Viskosität des Wassers um ein Vielfaches langsamer vollziehen als bei einem Vogel, kann man den ersteren dazu benutzen, die Flugmechanik des letzteren zu demonstrieren (Abb. 12).

Nur bei den Rochen sind die Flügel in dieser Weise, wie bei den Vögeln, Tragfläche und Vortriebsmittel zugleich. Alle anderen unter Wasser fliegen-

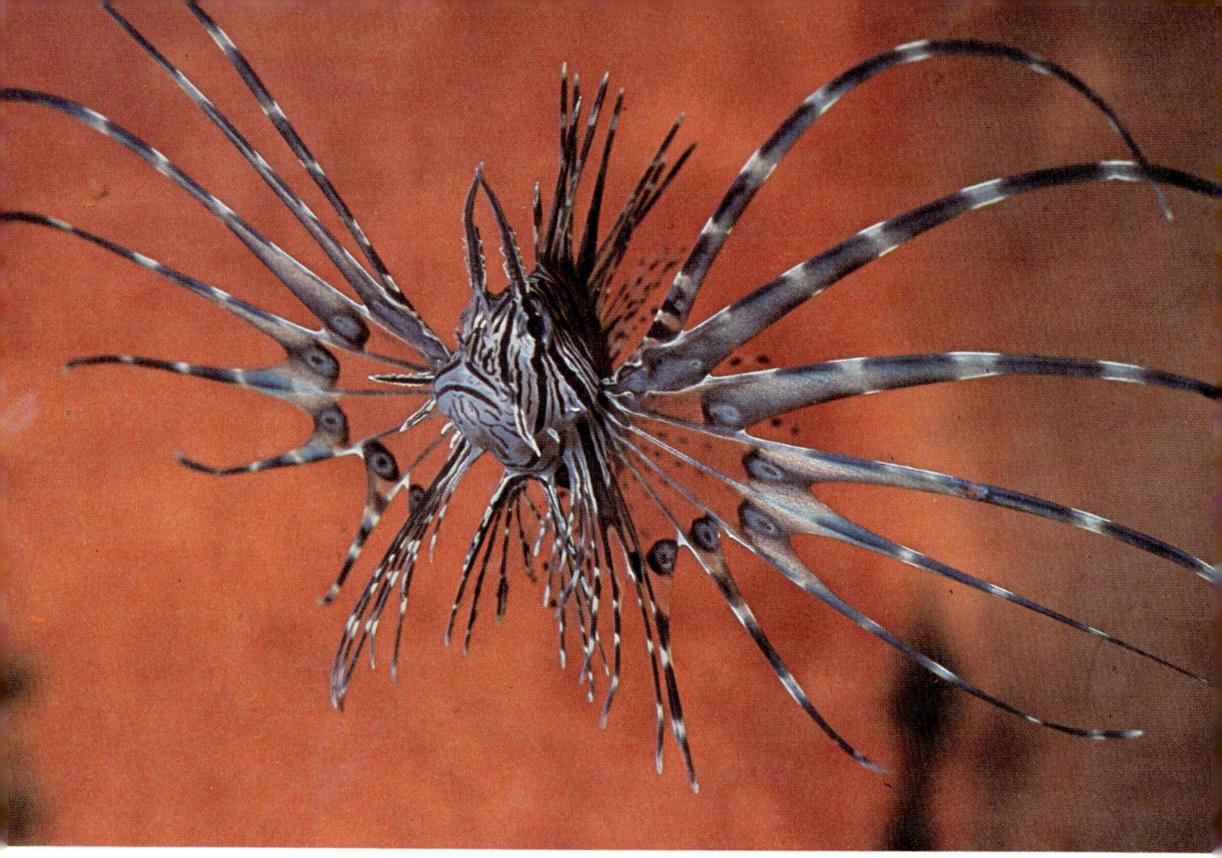

Abb. 15: Rotfeuerfisch (Pterois volitans), Exemplar von ca. 10 cm Länge.

den Fische benutzen die Brustflosse nur als Tragfläche und behalten die Schwanzflosse als Propeller bei. Solche mit dem Schwanz vorwärtsschwimmenden und dabei von großen Brustflossen getragenen Fische gibt es aus den verschiedensten Gruppen von Grundfischen. Sehr wahrscheinlich aus der Verwandtschaft der Büschelkiemer, der Seepferdchen und Seenadeln, nahm das reizende Flügelrößchen, *Pegasus* (Abb. 14), seinen Ursprung; mit den Panzergroppen verwandt der Knurrhahn, *Trigla hirundo L.*, sowie der Flughahn, *Dactylopterus volitans L.* (Abb. 14). Trotz ihrer Benennung nach Vögeln und fliegenden Fabeltieren vermag keiner dieser langsam schwimmenden Grundfische durch die Luft zu fliegen, auch der Flughahn nicht, eine Erkenntnis, die meiner Liebe zur alten Brehmausgabe keinen Abbruch tut, in der dieser Fisch kühn durch die Lüfte segelnd und dort von Möwen verfolgt dargestellt wird. Auch der giftige Rotfeuerfisch, *Pterois*, dem LINNÉ den Speziesnamen »*volitans*« verlieh (Abb. 15), kann durchaus nicht fliegen und braucht seine großen Brustflossen auch nicht als Tragflächen unter Wasser, sondern verwendet sie in höchst eigenartiger Weise zur Jagd. Es fliegt also durchaus nicht »alles, was Flügel hat«!

Fanden wir unter den Fischen so manches malerische Flügeltier, das sich bei kritischer Betrachtung als flugunfähig erwies, so treffen wir unter den nun zu besprechenden Landwirbeltieren eine Reihe von Formen, die ganz nett durch die Luft zu gleiten vermögen – besser jedenfalls, als die im ersten Teil dieses Aufsatzes zuletzt geschilderten »Flug«-Fische – und die dennoch der Flügel entbehren. Der Taguan, *Petaurista*, ein vorderindisches Nagetier (Abb. 16), mag als Typus eines solchen flügellosen Flugdrachens gelten.
Schon unter den Amphibien gibt es einen Fallschirmspringer, den berühmten javanischen Flugfrosch *Rhacophorus*. Die verlängerten Zehen einer Pfote bilden mit den zwischen ihnen gespannten Schwimm- bzw. Flughäuten je ein Segel, wenn der Frosch alle Viere von sich streckt und dazu die Zehen auseinanderspreizt; der abgeflachte Bauch liefert ein fünftes, und auf diesen zweifellos recht wackelig miteinander verbundenen Tragflächen soll der Frosch imstande sein, immerhin 12 bis 15 Meter weit von einem Baum zum anderen zu gleiten, wenn auch nur auf einer ziemlich steil abwärts verlaufenden Bahn.
Besser, wenn auch nicht viel besser verbürgt, scheint der Flug des einzigen heute lebenden fliegenden Reptils, des Flugdrachens, *Draco volans L.*, zu sein. Bei diesem Tier werden die Tragflächen von der Bauchfläche und den seitlich abspreizbaren, durch eine Haut verbundenen Rippen geliefert (Abb. 17). Wie die Flossen des Flugfisches, so flattern auch sie häufig an den Rän-

Abb. 16: Taguan, Riesenflughörnchen

dern, wodurch ein aktiver Flügelschlag vorgetäuscht wird. In Wirklichkeit handelt es sich auch hier um ein passives Abwärtsgleiten, bei dem die Tiere aber doch Strecken bis zu 125 Metern zurücklegen sollen.

Die beiden Hauptgruppen der seit der Kreidezeit ausgestorbenen Flugsaurier *(Pterosauria)*, die *Pterodactyloidea* und die *Rhamphorhynchoidea*, haben verwandtschaftlich mit den eben besprochenen lebenden Flugdrachen

Abb. 17: Flugdrachen, Draco volans L.

nichts zu tun. Sie haben den Luftraum auch mit ganz anderen Mitteln und möglicherweise unabhängig voneinander erobert. Bei beiden wird ein echter Flügel von den Vorderextremitäten gebildet, deren vierter Finger enorm verlängert ist und im Vorderrand einer großen Flughaut liegt, die sich von der Fingerspitze zur Rumpfseite und weiter bis zur Fußwurzel spannt.

Der nur bei den *Rhamphorhynchoidea* vorhandene lange Schwanz war offenbar in die Flughaut nicht miteinbezogen und trug an der Spitze eine kleine Steuerfläche, von der man nicht sicher weiß, ob sie vertikal oder horizontal stand (Abb. 18). An den Vorderpfoten waren die drei ersten Zehen frei, an den Hinterpfoten dagegen alle, die bei den *Pterodactyloidea* wie bei Fledermäusen nach hinten gerichtet waren.

Diese Wesen der Vorzeit waren keineswegs so riesig, wie der Volksglaube und mit ihm CONAN DOYLE in seinem wunderbaren zoologischen Utopieroman »The Lost World« annimmt. Der Pterodactylus war etwa so groß wie eine Lerche, und der größte aller Flugsaurier, *Pteranodon ingens* (Abb. 18),

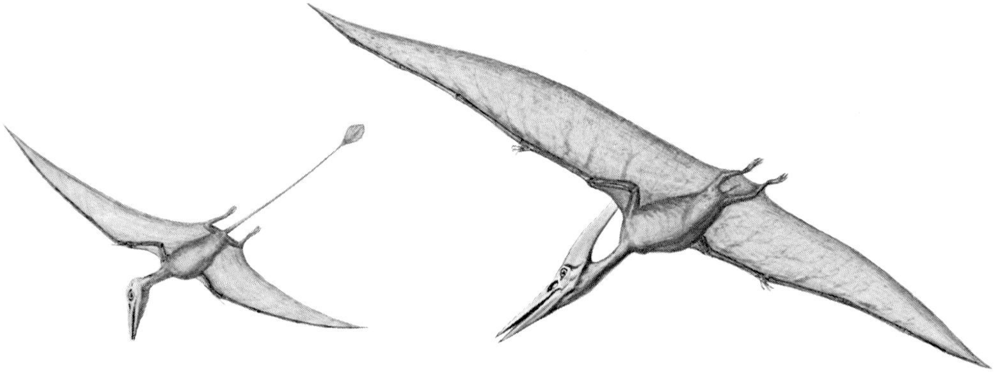

Abb. 18: Rhamphorhynchus (links), Pteranodon (rechts)

hatte zwar fast die doppelte Spannweite eines Albatros, ist aber wahrscheinlich nicht viel schwerer gewesen als ein solcher. Überhaupt scheint die obere Gewichtsgrenze für flugfähige Lebewesen um 10 kg herum zu liegen, denn die allergrößten flugfähigen Vögel, der Höckerschwan, der Trapphahn, der Krauskopfpelikan, der Kondor und der Albatros wiegen alle ungefähr so viel.

Alle Flugsaurier verdienen diesen Namen, das heißt, sie waren zum aktiven Ruderflug fähig, wie wir ihn heute von Vögeln und Fledermäusen kennen. Merkwürdigerweise wissen wir über ihr Fliegen mehr als über das der heute lebenden kleinen Flugechsen. Manche von ihnen müssen, nach ihrer Spannweite und Flächenbelastung zu schließen, wundervolle Segelflieger gewesen sein. Ob sie sich aufs Weltmeer hinauswagen durften, wie manche Paläontologen vom *Pteranodon* annehmen, möchte ich bezweifeln, und zwar aus Gründen eines Konstruktionsmangels, der allen häutigen Tragflächen anhaftet: um schneller fliegen zu können, und vor allem, um böigen Wind zu meistern, verkleinern alle Vögel ihre Tragflächen, indem sie die Flügelgelenke beugen. Die von Federn gebildete Tragfläche wird dabei nur noch steifer, als sie vorher war, und ist damit gegen die Gefahr eines durch Wirbelbildung hervorgerufenen Flatterns noch besser gefeit. Jede aus Haut gebildete Tragfläche, sei es die Brustflosse eines Flugfisches oder der Flügel eines Flugsauriers oder einer Fledermaus, verliert in dem Augenblick ihre Festigkeit gegen Flattern, in dem sie nicht mehr maximal ausgespannt ist. Da nun aus bestimmten Gründen die Geschwindigkeit des Ruderflugs eine Funktion der Flächenbelastung ist, können alle Hautflügel ihre Schnelligkeit nicht über jenes Maß steigern, das ihrer Flächenbelastung bei voll ausgebreitetem Flügel entspricht. Nur die Vögel können ihre Tragflächen zwecks Erhöhung der Flächenbelastung und damit zwecks Steigerung der Geschwindigkeit verkleinern. Dabei wird der Vogel nicht nur nicht lockerer, sondern sogar fester gefügt. Bei allen spezialisierten Hochseefliegern, wie Möwen, Sturmvögeln und Albatrossen, sind die Flügel so konstruiert, daß sie derartige Größenveränderungen der Flächen besonders gut ermöglichen (Abb. 21) – und gerade darum glaube ich nicht, daß irgendein Flugsaurier je »berufsmäßig« Hochseeflieger gewesen ist.

Noch eine andere, fast allen Vögeln eigene Flugart ist bei allen Flughautfliegern, den heutigen Fledermäusen wie den ausgestorbenen Flugsauriern, nur in begrenztem Maße möglich, das sogenannte Rütteln. Wenn ein Vogel an derselben Stelle in der Luft steht, schlägt sein Flügel um eine mehr oder weniger lotrechte Achse, und sein Anstellwinkel ändert sich zwischen Auf- und Abschlag, so daß die Luft beim Abschlag des im Sinn der Pronation verdrehten Flügels auf seine Unterseite, beim Aufschlag auf die Oberseite des stark

Abb. 19: Kolibris, links Rückschlag, rechts (Ab-) Vorschlag (nach Fotos von C.H. Greenwalt).

Abb. 20: Rüttelflug eines Kolibri. Einzelphasen eines Vor- und eines Rückschlages (Bildfolge von unten nach oben).

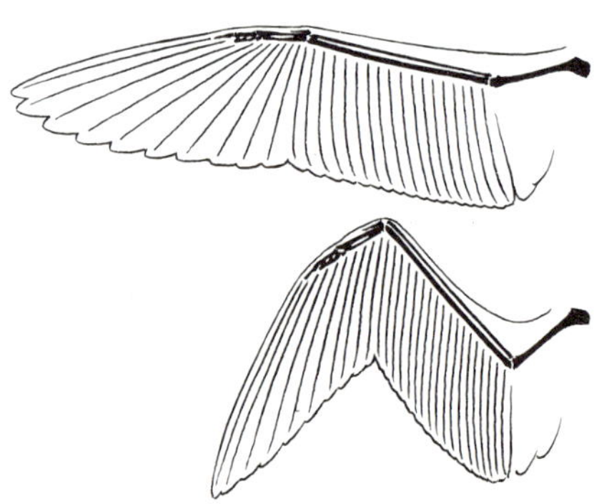

Abb. 21 (links): Möwenflügel ausgebreitet und gerefft. Die Tragfläche wird mit Verkleinerung steifer.

supinierten Flügels drückt und ungefähr in der Richtung seiner Schlagachse nach vorne bzw. aufwärts wirkt. Das Schema (Abb. 20) und die oben abgebildeten Kolibris (Abb. 19) reichen wohl zur Erläuterung des Vorgangs aus. Grundsätzlich jeder Vogel verfügt über die Mechanik des Rüttelns; auch bei solchen Vögeln, deren Rüttelvortrieb viel zu schwach ist, um sie ruhig in der Luft schwebend zu erhalten, genügt er, um sie beim Start bis zur kleinsten

Gleitgeschwindigkeit zu beschleunigen, wobei der Vogel allerdings eines »Fahrgestells« bedarf, das ihn vom Boden freihält. Auch die am schlechtesten rüttelnden Vögel, wie etwa Albatros, Bartgeier oder Höckerschwan, vermögen in gänzlich stiller Luft vom flachen Boden abzufliegen, wenn auch nur mit Ach und Krach.

Das Rütteln ist bei allen Flughautfliegern aus naheliegenden Gründen sehr erschwert: wegen der Befestigung der tragenden Flächen an Flanke und Hinterbein können diese nicht in dem fürs Rütteln erforderlichen Ausmaß im Sinne abwechselnder Pronation und Supination verdreht werden. Einige Kleinfledermäuse verstehen es, den Rüttelflug durch eine andere, weit weniger kraftsparende Technik zu ersetzen. Beim Am-Platz-Fliegen führen sie den weitgehend gefalteten Flügel ziemlich lotrecht aufwärts, um ihn entfaltet wieder lotrecht nach unten zu schlagen. Dabei wird viel Kraft vergeudet, denn der entstehende Auftrieb entspricht natürlich nur der Differenz zwischen dem Luftwiderstand des gefalteten und des geöffneten Flügels. Lange Zeit glaubte man – noch Lilienthal tat das –, daß auch beim Flügelschlag des Vogels der Auftrieb im wesentlichen aus dieser Differenz entstünde, was natürlich ganz falsch ist, wie von Holst und ich unabhängig voneinander vor vielen Jahren gezeigt haben. Einige Kleinfledermäuse, so die großohrige Fledermaus, *Plecopus auritus,* ebenso viele blütenbesuchende Fledermäuse der Tropen, können auch wirklich rütteln, immerhin so gut, daß sie längere Zeit in der Luft stillzuhalten vermögen. Die größeren fruchtfressenden Fledermäuse, *Macrochiroptera*, dagegen vermögen weder am Platz zu fliegen noch auch vom Boden zu starten.

Ein weiterer bedeutender konstruktiver Nachteil der Flughautflieger liegt ebenfalls in der Einbeziehung der hinteren Extremität in die Tragfläche. Dies allein erschwert die Landung auf ebenem Boden und den Abflug von ihm in entscheidendem Maße. Um es in der Terminologie menschlicher Flugzeugkonstruktion auszudrücken: das Fahrgestell kann nicht ausgefahren werden, ohne den Tragflächen die Spannung und damit die Funktionstüchtigkeit zu nehmen (Abb. 22). Und selbst um diesen Preis gewinnt die Fledermaus – und beim Flugsaurier war es sicher nicht anders – nur ein höchst fragwürdiges Fahrgestell, wenn sie die Flughaut faltet und die Beinchen nach abwärts streckt. Kleinfledermäuse, die zum oben beschriebenen Pseudo-Rütteln befähigt sind, vermögen immerhin auf ebenen Flächen zu landen, und das große Mausohr, *Myotis murinus L.,* tut das nach meinen eigenen Beobachtungen oft freiwillig. Doch sieht dies immer recht unvollkommen aus, und bei allen Großfledermäusen bedeutet die stets nur in Notfällen vorgenommene Landung auf dem Boden immer einen geradezu bedauerlichen »Bauchfleck«, der nie ohne kleine Beschädigungen abgeht.

Abb. 22: Landende Fledermaus

Abb. 23: Landender Flughund

Die einzige Art der Landung, die den großen Flughunden, wie *Pteropus* und ähnlichen möglich ist, besteht in dem in Abb. 23 dargestellten Manöver. Kleinere Arten, wie alle Kleinfledermäuse, vermögen auch kopfaufwärts zu landen, ganz wie es die noch zu besprechenden »Vorstufen« fliegender Säugetiere zu tun pflegen, die ebenfalls ihre kinetische Energie durch Aufwärts-Steuern vernichten und diese Bremsung so wohl berechnen, daß sie gerade in dem Augenblick zum Stillstand kommen, in dem ihre Krallen die Unterlage erfassen. Nur bei den kleinen, zu verschiedenen Flugmanövern weit besser befähigten Arten kann der Felsen oder ein vom Menschen hergestelltes Gemäuer eine solche Unterlage bedeuten. Alle größeren Formen sind auf das in Abb. 23 wiedergegebene Landungsmanöver und damit auf Bäume angewiesen. Nichts spricht dafür, daß die großen Flugsaurier geringere Landungsschwierigkeiten hatten, alles spricht dagegen, daß sie geschickter gewesen sein sollen als große Fledermäuse. Was immer gewisse Paläontologen über ihre Lebensweise aussagen zu können glauben: ich bleibe bei der Meinung, daß gerade die großen Formen wie *Pteranodon* nur auf Bäumen landen konnten.

Warum ist keins von den fliegenden Reptilien und Säugetieren auf den »naheliegenden Gedanken« gekommen, nur die Vorderextremitäten zum Fliegen zu verwenden und ein paar lange, kräftige, zu raschem Lauf und weitem Sprung geschickte Hinterbeine für das »Fahrgestell« zu reservieren, wie die allermeisten Vögel das getan haben? Dazu sind die beiden großen Konstrukteure Mutation und Selektion zu konservativ oder, andersherum gesagt, es macht sich hier an ihrem reinen Induktionsapparat das Fehlen des deduktiven Verfahrens bemerkbar.
Die Erfindung von schnellbeweglichen, kräftigen, in einer zur Mittelebene des Tieres parallelen (sagittalen) Ebene arbeitenden Beinen war von den Ahnen der Vögel schon gemacht worden, lange, ehe sie zu Baumtieren wurden und Tragflächen zur Unterstützung des Sprunges von Baum zu Baum

Abb. 24a: Rekonstruktionsskizze eines Urvogels.

Abb. 24: Urvogel, Archaeopteryx (siemensi) aus Solnhofener Plattenkalken (oberer Weiß-Jura) von Blumenberg bei Eichstätt (Franken) 1877 gefunden.

Abb. 25: Einfallende Graugans, die Ruder als Steuerflächen einsetzend.

Abb. 26: Links: Zwerg-Flugbeutler, Mitte: Flughörnchen, rechts: Flattermaki.

ausbildeten. Schon die reptilienhaften Ahnen des Urvogels *Archaeopteryx* hüpften von Zweig zu Zweig, indem sie mit den Hinterbeinen absprangen und wieder auf den Hinterbeinen landeten, ganz wie das Kanarienvögelchen in unserem Käfig. So wurden die Vogelahnen durch die Notwendigkeit, die Beine als Apparat der Landung zu gebrauchen, davor bewahrt, die Hinterextremitäten als Stütze des Flugapparates zu verwerten. Daß ihnen diese Sackgasse tatsächlich gedroht hat, das bezeugen die zwei Zeilen starrer Federn, die beim *Archaeopteryx* am Unterschenkel wuchsen (Abb. 24 und 24a). Zweifellos wurden sie bei jähen Wendungen oder beim scharfen Bremsen in ähnlicher Weise benutzt, wie auch viele heutige Schwimmvögel ihre Schwimmhäute zur Steuerung des Fluges benutzen (Abb. 25). Kein Vogel aber hat die Fähigkeit verloren, beide Beine in die Mittelebene seines Körpers und unter seinen Schwerpunkt zu bringen.
Alle Flugsäuger und offenbar auch alle ausgestorbenen Flugsaurier der erwähnten Gruppen (S. 157) aber stammen von Baumtieren ab, die mit den Hinterbeinen absprangen und auf den Vorderbeinen landeten, wie dies heute noch Eichhörnchen, Makis und viele, viele andere tun. Viele von diesen bewegen bei weiten Sprüngen ihre Beine nicht, wie eine springende Katze oder sonst ein Bodentier das tut, in einer Ebene, die nahe an und parallel zu der Mittelebene ihres Körpers liegt, sondern breiten Arme und Beine weit aus, so daß sich diese mehr oder weniger in der Frontalebene ihres Körpers, d. h. in der Horizontalen bewegen. Schon beim Mongozmaki, *Lemur mongoz,* den ich viele Jahre lang als freien Hausgenossen hielt, bewirken die hinteren Achselfalten und Hautfalten, die von der Flanke zum Oberschenkel ziehen, eine ganz merkliche Vergrößerung der Bauchfläche, wenn das Tier im Sprung alle Viere von sich streckt, ja man vermeint dann bereits eine Andeutung von jener rhombischen Gestalt zu sehen, die für Taguan (Abb. 16), Flugbeutler, Flughörnchen und Flattermaki so kennzeichnend ist (Abb. 26).
Mit dieser Anpassungsrichtung aber waren die Ahnen der verschiedenen Säugetierstämme, die unabhängig voneinander das Fliegen erfunden haben,

ebenso unabhängig voneinander in dieselbe Sackgasse geraten. Die Sprung- bzw. Abstoßfähigkeit der Hinterbeine stellte andere Anforderungen an diese, als ihre Funktion als Stützen der Tragfläche. Die Forderungen des Abfluges und der Landung widersprachen denen des Gleitfluges selbst; keine Lösung dieses Widerspruches ist mehr als ein offensichtlicher Kompromiß. Die Evolution löst natürlich solche Kompromisse oft in sehr eleganter Weise, und das nordamerikanische Flughörnchen, *Glaucomys volans L.*, das wir hier als Vertreter gleitfliegender Säuger vorführen wollen (Abb. 26), entzückt das Auge durch die Schönheit seiner Gestalt und seiner Bewegungen. Obwohl es sich »noch« in kräftigem Sprunge abschnellen kann, zeigt das Tierchen Ansätze zum aktiven Muskelflug, indem es während des Sprunges heftig »mit den Flügeln schlägt«, was meines Wissens in der Literatur nirgends erwähnt wird. Ein knorpeliger Fortsatz, der vom Handgelenk ausgeht und in der vorderen Ecke der rhombischen Flughaut endet, ist vielleicht das erste Oriment zu einem »*Dactylopterus*«, einem Fingerflügel. Flughörnchen fliegen viele Meter weit und landen nach weitem Fluge stets in aufwärtsgebogener Flugbahn ihren Schwung abbremsend. Der asiatische Taguan, *Petauristes*, soll noch weiter gleiten können.
Flugbeutler habe ich nie fliegen, den Flattermaki, *Galeopithescus*, überhaupt nie lebend gesehen. Nach verläßlichen Angaben vermag dieses Tier nur »kurze Sätze« zu vollführen, d. h., sich mit den Beinen nicht sehr kräftig abzuschnellen und startet offenbar, wie alle Fledermäuse es normalerweise tun, indem es sich fallen läßt. Der Flattermaki hat nicht nur wie Taguan und Flughörnchen zwischen Armen und Beinen ausgespannte Flughäute, sondern auch zwischen Fingern und Zehen und zwischen Hinterbeinen und Schwanz.
In dieser Hinsicht ist er eine auf halbem Wege steckengebliebene Fledermaus, wenn er nicht vielleicht in den nächsten paar hunderttausend Jahren zu einer wird – wer will es wissen?
Die Fledermäuse sind unter den heute lebenden Wirbeltieren die einzigen, außer den Vögeln und vielleicht den Beilbauchfischen, die »wirklich« fliegen können, das heißt, die imstande sind, sich durch eigene Muskelkraft auf ebener oder aufsteigender Bahn durch die Luft fortzubewegen, ohne kinetische Energie »von unten her« mitzubringen, wie die Meeresflugfische es tun, oder sich von oben her durch mühsam erkletterte Lage-Energie auf ihrer Bahn vortreiben zu lassen, wie alle im Vorangehenden besprochenen Gleitflieger es tun. Ich habe schon bei Darstellung der allgemeinen Nachteile, die der Flughaut als Tragfläche im Vergleich zu dem befiederten Flügel anhängen, davon gesprochen, was die Fledermäuse *nicht* bzw. schlecht können. Sie

können die Größe der Tragfläche nicht verändern, und sie können schlecht auf ebener Unterlage landen und erneut starten. Im übrigen aber fliegen sie ganz ausgezeichnet!

Die Mechanik des Flügelschlages beim freien Dahinfliegen über größere Strecken ist genau dieselbe wie bei den Vögeln und großen Rochen, wie Adlerrochen und Manta, die spezifisch viel schwerer als Wasser sind und sich durch wellenförmige Bewegungen der großen Brustflossen fortbewegen. Der Druck liegt dabei dauernd auf der Unterseite der tragenden Fläche, der schwere Körper sinkt daher auch während des Aufwärts-Schlagens von Flosse oder Flügel nicht abwärts. Beim Vogelflügel treten dabei die »Ventile«, die von den leicht verdrehbaren Fahnen der Schwungfedern gebildet werden, *nicht in* Funktion, der Flügel bildet bei dieser Flugweise stets ein geschlossenes Ganzes; die aus Federn gebildete Tragfläche des Vogels besitzt hier keinerlei prinzipiellen Vorteil vor der aus Haut gebildeten von Fledermaus und Flugsaurier. Die Abb. 27 macht die Mechanik des »Gleitruderns«, wie ich damals die in Rede stehende Flugart genannt habe, wohl genügend anschaulich.

Der Mechanismus des Gleitruderns ist bei Fledermäusen grundsätzlich derselbe wie bei Vögeln (Abb. 28). Es ist mir völlig unerfindlich, wie Brehm zu seiner Aussage kommt, daß der Flug der Kleinfledermäuse rasch ermüde und sie häufig eine kurze Rast einschalten müßten. Wer je versucht hat, eine

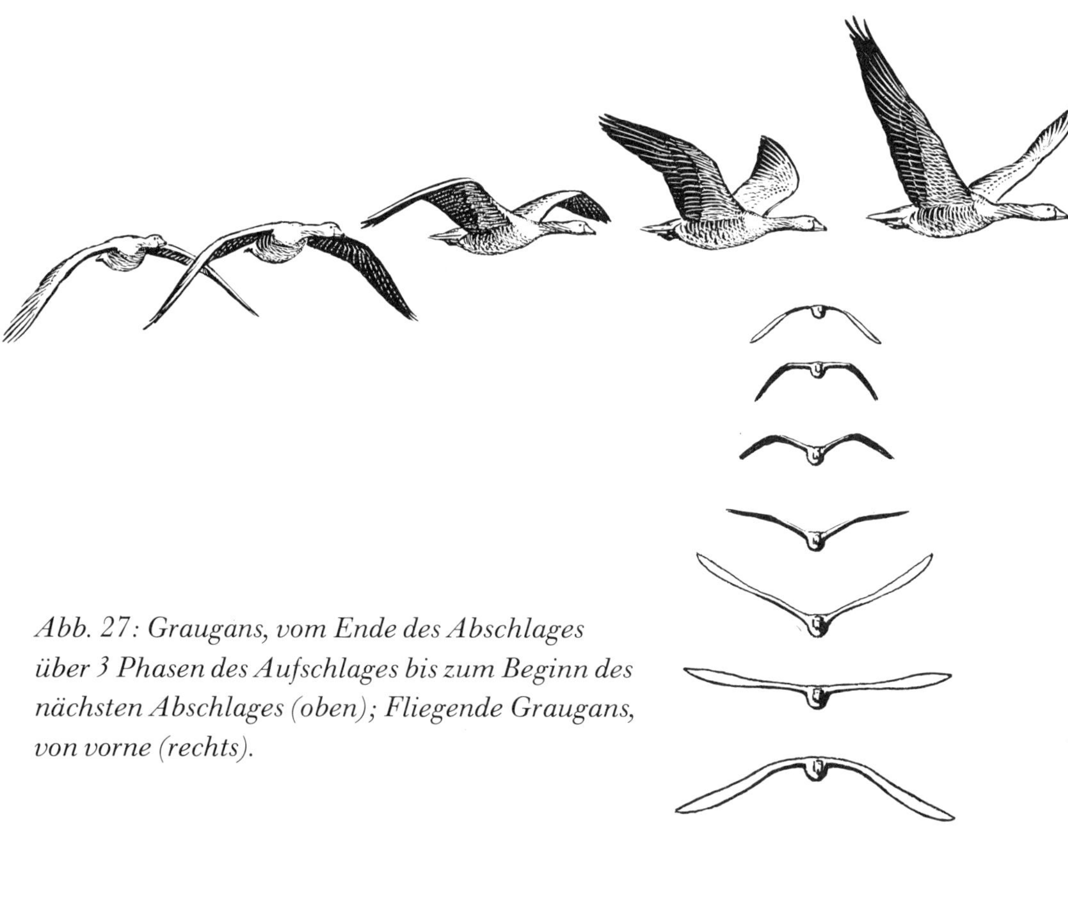

Abb. 27: Graugans, vom Ende des Abschlages über 3 Phasen des Aufschlages bis zum Beginn des nächsten Abschlages (oben); Fliegende Graugans, von vorne (rechts).

Abb. 28: Fliegende Zwergfledermaus (nach Fotos von W. Wissenbach)

Kleinfledermaus in geschlossenem Raum durch Müdehetzen zu fangen, was man bei jedem, aber auch jedem Kleinvogel, selbst einer Schwalbe, innerhalb einiger Minuten fertig bringt, weiß ein Lied davon zu singen. Bei Kleinfledermäusen ist dieser Versuch, wie ich versichern kann, vergebens: schwindelig und erschöpft bin ich aufs Sofa gesunken, während die Maus munter weiterflederte und nicht daran dachte, müde zu sein. Die Unermüdlichkeit der Fledermaus, worin sie in der genannten Situation dem Vogel so sehr überlegen ist, hat ihren Grund in der Wendigkeit ihres Fluges. Diese Wendigkeit hängt, wie ich ebenfalls schon in jener Abhandlung dargetan habe, neben anderen, weniger ausschlaggebenden Faktoren von der Entfernung ab, in der die Druckmittelpunkte der tragenden Flächen von der Mittelebene des Körpers liegen, außerdem aber von der Flächenbelastung. Je kürzer der Flügel, desto enger ist die Kurve, die ein Flügelwesen eben noch gleitend durchfliegen kann, ohne daß der *innere Flügel* so langsam wird, daß er zu tragen aufhört. Je niedriger das Tier flächenbelastet ist, desto langsamer kann es fliegen, ohne die kleinste Gleitgeschwindigkeit zu unterschreiten, und je langsamer es fliegt, desto schärfere Kurven kann es nehmen. Diese Anforderungen an größtmögliche Wendigkeit erfüllt nun der Flugapparat vieler Kleinfledermäuse viel besser als der irgendeines Vogels, schon wegen der großen Anteile der Flughaut, die unmittelbar an der Körperseite bis weit nach hinten ziehen.

Nur ihrer Wendigkeit verdanken die Kleinfledermäuse ihre Fähigkeit, auch in engen Räumen dauerzufliegen. Während hier der Vogel immer wieder zu dem sehr anstrengenden Rüttelflug seine Zuflucht nehmen muß, um nicht an die Wand zu geraten, fliegt die Fledermaus, ohne ihr Tempo jemals zu verlangsamen, geschweige denn unter die kleinste Gleitgeschwindigkeit abzubremsen, mühelos alle Ecken aus und bleibt so bei Atem. Im Freien kann man ja auch bei einer Schwalbe nicht darauf warten, daß sie aus Ermüdung landen muß. Nur im Zimmer ist sie so bald dazu gezwungen. Die Wendigkeit mancher kurz- und breitflügeliger Kleinfledermäuse übertrifft alles dem Vogelkundigen Glaubliche. Eine kleine Hufeisennase, *Rhynolophus hipposideros L.*, die ein Freund in einem Käfig von etwa 50 cm Länge hielt, konnte darin mühelos ihre Kurven ziehen und viertelstundenlang in der Luft bleiben, ohne je zum Am-Platz-Fliegen greifen zu müssen. Hufeisennasen sind vielleicht die als Flugtiere höchstspezialisierten Fledermäuse, sie sind die einzigen, die offenbar die Fähigkeit eingebüßt haben, mit den Vorderbeinen abwechselnd Schritte zu machen.

Am besten »zu Fuß« ist unter unseren einheimischen Fledermäusen das Mausohr, *Myotis murinus L.*, das überhaupt die intelligenteste, körperlich wie geistig vielseitigste und eben deshalb die am leichtesten in Gefangenschaft zu haltende Kleinfledermaus ist. Die Tiere werden innerhalb weniger Tage völlig zahm, lernen auf dem Bauch des Pflegers zu landen, fliegen ihm bettelnd nach und wecken ihn, wenn er sie zu füttern vergessen hat, durch Bettlandung und Beißen in die Finger. Sie können mit Leichtigkeit auch vom glatten Parkettboden auffliegen, indem sie einen merkwürdigen Handstand auf einem Flügel vollführen, mit dem anderen weit ausholend in die Luft greifen und dann erst mit dem zweiten abstoßen und nun mit ihm einen Schlag vollführen. Noch niemand hat diesen merkwürdig asymmetrischen Flügelschlag gefilmt.

Den extremen Gegensatz zu der kurz- und breitflügeligen, äußerst dünnflughäutigen Hufeisennase ist der Abendsegler oder die Frühfliegende Fledermaus, *Nyctalus noctula L.* Diese ist gewissermaßen der Mauersegler unter den Fledermäusen; die Flügel sind lang und schmal, die Flughäute derb und eben dadurch gegen passives Flattern gesichert. Die Tiere jagen oft schon bei hellem Tageslicht in hohen Luftschichten, ganz wie die genannten Vögel. In einem großen Zimmer können sie eben gerade noch Runden fliegen, und es kostet sie einige Mühe, die geeigneten Landungs- und Schlafplätze ausfindig zu machen. Wie das Mausohr, habe ich auch diese Art über zwei Jahre gehalten, und wie bei jenem habe ich meine Pfleglinge nicht durch den Tod, sondern durch das offene Fenster verloren.

Auch ein naturverständiger Mensch empfindet die Fledermaus als etwas leicht Unheimliches, wenn er sie zum erstenmal zum offenen Fenster lautlos hereinfliegen und nach einigen Kreisen durchs erleuchtete Zimmer ebenso still wieder verschwinden sieht. Man versteht, daß Mephisto der Herr der Ratten und der Fledermäuse ist, und daß Drachen und Teufel, soweit sie überhaupt fliegen können, trotz aller hier besprochenen Nachteile den Flügel der Fledermaus und nicht den des Vogels gewählt haben. Man kann auch den gespenstischen Eindruck nachempfinden, den die Makis auf die Erstbeschreiber gemacht haben müssen und der diese veranlaßte, ihnen den Gespensternamen Lemur zu verleihen. Die Eigenschaften, die offenbar auf dem Wege uralter menschlicher Instinkte unheimlich wirken, verwandeln sich in merkwürdiger Bedeutungsumkehr in einen unaussprechlich anziehenden Reiz, wenn man die betreffenden Tiere näher kennenlernt, vor allem, wenn man plötzlich begreift, daß das Gespenst ein liebes und freundliches, hoch soziales Wesen ist, um nichts unheimlicher und gespenstischer als ein guter Hund.

Am unheimlichsten zuerst und am hundeähnlichsten bei näherer Bekanntschaft sind, wer sollte sich wundern, die fliegenden Hunde, *Pteropus*. Ich habe einen besessen, der so anhänglich war, daß er mir und meiner gewesenen Kinderfrau und damaligen Tier- und Kinderpflegerin überall nachflog und laut und verzweifelt schrie, wenn man ihn allein im Zimmer einsperrte. Da diese Großflattertiere bei ihren Flugversuchen im geschlossenen Raum aus den erörterten Gründen (S. 159f.) stets schreckliche Bruchlandungen vollführen (nur zu oft mit wirklichen Knochenbrüchen), wagen sie schließlich überhaupt nicht mehr abzufliegen, und meine Allespflegerin und ich haben viel Arbeit und Geduld aufwenden müssen, bis sich jener Flughund wieder zum Fliegen entschloß. Wir stellten uns einander gegenüber auf, einer nahm das Tier an den Hinterbeinen, schaukelte es ein paarmal hin und her und warf es dann so in die Luft, daß es nach ein paar ungeschickten Flügelschlägen an dem anderen hängenblieb. Durch allmähliche Vergrößerung des Abstandes brachten wir dem *Pteropus* so allmählich bei, daß man auf uns beiden ungestraft Bruchlandungen im doppelten Sinne des Wortes vornehmen konnte, und auf diesem etwas umständlichen Wege gewann er schließlich den Mut zum Fliegen wieder. Ein langer waagrechter Ast wurde an einer vorspringenden Kante des Bücherschrankes, in einer Ecke des Zimmers, befestigt, an dem er alsbald in der in Abb. 23 wiedergegebenen Weise zu landen lernte. Weil in dem diagonal gegenüberliegenden Winkel des Zimmers für dieses riesenwellenschwingende Landungsmanöver kein Platz war, schuf ich hier eine Landungsmöglichkeit, indem ich ein dickes Kissen mit faltig darüber drapiertem Stoff, gewissermaßen als Menschenbauch-Ersatz, an der Wand befestigte. Zwischen diesen Landungsmöglichkeiten flog unser *Pteropus* programmgemäß auf und ab, blieb prächtig gesund und vor allem von den Geschwüren verschont, die sonst unweigerlich nach einiger Zeit an den Flughäuten gefangener Flughunde auftreten, wenn diese nie fliegen und ihre Flughäute daher nicht genügend durchblutet werden.

Flughunde sind Tiere mit hochentwickeltem Gesellschaftsleben. Es ist sicher bekannt, daß sie auf den Notschrei verwundeter oder vom Raubtier ergriffener Artgenossen unter lautem Geschrei herbeieilen, um den Gefährdeten zu verteidigen oder doch wenigstens dem Räuber das Leben schwer machen, wie dies Dohlen, Affen und viele andere soziale Tiere tun. Ihr sozialer Zusammenhalt ist persönlich und nicht anonym; einander fremde Flughunde kämpfen oft bis aufs Blut, so friedlich altbefreundete miteinander sind. Auch unser Flughund war gegen die ihm bekannten Personen freundlich, ja außerordentlich anhänglich, er flog einem, sowie man ins Zimmer trat, entgegen, und wenn er auf einem gelandet war, konnte man sich seiner ohne fremde Hilfe absolut nicht entledigen, weil ein Mensch eben nicht genug Hände hat, um jeden der vier Enterhaken, die ein solches Tier an den Extremitäten besitzt, aus seiner Kleidung auszuhaken und am Wiedereinhaken zu verhindern. Das Tier leckte und putzte die menschliche Haut mit einem Eifer, der darauf schließen läßt, daß Flughunde dem Artgenossen eine intensive »soziale Hautpflege« angedeihen lassen; seine Anschmiegsamkeit war also sicher nicht nur darauf zurückzuführen, daß er den Menschen wegen seiner Körperwärme nur als »Schlafbaum mit Zentralheizung« betrachtete.

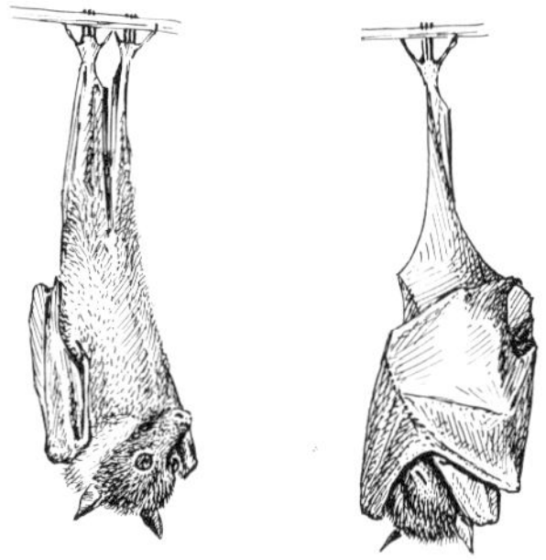

Abb. 29: Fliegender Hund (nach Fotos von E. Kulzer)

Wärmebedürftig war er allerdings in hohem Maße, und dies führte zur Beobachtung einer Intelligenzleistung, die ich einem Tier seiner Entwicklungshöhe nie zugetraut hätte. Meine Allespflegerin hatte beobachtet, daß der *Pteropus*, wenn er fror, sich an Polster und weiche Tücher anzuschmiegen trachtete, und um dem entgegenzukommen, befestigte sie an seinem Landungsast, frei herabhängend und am Oberrand etwas zusammengezogen, ein Stück weichen Flanells, dessen Ausmaß in der Lotrechten ungefähr der Länge, in der Breite nicht ganz der Spannweite des Flughundes entsprach. Sie erwartete, daß er sich vor dieser Deckung aufhängen und sich in sie wickeln würde. Ich lachte sie aus und fragte sie, ob sie denn glaube, einen Menschenaffen vor sich zu haben und lachte noch, als er vom Landungspolster in der anderen Zimmerecke her angeflogen kam und neben dem Flanellstück riesenwellenlandete. Das Lachen verging mir, als er, als hätte er das schon tausendmal getan, sich mit dem Rücken gegen das Tuch gewendet aufhängte und mit der einen Daumenkralle die eine, mit der anderen die andere untere Ecke ergriff, beide über seiner Brust zusammenzog und sich so bis zum Hals dicht in die Decke einhüllte (Abb. 29). Leider hat der Krieg die Photographie des so bekleideten Flughundes verweht, sie wirkte besonders gespenstisch, wenn man sie *verkehrt* projizierte, so daß die Koboldphysiognomie der großen Fledermaus über dem aufrecht stehenden, schlanken, in ein weißes Laken gehüllten Körper erschien.

Ich erzähle diese Geschichten, die eine wahrhaft primatenähnliche Lernfähigkeit und Intelligenz des Flughundes beweisen, nicht nur, weil sie unterhaltend sind. Sie haben eine Moral. Vergleicht man die Bewegungsfähigkeit eines Flughundes, sein erbärmliches Humpeln auf ebenem Boden, seine eng begrenzte Fähigkeit, zu landen, mit den entsprechenden Begabungen eines durchschnittlichen Vogels, so drängt sich einem die Frage auf, wieso der Flugsäuger im Konkurrenzkampf gegen den Vogel überhaupt zu bestehen vermag. Bei den *Mikrochiropteren* bieten sich viele Antworten an. Das bekannte Schall-»Radar«-Verfahren, das den Tieren ermöglicht, alle Gegenstände der Umwelt einschließlich der Beute auch in Abwesenheit von Licht zu »orten«, die Fähigkeit, nicht nur Winterschlaf zu halten, sondern durch eine beinahe willkürliche Beeinflussung der Körpertemperatur Energie zu sparen, und so manches andere machen die Konkurrenzfähigkeit der Kleinfledermäuse verständlich. Den *Makrochiropteren* fehlen derartige, sehr spezielle Anpassungen, und es ist recht wahrscheinlich, daß sie sich im Daseinskampf durch die äußerlich nicht sichtbare Spezialisation ihres Zentralnervensystems durchsetzen: hohe Intelligenz und Lernfähigkeit können im Verein mit sozialem Zusammenhalt und gemeinsamer Verteidigung gegen Feinde von ausschlaggebender Bedeutung für die Erhaltung einer Tierart sein.

Karl Mägdefrau

Die Geschichte der Pflanzen

Nicht nur die Tiere und der Mensch haben eine biologische Geschichte, die von primitiven Ausgangsformen bis zum augenblicklichen Entwicklungsstand geführt hat, dessen Ergebnis und zufällige Augenzeugen wir selbst sind. Auch das andere Reich irdischer Lebensformen, das der Pflanzen, hat grundsätzlich die gleiche, bis in viele Einzelheiten hinein analoge Entwicklung durchlaufen, wie sie in diesem Beitrag zusammenhängend dargestellt wird.

Etwa 370 000 Pflanzenarten leben heute auf der Erde. Die außerordentliche Formenfülle des Pflanzenreiches ist damit jedoch noch nicht annähernd erfaßt. Denn die heutige Pflanzenwelt stellt nur den jüngsten Abschnitt einer Entwicklung dar, die mindestens 2 Milliarden Jahre zurückreicht. Vom Pflanzenkleid früherer Erdzeitalter sind in den Schichtgesteinen mannigfache Reste in Form von Fossilien erhalten geblieben. Zusammen mit den heutigen Gewächsen geben sie uns einen Überblick über die in der Pflanzenwelt einst und jetzt tatsächlich verwirklichte Formenfülle, wobei sie uns gleichzeitig die Möglichkeit geben, die stammesgeschichtliche Entwicklung des Pflanzenreiches in seinen wesentlichen Zügen zu rekonstruieren.

Pflanzliche Fossilien

Pflanzen oder Pflanzenteile bleiben nur erhalten, wenn ganz bestimmte Bedingungen erfüllt sind. Von den Tieren der Vorzeit sind fast ausschließlich die Hartteile übriggeblieben. Es gibt aber nur wenige Pflanzen, die ein Gerüst aus einem Mineral aufbauen, wie etwa die *kalkabscheidenden Algen* und die *Diatomeen*. Die überwiegende Mehrzahl aller Pflanzen aber besitzt kein derartiges Skelett. Bei ihnen gibt es dafür glücklicherweise aber andere Möglichkeiten der Fossilisation. Bei diesen ist die Substanz der Zellwände ganz oder zum Teil, wenn auch stark umgewandelt, erhalten, oder sie ist verschwunden und hat dafür einen Abdruck hinterlassen, oder aber sie ist, oft in allen Feinheiten, durch ein Mineral ersetzt. Im ersten Falle verwandelt sich die organische Substanz unter Sauerstoffabschluß in kohlenstoffreiche, feste Kohlenwasserstoffe, also in Torf, Braunkohle oder Steinkohle. Diese Art der Erhaltung kann unter günstigen Umständen sogar noch eine histologische Untersuchung zulassen. Wenn der Pflanzenrest dagegen nach seiner Einbettung in das Gestein verwest, dann bleibt an seiner Stelle ein Hohlraum zurück, der die äußere Gestalt des Restes wiedergibt: wir haben einen »Abdruck« vor uns. Wird schließlich bei einem Pflanzenteil die organische Substanz unter Wahrung der Zellstruktur mehr oder weniger vollständig durch ein Mineral ersetzt, so entsteht eine »echte Versteinerung«, wie wir sie z. B. in verkieselten Hölzern vor uns haben. Solche echten Versteinerungen können wir mittels Dünnschliffen histologisch untersuchen wie eine lebende Pflanze.

Voraussetzung für alle drei Erhaltungsmöglichkeiten ist es, daß die Pflanzen oder Pflanzenteile rasch unter Luftabschluß geraten. Diese Bedingung ist am ehesten bei Wassergewächsen, bei Sumpf-, Moor- und Küstenpflanzen erfüllt. Das ist der Grund dafür, daß uns von bestimmten Familien und bestimmten Lebensgemeinschaften viele versteinerte Reste zur Verfügung stehen, daß von anderen wiederum dagegen so gut wie nichts übriggeblieben ist. Die Stammesgeschichte mancher Pflanzengruppen vermögen wir daher mit einer gewissen Sicherheit zu rekonstruieren, wie z. B. die der *kalkabscheidenden Algen*, der *Schachtelhalme*, der *Farne* und mancher *Gymnospermen-* (Nacktsamer-)Ordnungen. Bei anderen hingegen, z. B. den meisten *Algen*, ferner bei *Pilzen* und *Flechten*, die nur höchst spärliche Fossilien hinterlassen haben, sind wir ganz auf Rückschlüsse auf Grund der morphologischen, ontogenetischen und biochemischen Eigenschaften der heutigen Vertreter dieser Ordnungen angewiesen, wobei unsere Schlußfolgerungen naturgemäß nur einen viel geringeren Grad an Wahrscheinlichkeit erreichen können. Nur für diese Klassen des Pflanzenreiches gilt das bekannte Schlagwort von der »Lückenhaftigkeit der paläontologischen Urkunden« auch heute noch. Denn seit Darwin es prägte, hat die Paläontologie sich in ungeahnter Weise entfaltet. Eine ganze Reihe ausgestorbener, phylogenetisch höchst bedeutsamer Pflanzengruppen sind uns als Fossilien erhalten, mitunter so vollständig und vorzüglich, daß wir ihren äußeren und inneren Bau ebensogut kennen wie den noch lebender Gewächse. Es gibt sogar Ordnungen, deren heutiger Formenbestand verschwindend gering ist gegenüber dem Reichtum, den uns die Fossilien erschließen. So steht etwa den nur 32 lebenden und untereinander sehr ähnlichen *Schachtelhalm*-Arten mindestens die zehnfache Zahl äußerst mannigfaltig gestalteter fossiler Spezies dieser Pflanzenklasse gegenüber. Mindestens ebenso groß ist der Gegensatz

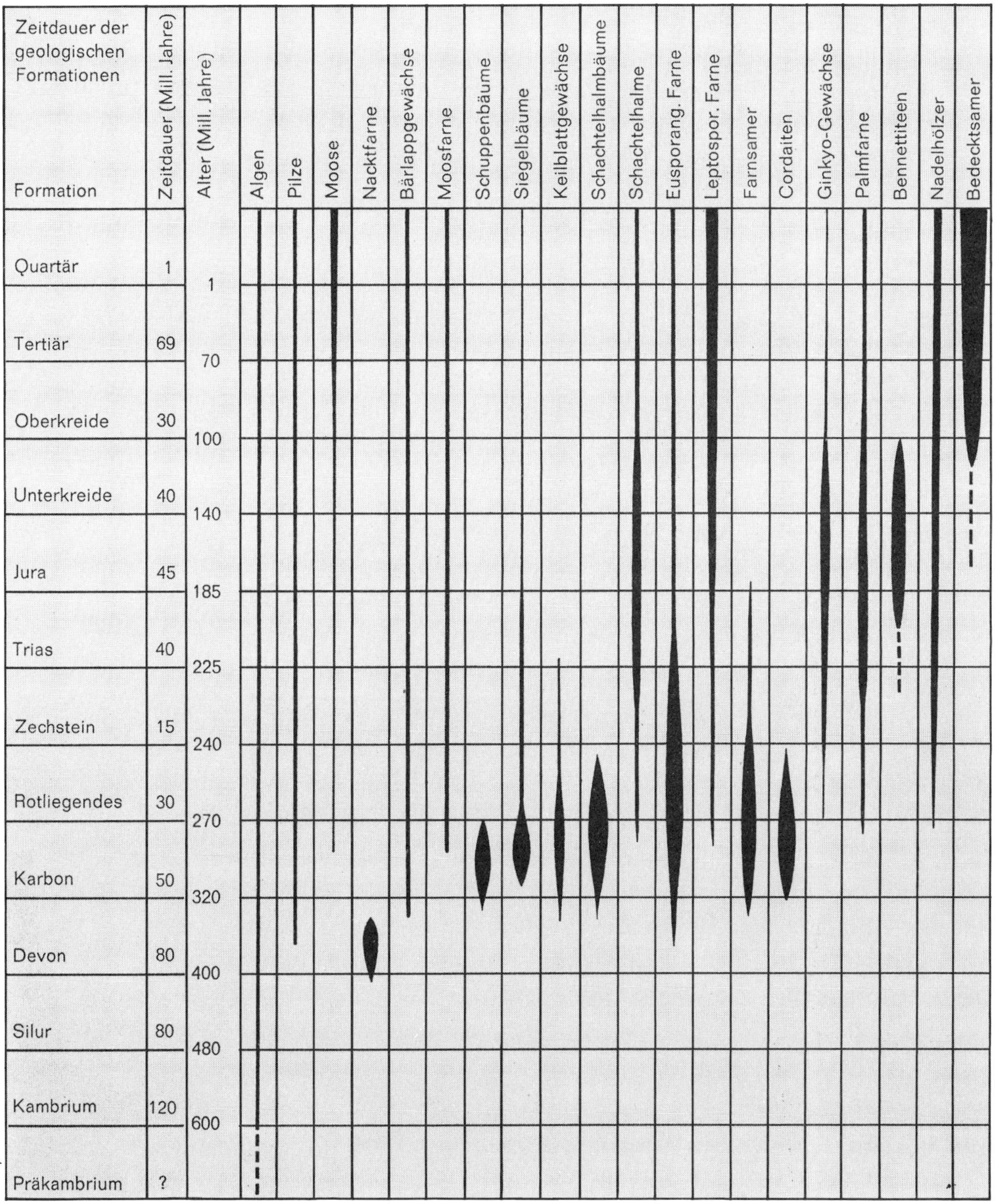

Abb. 1: Die Entfaltung der wichtigsten Pflanzengruppen im Verlauf der Erdgeschichte.

zwischen dem heutigen und dem durch Versteinerungen erschlossenen Formenreichtum der *Bärlapp*gewächse oder der kalkabscheidenden *Wirtelalgen.* Der Gattung *Ginkyo* (Ginkgo) mit einer einzigen lebenden Art stehen sogar 17 fossile Gattungen gegenüber. In einem solchen Fall sind wir berechtigt, den Ausspruch Darwins umzukehren und die heute noch lebenden Vertreter der betreffenden Art mit Hennig als »geradezu trümmerhafte Relikte« des einst vorhandenen Formenreichtums zu bezeichnen. Bei unserer kurzen Übersicht über die Geschichte des Pflanzenreiches wollen wir daher auch in erster Linie solche Klassen berücksichtigen, deren Stammesgeschichte wir mit einer gewissen Sicherheit rekonstruieren können, weil sie durch ein reichhaltiges fossiles Material belegt ist.

Erste Anfänge des Pflanzenreiches

Die ältesten Pflanzenreste stammen aus dem Präkambrium (eine Übersicht über die Verbreitung der verschiedenen Pflanzenordnungen in den verschiedenen Erdzeitaltern vermittelt die Abb. 1). Sie gehören wahrscheinlich zu den Blaualgen *(Cyanophyceen).* Diese Klasse ist auch unter den heute lebenden Pflanzen die primitivste. Die Zellen leben einzeln oder in Verbänden, sie besitzen weder einen echten Zellkern noch Chromatophoren. Eine geschlechtliche Fortpflanzung gibt es bei ihnen auch noch nicht. Manche der heutigen Blaualgen scheiden Kalk ab und bilden auf diese Weise Lager, die den präkambrischen ähneln. Übergangsformen zwischen diesen primitivsten – und wahrscheinlich ältesten – pflanzlichen Lebewesen und höheren Algen sind nicht bekannt.

Im Gegensatz zu den autotrophen Blaualgen leben die meisten *Bakterien* heterotroph, als Parasiten oder Saprophyten; wenige ernähren sich autotroph durch Chemosynthese (wie die Schwefelbakterien) oder durch Photosynthese (wie die Purpurbakterien). Die Fossilfunde von Bakterien sind dürftig und obendrein höchst unsicher. Auf jeden Fall aber stehen *Blaualgen* und *Bakterien*, die man auch als Spaltpflanzen *(Schizophyta)* zusammenfaßt, am tiefsten in der gesamten Flora. Dieser Umstand nebst der Fähigkeit zur Chemosynthese und zur Bindung des Luftstickstoffs sowie die beträchtliche Widerstandsfähigkeit gegen extrem hohe und extrem niedrige Temperaturen lassen es denkbar erscheinen, daß die ältesten Lebewesen den *Schizophyten* zumindest ähnlich waren.

Bei den *Algen* läßt uns die Fossilüberlieferung im Stich, so daß wir ihre Stammesentwicklung nur aus dem Vergleich lebender Formen erschließen können. Eine Ausnahme machen nur die wenigen Gruppen, die ein Kalk- oder Kieselskelett abscheiden. Besondere Erwähnung verdienen die Wirtel-

Abb. 2a: Rhabdoporella: eine Wirtelalge aus dem Silur (vor 400 Mill. Jahren) mit noch völlig regelloser Stellung der Äste (100/1 nat. Gr.) (nach PIA).

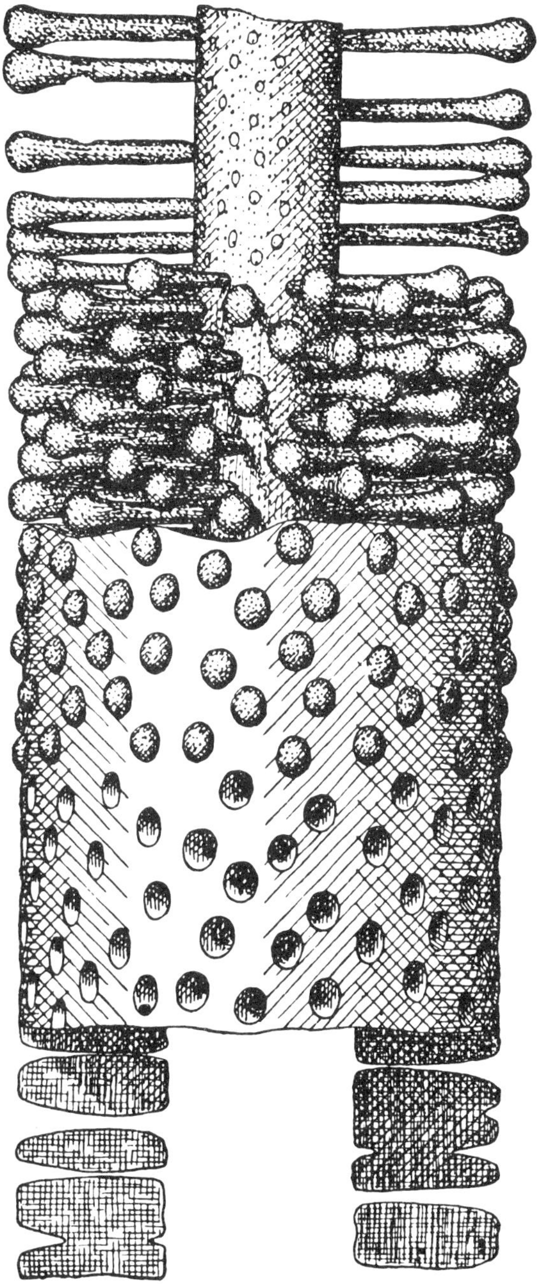

algen *(Dasycladaceen)*, von denen heute zehn Gattungen leben, während fossil 74 bekannt sind, weshalb wir ihre 500 Millionen Jahre alte Geschichte vom Kambrium bis zur Gegenwart überblicken können. Dabei ist deutlich zu erkennen, wie die Entwicklung von den relativ einfach gebauten Formen des Altpaläozoikums bis zu den komplizierten Gestalten der Gegenwart verlaufen ist (Abb. 2a-c). In ähnlicher Weise wird sich auch die Stammesgeschichte der mit winzigen Kalkscheibchen gepanzerten Geißelalgen *(Coccolithi-*

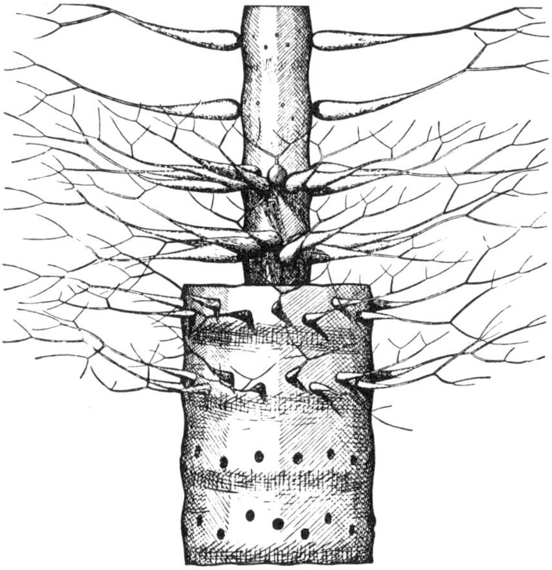

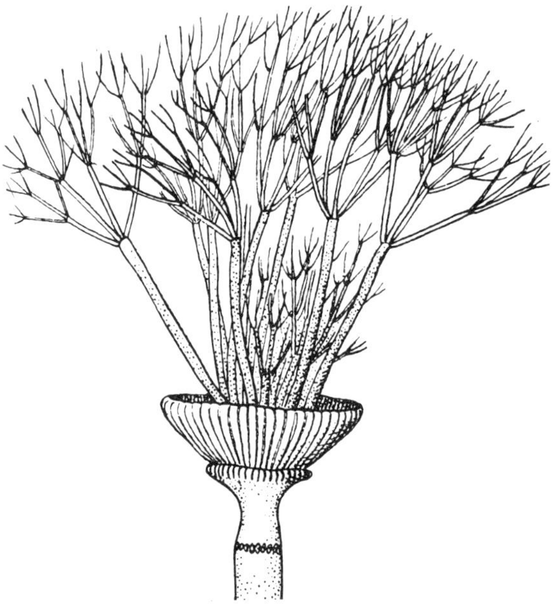

Abb. 2b (links): Bei der Wirtelalge Oligoporella (vor 200 Mill. Jahren) sind die Äste bereits in »Wirteln« angeordnet (12fach vergr.) (nach PIA).
Abb. 2c (rechts): Die Wirtelalge Acetabularia lebt heute noch in wärmeren Meeren. Bei ihr ist eine Differenzierung in rein vegetative (oben) und fertile Äste (unten), die zu einer Scheibe verbunden sind, erfolgt (20fach vergr.).

neen) aufklären lassen, zu deren Untersuchung neuerdings das Elektronenmikroskop erfolgreich eingesetzt wird. *Pilze* und *Flechten* haben dagegen nur so spärliche Fossilreste hinterlassen, daß wir sie hier übergehen dürfen. Daß die *Moose* von hochentwickelten Grünalgen herzuleiten sind, darüber besteht kaum eine Meinungsverschiedenheit. Schon der einer fädigen Grünalge ähnliche Vorkeim weist auf diesen Umstand hin. Wir kennen bis jetzt aber weder lebende noch ausgestorbene Zwischenformen. Die ältesten versteinerten Moose, und zwar sowohl *Leber-* wie *Laubmoose,* begegnen uns schon im Karbon. Neue Funde hochdifferenzierter Moose im russischen Perm belegen das beträchtliche Alter dieser Abteilung des Pflanzenreiches.

Die Stammesgeschichte der Farnpflanzen

Während wir, von einigen wenigen Gruppen abgesehen, die Geschichte der niederen Pflanzen nur aus dem Bau und der Ontogenie der lebenden Vertreter zu erschließen vermögen, gewährt uns bei den Farnpflanzen *(Pterido-*

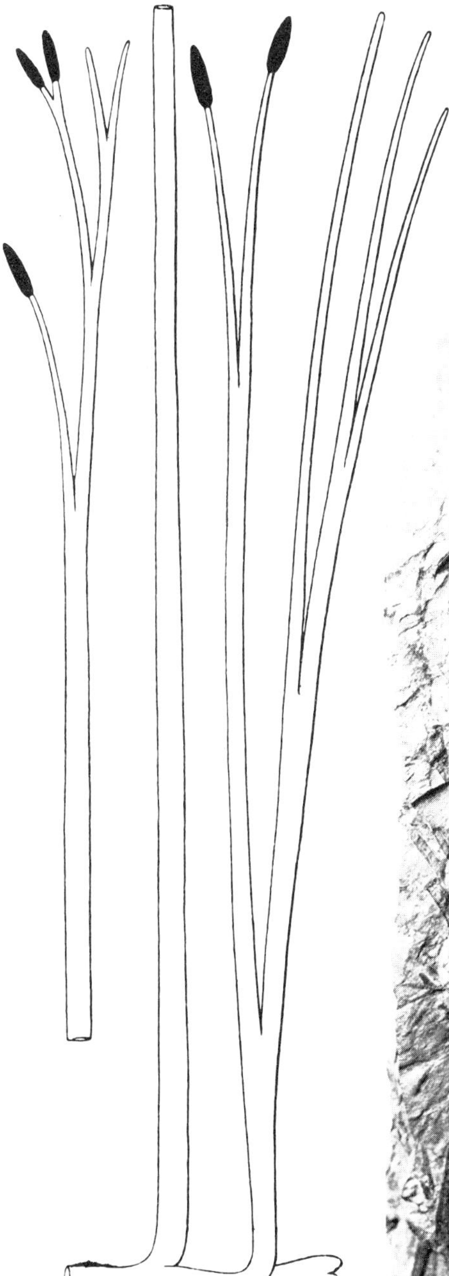

Abb. 3a (links): Der Psilophyt (Rhynia) aus dem Devon (vor 350 Mill. Jahren) verkörpert den Typus der einfachsten Farnpflanze (2/3 nat. Gr.) (nach Kidston u. Lang).

Abb. 3b (rechts): Ein Psilophyt aus dem Mitteldevon mit blattlosen, gabelteiligen Zweigen (nat. Gr.).

phyten) eine Fülle vorzüglich erhaltener Fossilien einen guten Einblick in den Ablauf der Stammesgeschichte.

Die niederste Klasse der *Pteridophyten*, die Nacktfarne *(Psilophytinen)* – so genannt wegen ihrer Blattlosigkeit – lebte vom Obersilur bis zum Mitteldevon. Manche Arten kennen wir in ihrer äußeren Gestalt und ihrem inneren Bau so genau wie eine lebende Pflanze. Bei den einfachsten Formen erhoben sich aus kriechenden Wurzelstöcken, die man neuerdings als Geschlechtsgeneration ansieht, völlig blattlose, gabelteilige, bis zu einem halben Meter hohe Sprosse mit endständigen Sporenkapseln (Abb. 3). Vorhandene *Spaltöffnungen* beweisen, daß es sich um Landpflanzen gehandelt hat. Die Sprosse sind von einem höchst einfach gebauten *Leitbündel* durchzogen. Zu diesen beiden histologischen Erfindungen – Leitbündel und Spaltöffnungen – gesellen sich noch zwei biochemische Neuerwerbungen, die ebenfalls eine Voraussetzung für das Landleben darstellen, das *Cutin*, das die Epidermis außen abschließt, und das *Lignin*, das den Wänden der Stützzellen die nötige Festigkeit verleiht.

Von diesen urtümlichen Nacktfarnen leiten Übergangsformen zu den drei heute noch lebenden Klassen der Farnpflanzen über: zu den Bärlappgewächsen *(Lycopodiinen)*, den Schachtelhalmgewächsen *(Equisetinen)* und zu den Farnen *(Filicinen)*, die sich alle drei seit der Wende vom Devon zum Karbon in großer Formenfülle entfalteten. Heute werden die Bärlappgewächse durch zwei artenreiche Gattungen repräsentiert: den *Bärlapp* selbst und die Gattung der *Moosfarne*. Bärlappähnliche Formen kennen wir vom Oberdevon ab, und im Karbon begegnen uns Moosfarne, die den heutigen schon völlig gleichen. Beide Gattungen haben sich also ungefähr 260 Millionen Jahre hindurch unverändert bis zur Gegenwart erhalten, sie stellen also phylogenetische Dauerformen dar, wie solche auch aus dem Tierreich vielfach bekannt sind (Abb. 4).

Die meisten fossilen Bärlappgewächse waren baumförmig. Sie erreichten im Karbon eine bedeutende Formenmannigfaltigkeit, starben aber größtenteils schon am Ende des Paläozoikums wieder aus. Es sei hier nur an die Schuppenbäume *(Lepidodendron*, Abb. 5) und die Siegelbäume *(Sigillaria)* erinnert, die einen wichtigen Anteil an der Bildung der Steinkohle hatten. Während die Schuppenbäume das Karbon nicht überdauerten, läßt sich von den Siegelbäumen eine Entwicklungslinie über mesozoische Vertreter bis zu dem heute noch im Wasser lebenden Brachsenkraut *(Isoëtes)* verfolgen.

Einige karbonische Bärlappgewächse bildeten sogar schon Samen aus. Von solchen samentragenden Bärlappbäumen haben wahrscheinlich die *Nadelhölzer* ihren Ausgang genommen, die am Ende des Paläozoikums erstmals auftreten und heute noch in etwa 500 Arten leben. Es sei daran erinnert, daß

Abb. 4: Moosfarne (Selaginellites)
links: aus der Steinkohlenzeit (Oberkarbon, vor 270 Mill. Jahren) (nach Geinitz);
rechts: Beispiel einer heute noch lebenden Form (nat. Gr.). Deutlich ist die zunehmende »Zentralisierung« im Hinblick auf den Modus der Verzweigung. Sonst stimmen beide Arten aber in allen wesentlichen Merkmalen überein (»phylogenetische Dauerform«).

Abb. 5: Beim Schuppenbaum (Lepidodendron, Steinkohlenzeit, vor 270 Mill. Jahren) waren Krone und Wurzelsystem noch gabelteilig verzweigt. Stammhöhe 10 bis 15 m. (Rekonstruktion eines Baumes 1/100 nat. Gr.)

schon ERNST HAECKEL 1866 in den *Isoëten* Nachkommen der Bärlappbäume vermutete und die Abstammung der Nadelhölzer von diesen für wahrscheinlich hielt.

Die Schachtelhalmgewächse *(Equisetinen)* begegnen uns erstmals im Devon und erreichten damals ebenso wie die Bärlappgewächse während der Steinkohlenzeit ihre Hauptentfaltung als Bäume, die bis über 15 m hoch wurden (Abb. 6). Heute lebt nur noch die einzige Gattung *Equisetum*, der Schachtelhalm.

Die Farne oder *Filicinen*, die letzte *Pteridophyten*klasse, setzten ebenfalls schon im Devon ein und lassen sich in großer Gestaltenfülle bis in die Gegenwart verfolgen. Bei den vom Karbon bis zur Trias vorherrschenden Farnen handelte es sich jedoch um Gruppen, die jetzt nur noch in wenigen Arten leben, während die Familien, die heute überwiegen, erst im Mesozoikum auftraten. Wie bei den Bärlappgewächsen, so kam es auch bei den Farnen schon frühzeitig zur Samenbildung. Die *Pteridospermen* oder Farnsamer, die im Habitus Farnen glichen, aber Samen trugen, belebten die Steinkohlenwälder in großer Formenfülle, starben aber in der Trias wieder aus. Mit ihnen stehen die im Mesozoikum herrschenden und noch heute in 9 Gattungen in den Tropen und Subtropen lebenden Palmfarne *(Cycadeen)* in stammesgeschichtlichem Zusammenhang. In ihren gefiederten Wedeln kommt die Abstammung von Farnen oder Farnsamern noch heute deutlich zum Ausdruck. Ein Seitenzweig dieser *Cycadeen*, die *Bennettiteen*[1], die von der Trias bis zur Kreide lebten, entwickelte sich sogar bis zur Bildung von Zwitterblüten weiter, ohne jedoch die Entwicklungshöhe der späteren Bedecktsamer *(Angiospermen)* zu erreichen (Abb. 7).

Während die samentragenden *Cordaiten*[2] das Paläozoikum nicht überdauerten, leben die im Mesozoikum häufigen *Ginkyo*-Bäume heute noch wenigstens in einer einzigen Art, der von GOETHE im west-östlichen Diwan besungenen *Ginkyo biloba*, die als »lebendes Fossil« aus der Vorzeit übriggeblieben ist.

Die zuletzt besprochenen Klassen – *Farnsamer, Palmfarne, Bennettiteen, Cordaiten, Ginkyo*-Bäume und *Nadelhölzer* – werden als Nacktsamer oder *Gymnospermen* zusammengefaßt. Jedoch leiten sich, wie besprochen, die drei erstgenannten von Farnen ab, während als phylogenetischer Ausgangspunkt der Nadelhölzer oder *Coniferen* und wohl auch der *Cordaiten* und

1 Ein in der Kreidezeit ausgestorbener Zweig – nach dem englischen Botaniker BENNETT genannt –, für den es keinen deutschen Namen gibt.

2 Auch diese ausgestorbene Art, die den Namen des Prager Botanikers CORDA trägt, hat keine deutsche Bezeichnung.

Ginkyo-Bäume die Bärlappgewächse anzusehen sind. Der Begriff *Gymnospermen* repräsentiert also keine stammesgeschichtliche Einheit, sondern nur eine Gruppe von Pflanzen gleicher Entwicklungshöhe.

Die Herkunft der bedecktsamigen Blütenpflanze

Die höchstentwickelte – und jüngste – Abteilung des Pflanzenreiches wird von den bedecktsamigen Blütenpflanzen oder *Angiospermen* gebildet. Ihre Stammesgeschichte stellt uns vor schwierige und bis heute noch nicht endgültig geklärte Fragen. Die ersten Angiospermen treten gegen Ende der Unterkreide auf. Bereits während der oberen Kreide erfolgt eine geradezu explosive Entfaltung, mit der diese neue Familie alle bisher die Erdoberfläche beherrschenden Pflanzengruppen weit überflügelt. Dieses plötzliche Auftreten der Angiospermen in den fossilen Dokumenten läßt sich vielleicht dadurch erklären, daß die ältesten Formen bereits während der Trias in Gebirgen entstanden und daß sie dann erst von der Kreide ab in die Tiefländer, also in die Sedimentationsräume, hinabwanderten. Diese Annahme könnte auch die Tatsache erklären, daß wir Angiospermen-Pollenkörner schon aus dem Jura kennen, ohne daß Reste der Pflanzen selbst aus dieser Zeit gefunden worden sind.

Wenn wir nach der ältesten Ordnung der Angiospermen fragen, lassen uns die Fossilfunde im Stich. Denn in den tiefsten Angiospermen führenden Schichten finden wir nebeneinander sowohl *Monokotyledonen* (»Einkeimblättler«) als auch *Dikotyledonen* (»Zweikeimblättler«), und unter diesen sowohl Freikronblättrige *(Dialypetalen)* als auch Kronenlose *(Monochlamydeen)*. Nur die *Sympetalen* (Verwachsenkronblättrige) treten erst in der Oberkreide auf. Bei der Frage nach der Abstammung und dem Ablauf der Stammesgeschichte der Angiospermen sind wir unter diesen Umständen also ganz auf Rückschlüsse aus den heute noch lebenden Formen angewiesen. Was das Zustandekommen ihrer Zwitterblüte betrifft, so existieren zwei verschiedene Theorien. Nach der einen Auffassung sind aus eingeschlechtigen *Gymnospermen*-Blütenständen zunächst eingeschlechtige Blüten und durch Kombination zweier verschiedengeschlechtiger Blüten dann die Zwitterblüte entstanden. Demnach stünden am Anfang der Angiospermen-Ent-

Abb. 6: Der Zweig eines Schachtelhalmbaumes (Calamites) aus der Steinkohlenzeit (nat. Gr.). Die Blattquirle sind beim heutigen Schachtelhalm zu gezähnten Scheiden reduziert. Calamiten und Lepidodendren hatten einen wesentlichen Anteil an der Bildung der Steinkohle.

Abb. 7: Rekonstruktion einer Bennettitee aus der unteren Kreide (vor 100 Mill. Jahren). Die strahlig angelegten Blüten wachsen aus dem knolligen Stamm (1/8 nat. Gr.) (nach Hirmer).

wicklung die Kronenlosen *(Monochlamydeen)* Die zweite Theorie nimmt demgegenüber an, daß die Zwitterblüte der Angiospermen eine echte Blüte ist, mit anderen Worten also ein einachsiger Sporophyllstand. Trifft diese Auffassung zu, dann wären die *Polycarpicae* (»Vielfrüchtler«), zu denen die *Magnolien* und *Hahnenfuß*gewächse gehören, die primitivsten Angiospermen, bei denen die Blütenglieder vielfach in schraubiger Anordnung und unbestimmter Zahl an der Blütenachse stehen und die Fruchtblätter noch frei sind. Es spricht manches dafür, daß beide Entstehungswege durchlaufen worden sind. Das würde bedeuten, daß ebenso wie die Gymnospermen auch die Angiospermen in Wirklichkeit gar kein einheitlicher Stamm sind, sondern lediglich Gruppen gleicher Organisationshöhe.

Allgemeine Gesetze der Evolution der Pflanzen

Die intensive morphologische Erforschung lebender und fossiler Pflanzen, vor allem natürlich in den letzten 100 Jahren seit der Begründung der Deszendenztheorie durch CHARLES DARWIN, hat den Erfolg gehabt, daß wir den historischen Ablauf der Entwicklung zu rekonstruieren vermögen. Dabei haben sich einige Gesetzmäßigkeiten, oder vorsichtiger ausgedrückt: Regelhaftigkeiten der Entwicklung gezeigt, die zum Schluß unserer Betrachtung über die Geschichte der Pflanzen ebenfalls noch kurz erwähnt werden sollen.

Vor etwa hundert Jahren, 1864, erkannte der in Brasilien lebende Biologe FRITZ MÜLLER beim Studium von Krebsen, daß die Ontogenie, also die Individualentwicklung der Tiere, in einem ganz bestimmten Zusammenhang mit ihrer Phylogenie, ihrer Stammesentwicklung zu stehen schien. Diesen Sachverhalt faßte ERNST HAECKEL zwei Jahre später in seinem kurzen »Biogenetischen Grundgesetz« zusammen: »Die Ontogenie ist eine kurze und schnelle Wiederholung der Phylogenie.« Da es jedoch bestimmte Abweichungen gibt, die vor allem mit einer im Verlaufe geologischer Epochen einhergehenden Veränderung der Lebensweise der betreffenden Art zusammenhängen, spricht man besser von einer »Biogenetischen Regel«. Für sie gibt es vor allem in den Lehrbüchern der Zoologie zahlreiche Beispiele. Weit weniger ist es bekannt, daß sich ihre Gültigkeit in gleicher Weise auch an botanischem Material darlegen läßt. So trägt z. B. die *Kiefer* (Abb. 8, links) im Gegensatz zu allen anderen Nadelhölzern ihre Nadeln in Kurztrieben zu zweien, bei manchen Arten auch zu dritt oder zu fünft beisammen. Die Keimlinge aber tragen zunächst einfache Nadeln in schraubiger Anordnung. Ein weiteres Beispiel wäre der durch rückgebildete Schuppenblätter gekennzeichnete *Lebensbaum*, der als Keimling zunächst normale, langgestreckte Nadeln trägt (Abb. 8, rechts). Und das Laubmoos *Fissidens* unterscheidet sich heute von anderen Laubmoosen dadurch, daß seine Blätter einen Rückenflügel besitzen und in zwei Zeilen stehen. Am jungen *Fissidens*-Pflänzchen aber sind die Blätter schraubig angeordnet und noch ohne Flügel. Erst vom dritten oder vierten Blatt ab stellen sich die Zweizeiligkeit und der Rückenflügel ein. Daneben gibt es aber auch in der Botanik Fälle, in denen die Ontogenie von dem Verlauf der phylogenetischen Entwicklungslinie abweicht und mit ihr dann für eine bestimmte Strecke nicht übereinstimmt. Dies ist etwa der Fall

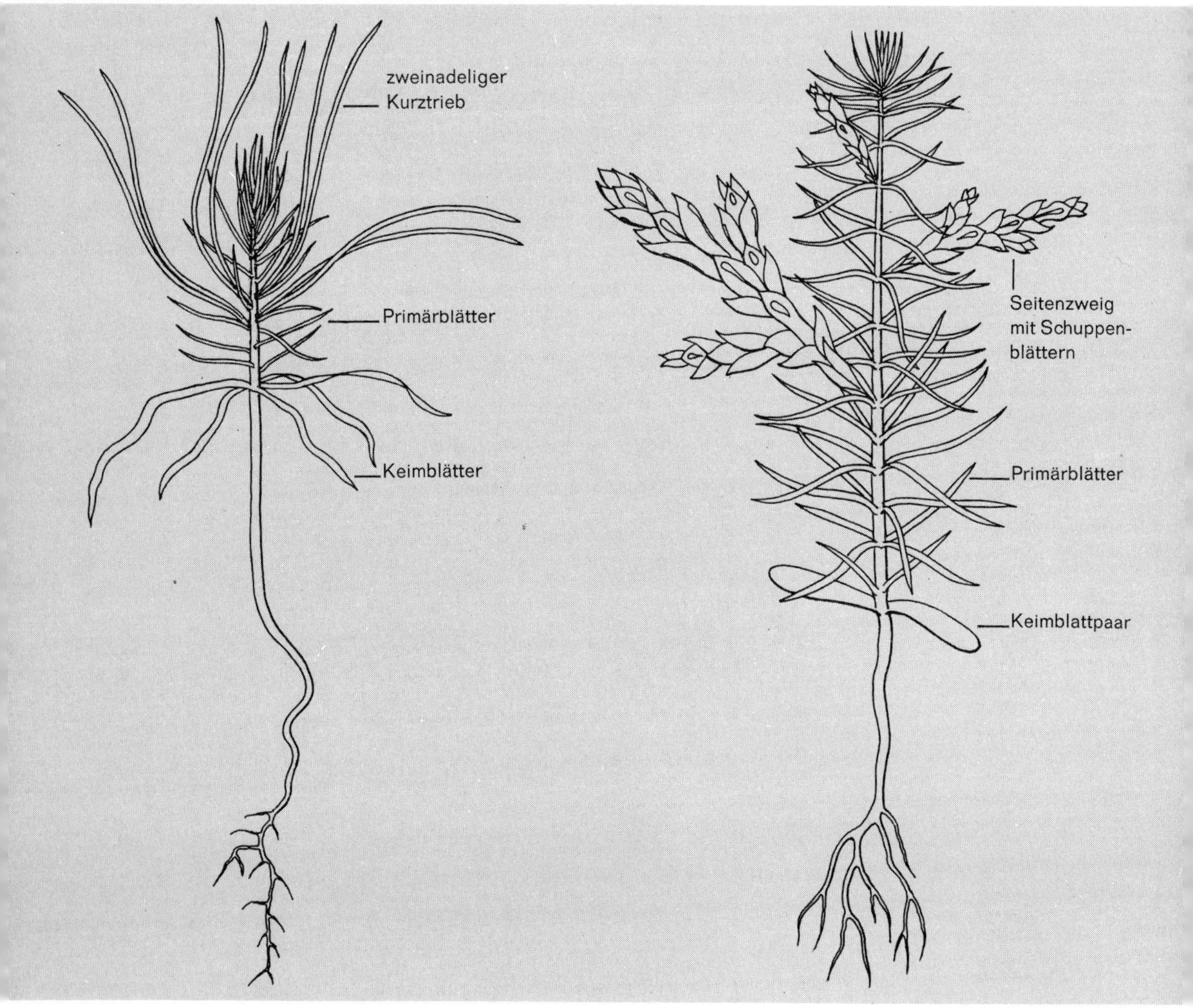

Abb. 8: Auch bei der Ontogenese von Pflanzen läßt sich die Gültigkeit des »Biogenetischen Grundgesetzes« nachweisen. Die Bilder zeigen das am Beispiel des Kiefernkeimlings (links) und des Keimlings (rechts) des Lebensbaumes (nach Warming). Erläuterung im Text.

beim Auftreten bestimmter Neubildungen, wie der Keimblätter der Samenpflanzen oder der Saugorgane bei Schmarotzern.

Eine zweite stammesgeschichtliche Gesetzmäßigkeit wurde 1893 von dem belgischen Paläontologen Louis Dollo erkannt: Ein im Laufe der Stammesentwicklung verkümmertes Organ erlangt niemals wieder seine frühere Funktionstüchtigkeit, auch dann nicht, wenn eine erneute Änderung der Umwelt- oder Lebensbedingungen diese ursprüngliche Funktion von dem betreffenden Lebewesen wieder verlangt. In einem solchen Falle wird es vielmehr durch ein anderes, neues Organ ersetzt. Diese Regel von der »Nichtumkehrbarkeit der Entwicklung« läßt sich in der Botanik besonders eindrucksvoll an den *Kakteen* demonstrieren. In dieser Familie besitzt nur die Gattung *Peireskia* noch normale Laubblätter. Bei allen anderen Gattungen sind die Blätter stark reduziert und mitunter sogar an den Keimlingen kaum noch nachweisbar. Eine Vergrößerung der assimilierenden Fläche kommt bei dieser Pflanzenfamilie dafür nun dadurch zustande, daß die Sprosse entweder flach bis blattartig werden, oder daß sich Rippen, Flügel oder Warzen ausbilden. Die Warzen können sich dann ihrerseits so stark verlängern und obendrein auch noch abflachen, daß man sie bei oberflächlicher Betrachtung für Blätter halten könnte. Auch bei vielen anderen Pflanzen in Trockengebieten werden die fast völlig verlorengegangenen Blätter durch blattähnlich verbreiterte Sprosse ersetzt, so beim *Mäusedorn*, oder durch blattartig verbreiterte Blattstiele, wie bei vielen Arten der Gattung *Acacia*. Solche Beispiele gibt es in Hülle und Fülle. Man weiß nun zwar aus der Genetik, daß Mutationen reversibel sein können, daß ein einmal verlorengegangenes Merkmal also in seiner ursprünglichen Ausprägung wieder auftreten kann. Bei diesen sogenannten Rückmutationen handelt es sich jedoch stets nur um einzelne Gene. Das Wiederauftreten eines verlorengegangenen Organs würde aber voraussetzen, daß sehr zahlreiche Gene gleichzeitig zurückmutierten, ein höchst unwahrscheinlicher Fall. Dementsprechend gilt die Dolloscche Regel von der Nichtumkehrbarkeit der Entwicklung, soweit wir heute wissen, tatsächlich auch ohne Einschränkung für alle komplizierten Organe.

Wenn wir die zeitliche Aufeinanderfolge der verschiedenen Pflanzenstämme im Verlaufe der Erdgeschichte ins Auge fassen, so sehen wir, daß die niedersten zuerst, die höchsten zuletzt auftreten, und weiter, daß schon oft niedere Stämme ihre Herrschaft früher oder später an höhere Stämme haben abtreten müssen. Diese Tatsachen sprechen dafür, daß die höheren Pflanzen in irgendeiner Hinsicht den niederen Pflanzen überlegen, daß sie vollkommener sein müssen als diese. Den Gedanken der Vervollkommnung hat Goethe 1807 ausgesprochen: »Je unvollkommener das Geschöpf ist, desto mehr sind seine Teil einander gleich oder ähnlich. Je vollkommener das Geschöpf ist, desto unähnlicher werden die Teile einander. Je ähnlicher die Teile sind, desto weniger sind sie einander subordiniert. Die Subordination der Teile deutet auf ein vollkommeneres Geschöpf.« Für das Ungleichwerden der Teile und für die Subordination setzte Haeckel die Worte »Differenzierung« und »Zentralisation«. Differenzierung *allein* bewirkt lediglich eine spezialisierte Anpassung. Sie läßt die kurzen, oft rasch wieder aussterbenden Seitenzweige des Stammbaums entstehen. Nur Differenzierung und Zen-

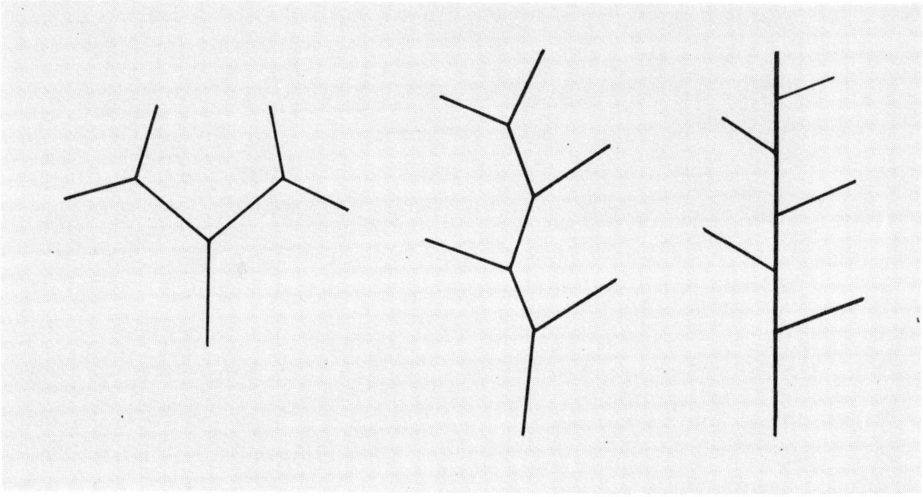

Abb. 9: Die Evolution ist nicht einfach eine zeitliche Aufeinanderfolge verschiedener Lebensformen, sondern eine Entwicklung, die von einfacheren zu immer höher entwickelten Organismen verläuft. Welche objektiven Kriterien lassen sich für diese Tendenz anführen? Aus dem Pflanzenreich z. B. der Übergang von der dichotomen oder gabelteiligen Verzweigung (Mitte), wie sie noch die Bäume der Steinkohlenwälder zeigten, über die sympodiale Verzweigung (links) bis zur monopodialen Gestalt vieler heutiger Bäume (rechts). Diese Geschichte der Verzweigungsformen ist nämlich nur ein anschaulich-konkretes Beispiel für ein abstraktes Prinzip der Evolution, das schon Goethe mit den Worten beschrieb, daß ein Lebewesen um so vollkommener sei, je unähnlicher seine einzelnen Teile einander würden und je mehr sie einander untergeordnet seien. Die Verzweigungs-Schemata können daher gleichzeitig auch als abstrakte Symbole jener evolutionären Differenzierung gelten, welche u.a. zu der zwischen einer Muskelzelle und der ihr übergeordneten Ganglienzelle der Großhirnrinde bestehenden Verschiedenheit geführt hat.

tralisation *zusammen* geben einem Organismenstamm größere Überlegenheit und größere Entfaltungsmöglichkeit. Die Entwicklungsreihe vom Tausendfüßler bis zu den höheren Insekten, die Stufenfolge vom Strickleiter-Nervensystem bis zum Zentralnervensystem, die Morphogenie der Wirbelsäule sind sprechende Beispiele für dieses Prinzip aus dem Tierreich. Vergleiche aus der Technik drängen sich auf, liegt doch hier auch der Nutzeffekt auf der Hand. In der Botanik hat man sich mit diesen Fragen bisher erst wenig befaßt. Wenn wir aber die Geschichte der Pflanzen überschauen, so finden wir auch hier Beispiele in großer Zahl. Es seien nur einige wenige herausgegriffen. So ist z. B. *die Statik der Baumkrone* abhängig von der Anordnung der Äste. Die ursprünglichste Verzweigungsart (Abb. 9) ist die *Dichotomie* oder Gabelteilung, wie sie die zur Zeit der Steinkohlenwälder herrschenden Bäume, die Bärlappbäume, ausnahmslos aufwiesen. Aus der Dichotomie geht durch abwechselndes Stärkerwerden mal des einen, mal des gegenüberliegenden Astes die sogenannte *sympodiale Verzweigung* hervor, die schließlich zum *Monopodium* führt, wie es in besonders rein ausgebildeter Form z. B. die Tanne zeigt: Es differenzieren sich ein Hauptstamm mit seinen Seitenästen, die ganze Gestalt ist auf den Stamm zentralisiert und hat damit eine sehr viel höhere Stabilität erreicht als die gabelteilige Krone eines Schuppenbaumes mit ihren weitausladenden Zweigen. *Dichotome,* gegabelte Baumkronen, gibt es heute nicht mehr; die Gabelteilung treffen wir heute nur noch bei einigen Wasserpflanzen und wenigen niedrigen Landgewächsen an. Auch aus der Geschichte des Farnwedels erkennen wir die gleiche Entwicklung von der Gabelteilung bis zum monopodial gebauten Wedel der heutigen Farne mit seiner kräftigen, durchgehenden Spindel und den an ihr sitzenden Fiedern (siehe auch Abb. 4). Differenzierung und Zentralisation sehen wir auch bei der Arbeitsteilung der Blätter in solche, die der Ernährung, und solche, welche der Fortpflanzung dienen und Sporen bilden. Die letzteren, die *Sporophylle* oder »Sporenblätter«, werden – erdgeschichtlich gesehen – schon bald zu »Blüten« zusammengefaßt. Und unter den Blüten haben die höchste Stufe der Vollkommenheit die der *Angiospermen* erreicht, einer Pflanzenklasse, die auch in ihren vegetativen Organen am meisten fortgeschritten ist, die seit dem Tertiär alle anderen Abteilungen des Pflanzenreiches überflügelt hat und die am weitesten in die großen Trockengebiete der Erde vorgedrungen ist. Diese Überlegenheit der Angiospermen ist durch eine ganze Reihe entfaltungsfördernder Momente bedingt: Ihre Bestäubung ist weitgehend gesichert, die Pollenschlauch-Befruchtung ist – im Gegensatz zur Spermatozoidbefruchtung – vom Wasser unabhängig, die Samen sind durch Hüllen geschützt und werden überdies durch mannigfache Einrichtungen sicher verbreitet.

In allen Erdzeitaltern herrschten jeweils die Organismenklassen, die gerade die höchste Stufe der Vervollkommnung erreicht hatten: Im jüngeren Paläozoikum waren das die Farnpflanzen, im Mesozoikum die Nacktsamer, und seit der oberen Kreide sind es die bedecktsamigen Blütenpflanzen. Differenzierung und Zentralisation bewirken die langsam aufsteigenden Linien der Evolution und gestalten so den großen Zug der Geschichte der Organismen.

Weiterführende Literatur

Banks, H.P., Evolution and Plants of the Past. Belmont 1970.
Bierhorst, D.W., Morphology of Vascular Plants. London/New York 1971.
Heberer, G., Die Evolution der Pflanzen. 3. Aufl., 3 Bände. Stuttgart 1968–74.
Mägdefrau, K., Paläobiologie der Pflanzen. 4. Aufl. Stuttgart 1968.
Rensch, B., Neuere Probleme der Abstammungslehre. 3. Aufl. Stuttgart 1972.
Strasburger, E., Lehrbuch der Botanik für Hochschulen. 31. Aufl., bearbeitet von D. von Denffer, H. Ziegler, K. Mägdefrau, F. Ehrendorfer, Stuttgart 1977.
Zimmermann, W., Phylogenie der Pflanzen. 2. Aufl. Stuttgart 1958.

Erich Thenius

Die Herkunft der Säugetiere

Vor etwa 150 Millionen Jahren vollzog sich auf der Erdoberfläche ein für die Geschichte unseres Planeten entscheidender Schritt: Aus einer Gruppe von Reptilien entstanden die ersten Säugetiere. Der paläontologischen Forschung ist es neuerdings gelungen, diesen Schritt in solcher Vollständigkeit zu rekonstruieren, daß wir uns ein anschauliches Bild von diesem Übergang machen können, dem letztlich auch wir selbst unsere Existenz verdanken.

Mit der Frage nach der Herkunft der Säugetiere, die hier nicht im geographischen, sondern im Sinne ihrer phylogenetischen Abstammung gemeint ist, wird ein Kreis von Problemen angeschnitten, um deren Lösung sich Zoologen und Paläontologen schon seit sehr langer Zeit bemühen. Zum Teil beziehen sich diese Anstrengungen auf morphologische und physiologische Probleme, mit denen sich zahlreiche Wissenschaftler schon lange vor der Erklärung des stammesgeschichtlichen Wandels durch Charles Darwin befaßt haben. Dies gilt vor allem für die Systematiker, deren Aufgabe es ist, jede neu entdeckte Art in das zoologische System einzuordnen, aber auch für die Anatomen, die sich mit der *Homologisierung* bestimmter Körperteile beschäftigen, die also versuchen, auf Verwandtschaft beruhende Entsprechungen zwischen bestimmten Organen oder Körperteilen von Lebewesen verschiedener Gattungen und Arten festzustellen. Derartige vergleichende Untersuchungen sind auch heute noch eine entscheidende Voraussetzung für die Beurteilung stammesgeschichtlicher Zusammenhänge.

Damit ist zugleich auch schon gesagt, daß sich Zusammenhänge dieser Art nicht beweisen, sondern nur indirekt erschließen lassen. Die uns heute für solche Schlußfolgerungen zur Verfügung stehenden Indizien sind aber so mannigfaltig, daß unsere Auffassungen über stammesgeschichtliche Zusammenhänge als in ihren wesentlichen Zügen wohl begründet angesehen werden können. Andererseits liegt es in der Natur der Sache, daß es unter den Fachkollegen im Hinblick auf bestimmte Einzelfragen auch heute noch voneinander abweichende Meinungen gibt. Der Grund ist meist eine unterschiedliche Bewertung bestimmter Merkmale. Das gilt auch für die fossilen Reste, die einzigen real-historischen Dokumente für den Ablauf der Stammesgeschichte.

Bevor wir auf die Kernfrage des Themas eingehen, müssen wir uns fragen, welche Merkmale es eigentlich sind, die ein *Säugetier* charakterisieren und uns die Möglichkeit geben, es von anderen Wirbeltieren zu unterscheiden. Der Name dieser am höchsten entwickelten Klasse von Wirbeltieren nimmt zwar auf eine sehr charakteristische Besonderheit der Entwicklungsphase dieser Tiere Bezug, die tatsächlich auch nur ihnen eigen ist, aber andererseits säugen, genau genommen, keineswegs alle Säugetiere ihre Jungen. So werden die Jungen der nur in der australischen Region, nämlich in Australien selbst, in Neuguinea und in Tasmanien vorkommenden Kloakentiere (Schnabeltier und Ameisen- oder Schnabeligel) nicht gesäugt. Hier lecken die Jungtiere vielmehr die aus den Milchdrüsen austretende Milch auf. Das ist aber keineswegs die einzige Besonderheit, durch die sich diese Tiere von den übrigen Säugetieren unterscheiden. Wie der Name *Kloakentiere* (Monotremata) schon besagt, weisen Darmtrakt und Urogenitalsystem bei ihnen nicht zwei voneinander getrennte, sondern eine gemeinsame Ausführungsöffnung auf, wie sie z. B. für Reptilien oder Vögel charakteristisch ist. Hinzu kommt noch ein weiterer, besonders auffallender Unterschied: Schnabeltier und Ameisenigel bringen keine lebenden Jungen zur Welt, sie legen Eier. Angesichts dieser Tatsachen ist es verständlich, daß die systematische Einordnung der Kloakentiere große Schwierigkeiten machte und heftige Diskussionen auslöste. Da die hier auftauchenden Argumente für die Rolle der Merkmale, durch die sich ein *Säugetier* definieren läßt, besonders aufschlußreich sind, will ich auf die Geschichte der Entdeckung und systematischen Einordnung dieser seltsamen Tiere kurz eingehen.

Gegen Ende des 18. Jahrhunderts gelangte erstmals das Fell eines Schnabeltieres in die Hände europäischer Zoologen. Das Präparat war so seltsam, daß viele von ihnen es für eine Fälschung hielten: An dem Kopfende eines richtigen Säugetierfelles saß eine Art Entenschnabel (siehe Abb. 1). Das seltsame Wesen erhielt daher von dem Göttinger Zoologen Blumenbach auch den Namen *Ornithorhynchus paradoxus*. Blumenbach wußte nicht, daß das Tier von dem Londoner Paläontologen G. Shaw kurz vorher schon auf den Namen *Platypus anatinus* getauft worden war. Da aber, wie sich später herausstellte, der Name *Platypus* schon an einen Käfer vergeben worden war, heißt das Schnabeltier heute, nach den internationalen Regeln der zoologischen Nomenklatur, *Ornithorhynchus anatinus Shaw*.

Die Diskussionen über dieses eigenartige Lebewesen wurden neu entfacht, als vollständige, in Alkohol konservierte Exemplare eine anatomische Untersuchung ermöglichten und als sich herausstellte, daß sie Eier mit einer lederähnlichen Hülle legen. Inzwischen waren auch die Verwandten des Schnabeltieres, die Ameisenigel, entdeckt worden (Abb. 2). Sie unterschieden sich äußerlich zwar stark von den Schnabeltieren, hatten mit ihnen jedoch zahlreiche systematisch wichtige Merkmale gemein. Der französische Zoologe St. Hilaire war es dann, der Schnabeltier und Ameisenigel auf Grund der schon erwähnten anatomischen Besonderheit als *Kloakentiere* zusammenfaßte, ohne sich darauf festzulegen, ob sie nun den Säugetieren oder den Reptilien zuzuordnen seien. Lamarck schuf für sie kurze Zeit später eine eigene Klasse, die er *Prototheria* nannte, was etwa soviel wie »Vor-Säuger« bedeutet. Aus guten Gründen, die noch zur Sprache kommen werden, sind wir heute allerdings der Auffassung, daß auch die Kloakentiere eindeutig als Säugetiere klassifiziert werden müssen.

Die Geschichte dieser Entdeckung zeigt deutlich, welch entscheidende Bedeutung der Definition des Begriffes *Säugetier* bei der Beurteilung der stammesgeschichtlichen Verwandtschaft dieser Wirbeltierklasse zukommt. Mancherseits werden die Säugetiere auch als *Haartiere* bezeichnet. Tatsächlich sind sie die einzigen der heute lebenden Wirbeltiere, deren Haut behaart ist, wenn nicht beim ausgewachsenen Exemplar, dann wenigstens in der fötalen Entwicklungsphase. Trotzdem ist auch diese Definition nicht brauchbar, da es heute sehr wahrscheinlich ist, daß auch bestimmte, mit Sicherheit noch als Reptilien zu klassifizierende Vorfahren der Säugetiere bereits behaart gewesen sind. Und abgesehen davon haben möglicherweise auch schon die Flugsaurier des Erdmittelalters eine behaarte Körperoberfläche besessen.

Wenn man ein heutiges Säugetier mit einem heute lebenden Reptil vergleicht, so läßt sich sofort eine ganze Reihe von Merkmalen anführen, die eine eindeutige Antwort auf die Frage ermöglichen, ob es sich im jeweiligen Fall um ein Säugetier oder ein Reptil handelt. Dabei ist es auch völlig gleichgültig, ob wir als Reptil ein Krokodil, eine Eidechse oder eine Schildkröte nehmen und als Säugetier ein Raubtier, ein Huf- oder ein Nagetier: Säugetiere sind warmblütige, behaarte, lungenatmende Wirbeltiere, deren Weibchen ihre Jungen mit Milch ernähren, die von spezialisierten Hautdrüsen sezerniert wird. Betrachtet man sich diese Merkmalsliste näher, dann wird sofort verständlich, warum der Begriff *Säugetier* für den Zoologen so sehr viel einfacher zu definieren ist als für einen Paläozoologen, dem nur Fossilien zur Verfügung stehen. Es sind eben keineswegs nur oder auch nur vorwiegend morphologische und anatomische Merkmale, durch die sich ein Säugetier von anderen Wirbeltieren unterscheidet, sondern vor allem physiologische Eigenarten.

Zwar muß man sich klarmachen, daß z. B. auch die Warmblütigkeit keines-

Abb. 1: Das Schnabeltier, Beispiel eines heute noch lebenden archaischen Säugetiers, ein »lebendes Fossil«. (Foto: Okapia)

Abb. 2: Der Ameisenigel, ebenfalls eine besonders urtümliche Form eines Säugetiers, gehört mit dem Schnabeltier zur Gruppe der Kloakentiere (Monotremata). (Foto: Okapia)

wegs etwa als absolut spezifisches, eindeutiges Merkmal angesehen werden kann. Denn bei stammesgeschichtlich sehr ursprünglichen Formen der Säugetiere schwankte die Körpertemperatur noch innerhalb sehr weiter Grenzen, und ihre absolute Temperatur war fraglos wesentlich niedriger als die aller heute lebenden Säugetiere. Trotzdem bedeutet die »Erfindung« der Warmblütigkeit – ähnlich wie etwa die Differenzierung des Gehirns, die *Telencephalisation* – einen so entscheidenden Fortschritt gegenüber dem Reptil, daß es verständlich ist, wenn bei der systematischen Zuordnung gerade dieser Eigenschaft besondere Bedeutung beigemessen wird.

Die stammesgeschichtlich junge Fähigkeit der *Homoeothermie*[1] bildet gleichzeitig ein anschauliches Beispiel für die eigentlich ja selbstverständliche Tatsache, daß es bei keinem lebenden Organismus ein einzelnes Merkmal gibt, das isoliert gleichsam »in der Luft hängt«. Die Warmblütigkeit führt ihrerseits nämlich zur Entwicklung eines Haarkleides als nunmehr unentbehrlichem Wärmeschutz und zu der Entwicklung von Schweißdrüsen zur Temperaturregelung. Sie begünstigt ferner eine Differenzierung des Gebisses – von der im einzelnen noch zu sprechen sein wird – zur rascheren und besseren Aufschließung der Nahrung, wobei die zunehmende Bedeutung der Kaufunktion und die damit einhergehende Umbildung der Kiefermuskulatur zu bestimmten Veränderungen am Gesichtsschädel Veranlassung geben. Und schließlich geht die Erwerbung der »Warmblütigkeit« auch noch mit einer weiteren Ausbildung des Kreislaufsystems einher, nämlich mit der vollständigen Trennung von rechter und linker Herzhälfte und damit des sauerstoffarmen vom sauerstoffreichen Blutstrom. In dieser Weise besteht zwischen den einzelnen Organ- und Merkmalskomplexen immer ein Zusammenhang im Sinne eines ganz bestimmten »Bauplanes«, und dieser erst ist eigentlich für die jeweilige Klasse, in unserem Falle also die der *Säugetiere*, wirklich spezifisch.

Im Zusammenhang mit den anatomischen Unterschieden muß hier die Gehörregion noch besonders erwähnt werden. Sie weicht bei allen Säugetieren von jener der Reptilien grundsätzlich ab, eine Tatsache, die von den Anatomen bereits relativ früh entdeckt wurde. Während bei einem Reptil nämlich immer nur ein Knochen, die sogenannte *Columella*, die schalleitende Funk-

1 Die wissenschaftlichen Termini »Homoeothermie« (von homoios, griech. »gleich«) bzw. Poikilothermie (von poikilos, griech. »wechselnd«) treffen den entscheidenden Unterschied besser als die deutschen Bezeichnungen »Warmblüter« bzw. »Kaltblüter«. Er besteht darin, daß das homoeotherme Tier seine Körpertemperatur unabhängig vom Wechsel der Außentemperatur konstant halten kann, wodurch es befähigt wird, im Unterschied zum »wechselwarmen« Tier, dessen Körpertemperatur von der Umgebung bestimmt wird, auch bei Kälte, also z. B. nachts, aktiv zu sein. (Anm. d. Red.)

tion im Mittelohr übernimmt, haben alle Säugetiere bekanntlich drei Gehörknöchelchen: Hammer, Amboß und Steigbügel (siehe Abb. 3). Mit dieser Feststellung erhob sich für den vergleichenden Anatomen sofort ein außerordentlich interessantes, aber auch besonders schwieriges Homologieproblem: Welchen Knochen des Reptilschädels entsprechen die beiden zusätzlichen Gehörknöchelchen des Säugetierohres? Als wesentliches Hilfsmittel bei der Klärung einer solchen Frage nach der Homologie zwischen bestimmten Bestandteilen eines Organismus mit denen eines verwandten Tieres, das einem anderen Bauplan entspricht, wurde schon sehr früh die ontogenetische Entwicklung erkannt. Auf Grund von Untersuchungen an Reptil- und Säugetierembryonen begründete der Anatom C. REICHERT denn auch schon im Jahre 1837 eine nach ihm benannte Theorie[1]. Nach dieser Theorie entspricht der Hammer *(Malleus)* im Mittelohr des Säugetieres dem *Articulare* und der Amboß *(Incus)* dem *Quadratum* des Reptilschädels, während der Steigbügel *(Stapes)* der reptilischen *Columella* »homolog« ist (s. Abb. 3). Um die Kühnheit dieser auf Grund vergleichender embryologischer Untersuchungen vorgenommenen Homologisierung ermessen zu können, muß man bedenken, daß *Articulare* und *Quadratum* beim Reptil keine schalleitende Funktion haben, sondern das Unterkiefergelenk bilden! *Articulare* und *Quadratum* sind beim Reptil also Bestandteile des Kauapparates und gehören, funktionell gesehen, somit zum Ernährungstrakt anstatt zum Hörorgan. Es ist verständlich, daß diese Theorie, welche die Annahme eines so grundsätzlichen Funktionswechsels der beteiligten Elemente und eine entwicklungsmechanische nur sehr schwer vorzustellende Umkonstruktion erforderte, keineswegs allgemeine Anerkennung fand. Sie konnte aber, wie hier bereits vorweggenommen sei, durch fossile Funde in den letzten Jahren sogar direkt bewiesen werden.

Damit sind wir bereits bei jenem Merkmalskomplex angelangt, der heute – unter Berücksichtigung der besonderen Bedingungen der paläozoologischen Forschung – als entscheidend für die Definition des Begriffes *Säugetiere* angesehen wird. Er besteht in der Art der Bildung des Unterkiefergelenkes. Bei den Reptilien setzt sich jede Unterkieferhälfte aus einer ganzen Reihe einzelner Knochen zusammen, und das Unterkiefergelenk ist ein *Quadrato-Articular-Gelenk*, bei dem das *Articulare* die Gelenkfläche am Unterkiefer und das *Quadratum* die am Schädel bildet (s. Abb. 4). Man bezeichnet ein derartiges Gelenk, das die stammesgeschichtlich ältere Form darstellt, als *primäres* Unterkiefergelenk. Beim Säugetier besteht demgegenüber jede

1 In der Fachliteratur wird diese Theorie auch als REICHERT-GAUPPsche Theorie bezeichnet.

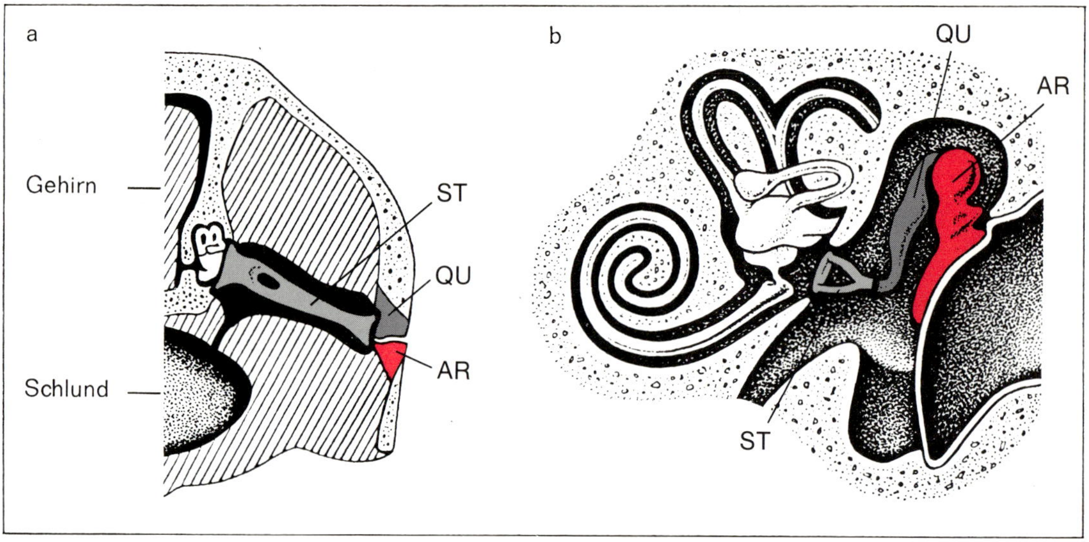

Abb. 3: Vergleich des Baues des Mittelohrs eines Reptils (a) und eines Säugetiers (b). Aus dem am Unterkiefergelenk beteiligten Articulare des Reptils wird der »Hammer« (Malleus) des Säuger-Ohres (AR), und aus dem Quadratum der Amboß (Incus) des Säugetiers (QU). Der einzige Mittelohrknochen des Reptils, die Columella (ST), bildet sich zum Steigbügel (Stapes) zurück.

Unterkieferhälfte nur noch aus einem einzigen Knochen, dem mächtig entwickelten zahntragenden *Dentale*, das mit dem der anderen Unterkieferhälfte in der Symphysenregion meist verwachsen ist. Das Unterkiefergelenk des Säugetiers ist damit ein *Squamoso-Dental*-Gelenk und wird als *sekundäres* Unterkiefergelenk bezeichnet. Die ehemaligen Bestandteile des primären Unterkiefergelenkes finden sich hier im Mittelohr, wo sie weiterhin miteinander artikulieren, jetzt aber zu Hammer und Amboß umgestaltet und im Dienste der Hörfunktion (s. Abb. 3). Mit dieser Homologisierung, mit dem Nachweis dieser stammesgeschichtlichen Aufeinanderfolge, ist gleichzeitig aber auch, wie wir beachten wollen, einer der wichtigsten, einst als grundlegend beurteilten Unterschiede zwischen Reptil und Säugetier aufgehoben, eine für die Frage nach der Abstammung der Säugetiere ganz entscheidende Feststellung.

Wenden wir uns jetzt den für unser Problem wichtigsten fossilen Funden zu. Im Gegensatz zum Zoologen, dem die Unterscheidung von Reptil und Säugetier, wie erwähnt, durch eine ganze Reihe physiologischer Merkmale erleichtert wird, stehen dem Paläontologen, der sich um die Klassifizierung vorzeitlicher Lebewesen bemüht, praktisch nur fossile Reste zur Verfügung.

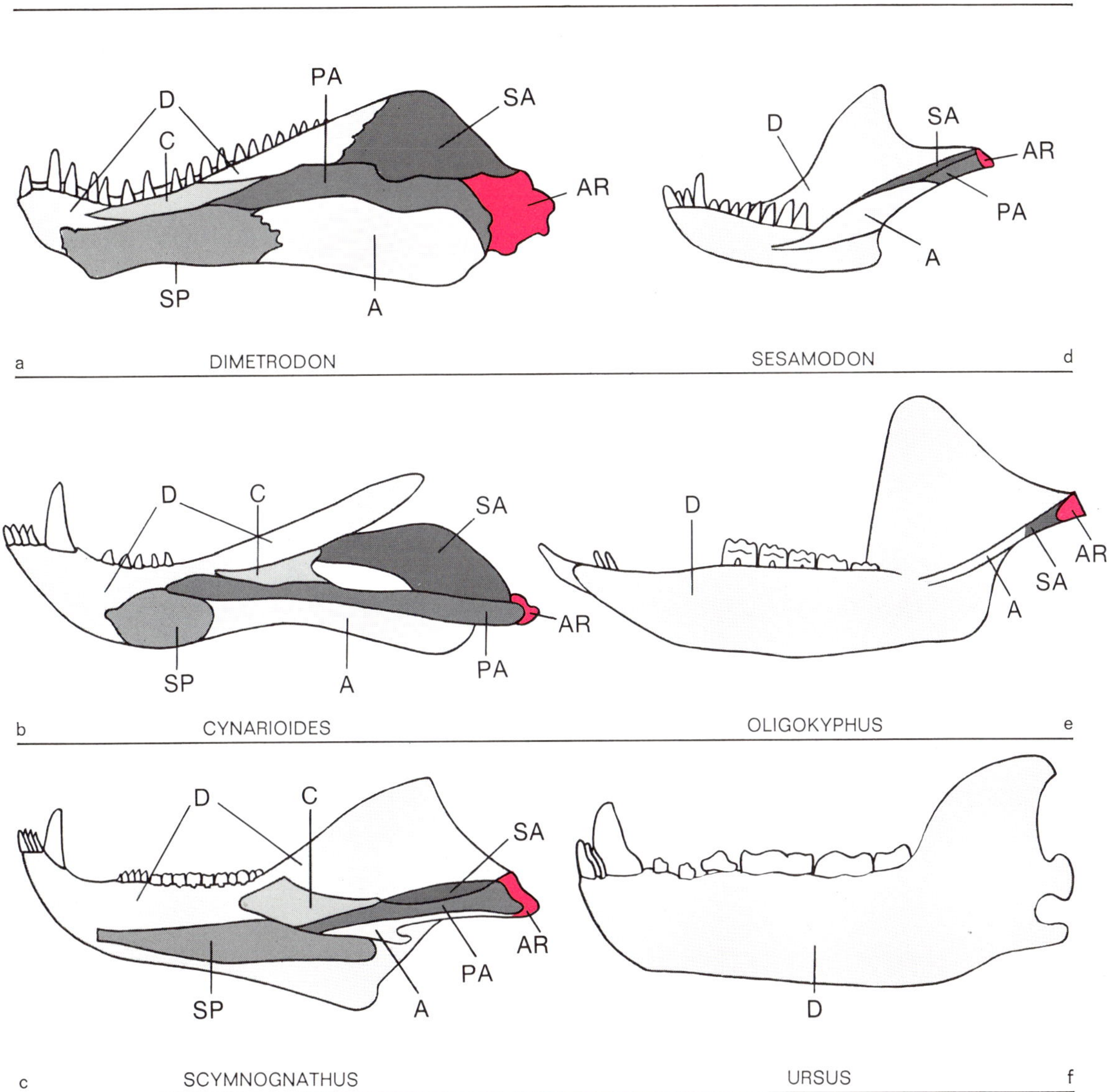

AR = Articulare SA = Supraangulare SP = Spleniale D = Dentale
PA = Praearticulare A = Angulare C = Coronoid

Abb. 4: Schematische Darstellung der Entwicklung, die vom reptilischen Unterkiefer zum Unterkiefer eines typischen Säugetiers (Bär) führte. Die Tendenz dieser Entwicklung besteht darin, daß sich die zahlreichen Kieferknochen des Reptils auf Kosten des zahntragenden Dentale, das beim Säuger allein übrig geblieben ist, zurückbildeten. (Die Kiefer sind nicht maßstabgerecht gezeichnet, sondern zur Veranschaulichung dieser Entwicklung auf gleiche Größe gebracht.)

a = Pelicosauria b, c = Gorgonopsia }
d, e = Theriodontia } Therapsiden

Von äußerst seltenen Ausnahmen abgesehen, sind das bei Säugetieren und Reptilien Zähne und Knochenreste. Damit erhob sich für den Paläontologen von Anfang an die Frage nach den zwischen den Hartteilen von Reptilien und Säugetieren bestehenden Unterschieden.

Lange bekannt sind die Unterschiede des Gebisses. Es bot sich daher an, zur Unterscheidung der fossilen Funde vor allem das Gebiß heranzuziehen, da die Zähne ja gleichzeitig zu den widerstandsfähigsten Hartteilen gehören und deshalb auch die häufigsten Funde darstellen. Das Gebiß eines Reptils besteht aus nicht (oder nur wenig) voneinander verschiedenen, einspitzigen *(haplodonten)* Einzelzähnen[1]. Es ist damit ein sogenanntes *homodontes* Gebiß. Bei den Säugetieren lassen sich dagegen verschiedene Zahntypen voneinander unterscheiden, die unterschiedliche Funktionen haben und dementsprechend auch morphologisch voneinander abweichen. Das Säugetiergebiß ist damit *heterodont.* Nur selten kommt es sekundär wieder zu einer Vereinfachung, zur Entstehung eines *pseudohomodonten* Gebisses, wie es z. B. beim Delphin der Fall gewesen ist, bei dem das Gebiß nur noch zum Festhalten der Beute dient. Damit ist bereits das Stichwort für die Ursache der Gebißdifferenzierung gefallen: Sie hängt mit der Kaufunktion zusammen. Reptilien verschlingen ihre Beute meist als Ganzes, also unzerteilt und unzerkaut. Bei ihnen dient das Gebiß nur zum Festhalten der Beute. Dazu genügen aber Zähne mit einfachen, spitzen Kronen. Bei den Säugetieren kommt diese Funktion des Festhaltens nur dem Vordergebiß zu, während die Backzähne durch einen entsprechend komplizierten Bau ihrer Kronen oft eine richtige Kaufläche aufweisen. Das Gebiß eines Säugetieres ist nicht nur zum Festhalten, sondern auch zum Zerschneiden, Zerquetschen und Kauen der Nahrung geeignet. Dementsprechend sind die Backzähne eines Säugers auch meist mehrhöckrig, wenn es nicht durch Verschmelzung zur Joch- und Faltenbildung kommt. Im Verlaufe der Ausbildung einer Kaufläche werden die Backzähne gleichzeitig auch mehrwurzelig.

Angesichts dieser Feststellungen ist es verständlich, wenn ein 1884 veröffentlichtes fossiles Gesichtsschädelfragment aus den mesozoischen Karro-Schichten Südafrikas, welches eine Differenzierung in einwurzelige Vorder- und mehrwurzelige, vielhöckrige Backzähne aufweist, als Rest eines Säugetiers klassifiziert wurde, dem man den Namen *Tritylodon primaevus* gab. Noch bis vor wenigen Jahren galten dieser Fund sowie mehrere isoliert gefundene mehrwurzelige Zähnchen aus der jüngeren Trias- und der älteren Jurazeit als die geologisch ältesten Säugetierreste.

1 Nur in Ausnahmefällen sind bei Reptilien einzelne Zähne besonders differenziert, wie z. B. die Giftzähne von Giftschlagen.

Das Vorkommen von Säugetieren im Mesozoikum war bei der Entdeckung von *Tritylodon primaevus* längst keine Sensation mehr, lagen doch bereits in der ersten Hälfte des vorigen Jahrhunderts mehrere kleine Kiefer mit Zähnen aus der mittleren Jurazeit Englands vor, die nach langen Diskussionen als Reste von Säugetieren anerkannt worden waren. Sie waren die ersten bekanntgewordenen mesozoischen Säugetiere überhaupt, und gegen die Anerkennung ihrer Existenz hatte sich die Mehrzahl der Fachwissenschaftler zunächst heftig gesträubt, indem sie entweder das geologische Alter der Funde oder ihre Zugehörigkeit zu den Säugetieren bestritt. Diese Zurückhaltung ist nicht schwer zu verstehen, kannte man fossile Säugetiere damals doch nur aus dem Tertiär und Quartär und gilt doch das Mesozoikum auch heute noch als »Zeitalter der Reptilien«.

Tritylodon primaevus wurde also schon seit langer Zeit als geologisch ältestes Säugetier in allen Lehrbüchern aufgeführt, als in den letzten Jahren Funde aus Trias- und Juraablagerungen die Diskussion um den Begriff *Säugetier* von neuem entfachten. So ist aus den mehrere hundert Meter mächtigen kontinentalen Perm- und Triasablagerungen der südafrikanischen Karroo-Serie und aus gleichzeitigen Schichten des alten sibirischen Angaria-Kontinents jüngst eine Fülle von Reptilien bekanntgeworden, die sich von den meisten Reptilien nicht nur durch den Bau ihres Schädels, sondern auch dadurch unterscheiden, daß bei ihnen eine ganze Reihe evolutionärer »Trends« festzustellen ist, durch die sie sich morphologisch dem Typ des Säugetiers annähern. In der englischen Literatur hat diese Reptiliengruppe, die den wissenschaftlichen Namen *Therapsiden* führt (siehe Abb. 5), daher auch die Bezeichnung »mammal-like reptiles« (säugetierähnliche Reptilien) erhalten. Von ihnen weisen besonders die *Theriodontia* die genannten »avantgardistischen« Tendenzen auf, und zwar bemerkenswerterweise innerhalb verschiedener ihrer Stämme. Hier die wichtigsten dieser stammesgeschichtlich so außerordentlich bedeutsamen »Trends«: Im Unterkiefer werden bei gleichzeitiger Vergrößerung des zahntragenden *Dentale* die übrigen Unterkieferknochen immer mehr zurückgebildet. (Diese Tendenz läßt sich vielleicht mit der notwendigen Vergrößerung der Ansatzstelle für die Kaumuskulatur erklären.) Das ursprünglich *homodonte* Gebiß erfährt eine Differenzierung in Vorder- und Backengebiß, wobei letzteres bei den geologisch jüngsten und stammesgeschichtlich fortschrittlichsten Formen morphologisch sogar schon eine Trennung in *Praemolaren* und *Molaren* erkennen läßt. Zugleich wird auch die Zahl der Zahngenerationen reduziert, indem bei diesen hochspezialisierten Reptilien an Stelle des kontinuierlichen Zahnwechsels nurmehr zwei Zahngenerationen wie bei den Säugetieren auftreten. Der Gaumen verknöchert weitgehend und bildet ein sekundäres,

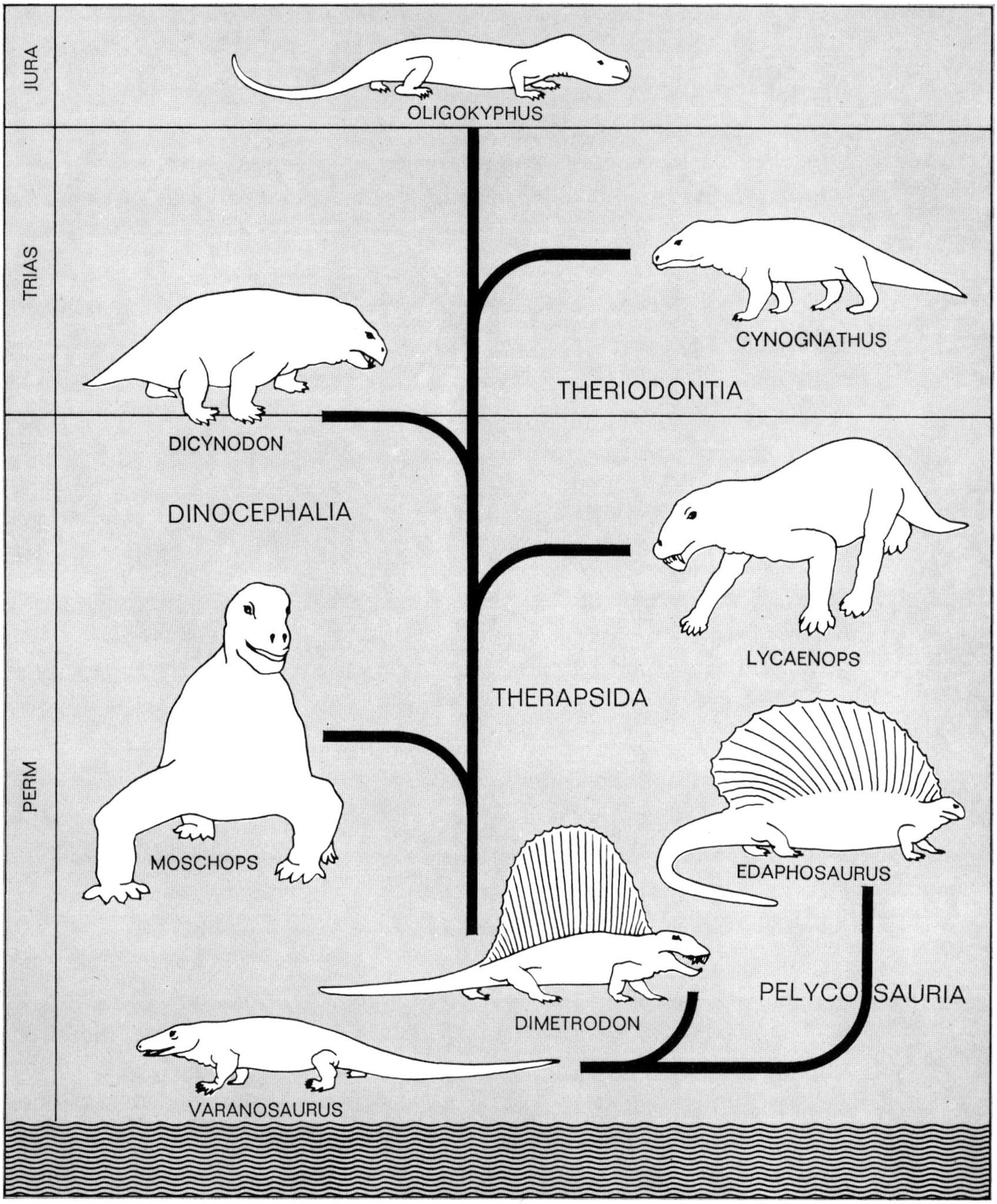

Abb. 5: Stammbaum der synapsiden Reptilien (Pelycosauria und Therapsida), die als Stammesgruppe der Säugetiere gelten kann. Die heutigen Säuger sind aus den Theriodontia hervorgegangen.

knöchernes Gaumendach. Die ursprünglichen Deckknochen des Schädels werden immer mehr reduziert und das einzige bei dieser Reptilgruppe vorhandene Schläfenfenster zur Schläfengrube umgebildet. Die Rippen erfahren eine säugerähnliche Differenzierung; der Schultergürtel wird vereinfacht; die Stellung des Beckengürtels und der Extremitäten ermöglicht eine Abhebung des Rumpfes vom Boden; die Zahl der Zehenglieder entspricht jener der Säugetiere.

Besonders interessant ist die Feststellung, daß diese und noch eine Reihe anderer »Trends« keineswegs gleichzeitig und in allen Stammlinien der *Theriodontier* abgelaufen sind, sondern daß etwa bei dem einen Stamm die Ausbildung des Unterkiefers, bei einem anderen die der Zähne, bei einem dritten die Umkonstruktion der Gliedmaßen besonders »forciert« wurde, während bei einem anderen wieder ein anderer »Trend« auftrat. Diese wichtige Erkenntnis von einem »Mosaikmodus» der stammesgeschichtlichen Entwicklung wird nach dem englischen Wirbeltier-Paläontologen, der sie entdeckte, als WATSONsche Regel bezeichnet.

Dieser »mosaikartige« Charakter des Auftretens von Säuger-Merkmalen bei den *Theriodontia* genannten, »fortschrittlichen« Reptilien stellt uns aber nun erneut vor die Frage, von welchem Punkt der Entwicklung ab wir eigentlich von einem Säugetier sprechen sollen. Die Untersuchung der Fossilien hat z. B. ergeben, daß die *Tritylodontier*, so etwa *Tritylodon* und verwandte Formen, wie sie inzwischen z. B. als *Oligokyphus* aus dem älteren Jura Europas (etwa 150 Millionen Jahre alt, siehe Abb. 5) oder als *Bienotherium* aus China beschrieben worden sind, dem Bau ihres Mittelohres und damit auch dem Bau ihres Unterkiefers nach als Reptilien anzusehen sind. Ihr Unterkiefergelenk ist ein primäres *Quadrato-Articular*-Gelenk, und in ihrem Mittelohr findet sich nur die *Columella* der Reptilien als Gehörknöchelchen. Gleichzeitig ist das Gebiß dieser *Tritylodontier* aber schon so hoch spezialisiert, daß das aus wenigen einwurzeligen Zähnen bestehende Vordergebiß durch einen weiten Abstand, ein typisches *Diastema*, von dem aus mehrhöckrigen und mehrwurzeligen Zähnen bestehenden Backengebiß getrennt ist. Sind diese *Tritylodontier*, deren übriges Skelett ebenfalls reptilartige mit säugetierhaften Merkmalen vereint, vielleicht doch schon als Säugetiere zu klassifizieren? Hat es sich bei ihnen womöglich um Warmblüter gehandelt, die mit einem Haarkleid versehen waren und lebende Junge zur Welt brachten? Angesichts der auffälligen und zahlreichen Foramina im Gesichtsschädel spezialisierter *Cynodontia* aus der Trias Südafrikas, die als Austrittsöffnungen für Blutgefäße und Nerven angesehen werden müssen (siehe Abb. 6), ist tatsächlich an eine vermehrte Durchblutung der Schnauzenregion dieser Tiere und damit an die Möglichkeit zu denken, daß die *Cynodontier* hier

Abb. 6: Schädelrekonstruktion eines Theriodontiers. Die zahlreichen Foramina im Bereiche des Gesichtsschädels lassen eine entsprechend reichliche Versorgung der Schnauzenregion mit Gefäßen und Nerven vermuten.

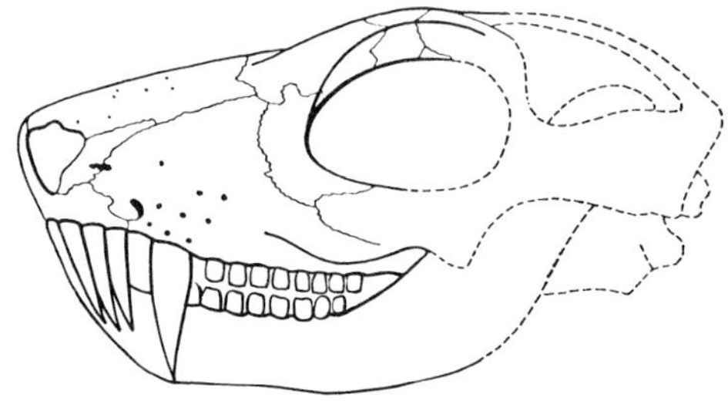

bereits über ein sensorisches Feld mit spezialisierten Sinnesorganen (Spürhaare?) verfügt haben könnten und vielleicht sogar über eine säugetierähnliche Haut mit beweglichen Lippen und einem Äquivalent für eine äußere Nase, wie das sonst nur von Säugetieren bekannt ist. Derartige Spürhaare würden selbstverständlich auch die Existenz eines allgemeinen Haarkleides voraussetzen, welches wiederum auf eine Warmblütigkeit dieser säugetierähnlichen Reptilien schließen lassen würde. Diese Annahme läßt sich sogar noch durch das Vorliegen knöcherner *Ethmoturbinalia* stützen, also von Windungen des knöchernen Nasenraumes, deren funktioneller Sinn die Erwärmung und Anfeuchtung der Atemluft ist und die dementsprechend auch nur bei homoeothermen Wirbeltieren bekannt sind. Manche Autoren schließen aus der starken Verschiedenheit zwischen Milch- und Dauergebiß, die sich bei einzelnen *Therapsiden* nachweisen läßt, sogar auf eine »Säuge«-Periode der Jungtiere und damit auf das Vorhandensein von Milchdrüsen bei diesen Tieren.

Wenn das alles zutrifft, dann würde es bedeuten, daß zumindest die fortschrittlichsten Vertreter der *Therapsiden* schon mehr Säugetiere als Reptilien gewesen sind. Zugleich hat sich bei der Analyse dieser neuen Funde unter Berücksichtigung der WATSONschen »Mosaikregel« aber auch deutlich gezeigt, daß eine eindeutige Grenzziehung zwischen fossilen Reptilien und Säugetieren, die sich nur an einem einzigen Merkmalskomplex orientiert, gar nicht durchzuführen ist. Jede in dieser Weise gezogene Grenze ist willkürlich. Das ist eine Einsicht, die sich unseren heutigen Vorstellungen vom Ablauf der Stammesgeschichte als einer Summation vieler kleinster Evolutionsschritte zwanglos einfügt. Es ist daher im Prinzip gleichgültig, ob man sich bei dem Versuch, fossile Reptilien und Säugetiere voneinander zu unterscheiden, auf die Ausbildung des Gebisses und Unterkiefers, des knöchernen Gaumendaches, des Mittelohres oder irgendein anderes Merkmal stützt. Jede scharfe Grenzziehung wäre nur ein Kunstprodukt und letztlich davon abhängig, für welches der vielen möglichen und grundsätzlich gleichberechtigten Merkmale man sich entscheidet. Von den meisten Paläontologen wird der Bau des Unterkiefergelenkes als definitorisches Kriterium bevorzugt. Demnach wären als Säugetiere also alle Wirbeltiere anzusehen, die ein *Squamoso-Dental*-Gelenk haben. Daß mit der Ausbildung eines solchen sekundären Unterkiefergelenkes aber die Bestandteile des primären Unterkiefergelenkes keineswegs schon zu Gehörknöchelchen umgebildet sein müssen, wird durch Funde aus jüngster Zeit bewiesen. So findet sich bei *Diarthrognathus* und bei *Docodonten (Docodon, Peraiocynodon)* median neben dem sekundären Unterkiefergelenk noch das primäre *Quadrato-Articular-Gelenk!*

Damit ist dieser theoretisch so wichtige und lange für unmöglich gehaltene Übergangszustand als entwicklungsgeschichtliches Faktum belegt.

Welche Konsequenzen hat diese Definition des Säugetierbegriffes aber nun in taxonomischer und phylogenetischer Hinsicht? Angesichts der Tatsache, daß der »Trend« zur Weiterentwicklung in Richtung auf den Bauplan eines Säugetieres innerhalb mehrerer *Therapsiden*stämme aufgetreten ist, liegt die Vermutung nahe, daß nicht nur ein Stamm die Grenze vom Reptil zum Säugetier überschritten haben könnte, sondern zwei oder noch mehr. Hinsichtlich der zoologischen Systematik würde das bedeuten, daß der Begriff *Säugetier* gar keine natürliche Einheit darstellt und bei konsequentem Vorgehen eigentlich aufgelöst werden müßte. Eine weitere unabweisbare Schlußfolgerung wäre die, daß die Säugetiere nicht monophyletisch, sondern polyphyletisch entstanden sind, daß sie also entwicklungsgeschichtlich eine aus mehreren verschiedenen Wurzeln stammende Gruppe von Lebewesen bilden.

Wenn wir uns jetzt wieder den rezenten, heute lebenden Säugetieren zuwenden, so ist in diesem Zusammenhang natürlich in erster Linie an die Möglichkeit einer Eigenständigkeit der Kloakentiere zu denken. Leider fehlen Funde, die eine definitive Klärung dieser Frage gestatten. Bisher sind nur eiszeitliche Reste dieser Gattung gefunden worden, die sich den rezenten *Monotremata* zwanglos zuordnen lassen und daher auf ihre Herkunft natürlich kein Licht werfen. Bedeutsamer ist es vielleicht schon, daß der noch durchaus reptilhaft wirkende Schultergürtel der *Monotremen* bereits bei *Tritylodontiern* der älteren Jurazeit nachweisbar ist. Aber damit ist über eine stammesgeschichtliche Verwandtschaft zwischen *Tritylodontiern* und *Monotremen* noch nichts Endgültiges ausgesagt, sondern zunächst nur das hohe geologische Alter dieser besonderen Konstruktion des Schultergürtels belegt. Wenn allerdings die oben erläuterte Vermutung zutrifft, daß bestimmte hoch spezialisierte *Therapsiden* – die als Vorfahren der Kloakentiere nicht in Betracht kommen – bereits lebende Junge zur Welt brachten und damit als Vorfahren der übrigen heutigen Säugetiere anzusehen sind, dann wäre damit ein »diphyletischer« Ursprung, d. h. also die stammesgeschichtliche Herkunft der rezenten Säugetiere aus zwei verschiedenen Reptilgruppen gesichert. Jedoch läßt sich auch diese Vermutung nicht sicher beweisen. Zum Abschluß wollen wir daher die Reptilien verlassen und noch einen kurzen Blick auf die bisher bekannten mesozoischen Säugetierfunde werfen und sehen, ob sie im Hinblick auf die Frage der Monophylie oder Polyphylie der Säugetiere etwas aussagen.

Aus dem Mesozoikum sind bisher nicht nur Kiefer- und Zahnreste von Insektenfressern und Beuteltieren bekanntgeworden, z. B. aus kreidezeitlichen Ablagerungen in Nordamerika, sondern auch von deren vermutlichen Vorfahren und anderen, längst ausgestorbenen Säugetierstämmen. Diese sind als *Triconodonta, Multituberculata, Symmetrodonta, Docodonta* und *Pantotheria* beschrieben worden (siehe Abb. 7), wobei die wesentlichen Unterschiede in allen Fällen Unterschiede der Gebißentwicklung sind. Bei der Untersuchung dieser Reste könnte man fast den Eindruck gewinnen, als ob die Natur hier mit den verschiedenen möglichen Backenzahnformen regelrecht experimentiert hätte, um herauszufinden, welche von ihnen am besten geeignet sei. Es ist außerordentlich interessant, an Hand dieser Fossilien die zunehmende Spezialisierung zum typischen Säugergebiß zu verfolgen. Auf die mannigfachen phylogenetischen Probleme, die sich bei einer solchen vergleichenden Untersuchung ergeben, kann ich hier nicht eingehen. Es sei nur festgestellt, daß sich dabei u. a. auch ergibt, daß die Säugetiere dann, wenn man sie nach der Art ihres Unterkiefergelenkes definiert, polyphyletisch, und zwar aus mindestens *drei* verschiedenen Wurzeln entstanden sind. Die praktische Konsequenz dieser Feststellung könnte in der Forderung bestehen, den Begriff *Säugetier* überhaupt aufzulösen, ihn auf stammesgeschichtlich zusammengehörige Gruppen zu beschränken, oder aber, ihn – unter Einbeziehung der *Therapsiden* – zu erweitern. Alle diese Vorschläge sind in den letzten Jahren tatsächlich auch gemacht worden. Andererseits darf man aber nicht übersehen, daß alle drei sich bei einer Festlegung auf dieses Merkmal ergebenden Säugetierstämme aus einer einzigen Gruppe von Reptilien hervorgegangen sind, nämlich aus der der *Theriodontier*. Mit anderen Worten ist die »Polyphylie« der Säugetiere eigentlich nur eine Frage der Definition. Letzlich hängt sie davon ab, wo man die Grenze zwischen einem Reptil und einem Säugetier ziehen will.

Alles in allem können wir heute über die stammesgeschichtliche Herkunft der Säugetiere folgendes sagen: Die Säugetiere haben sich vor etwa 170 Millionen Jahren, in der jüngsten Triasepoche, aus *therapsiden Reptilien* entwickelt. Diese *Therapsiden* glichen in manchen Merkmalen zwar schon mehr den heutigen Säugetieren als rezenten Reptilien, doch lassen die fossi-

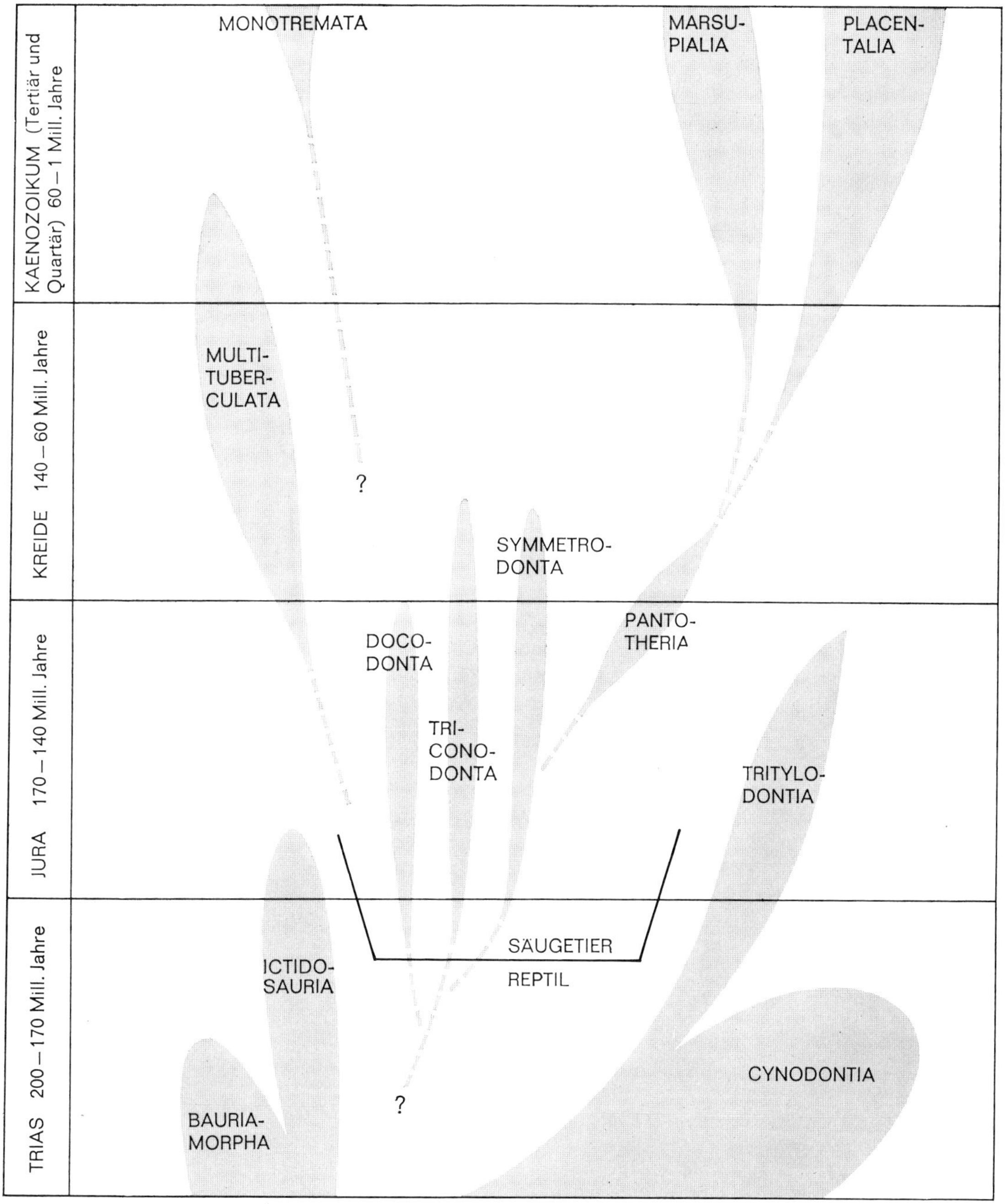

Abb. 7: Schematische Darstellung des entwicklungsgeschichtlichen Stammbaums der heutigen Säugetiere mit Markierung des Übergangsgebietes vom Reptil zum Säugetier. (Nach Thenius/Hofer 1960)

len Funde keinen Zweifel daran, daß die *Therapsiden* und die heute lebenden Reptilien von einem gemeinsamen Vorfahren abstammen.
Der Stamm der *Monotremata*, der »Kloakentiere« Schnabeltier und Ameisenigel, muß sich bereits früh vom Hauptstamm getrennt haben. Seitdem hat er sich parallel zu ihm weiterentwickelt. Die zahlreichen, für die heute lebenden Kloakentiere so charakteristischen Merkmale: Reduktion des Gebisses, Schwimmhäute und Hornschnabel beim Schnabeltier, das Stachelkleid bei den Ameisenigeln u. a. m. stellen jedoch Anpassungserscheinungen dar, die erst relativ spät in Zusammenhang mit der besonderen Ernährungs- und Lebensweise dieser Tiere erworben wurden.
Beuteltiere und – als primitivste *Placentalia* – Insektenfresser sind bereits aus der Kreidezeit nachgewiesen. Die Insektenfresser aber sind die Stammgruppe der *placentalen Säugetiere*, die sich nach dem Aussterben der großen Saurier und der Flug- und Fischechsen vor etwa 60 Millionen Jahren, gegen Ende der Kreidezeit, so rasch und so mannigfaltig zu entwickeln begannen, daß sie zu der die Erdneuzeit kennzeichnenden Wirbeltiergruppe geworden sind, die nach ihnen das »Zeitalter der Säugetiere« genannt wird.

Literatur

Hopson, J.A./Crompton, A.W., 1969, Origin of Mammals. Evolutionary Biology 3, S. 15–72, New York.

Kermack, D.M./Kermack, K.A., 1971, Early Mammals. Journal Linnean Society 50, Suppl. 1, London.

Krebs, B., 1975, Zur frühen Geschichte der Säugetiere. Natur und Museum 105, S. 147–155, Frankfurt/M.

Thenius, E., 1969, Phylogenie der Mammalia (Stammesgeschichte der Säugetiere, einschließlich der Hominiden), Berlin.

George G. Simpson

Die Evolution des Pferdes

Die Entwicklungsgeschichte der Equidae ist nicht nur deshalb interessant, weil sie wohl das einzige Beispiel eines nahezu lückenlos rekonstruierten fossilen Stammbaums darstellt, der sichtbar werden läßt, was Evolution ist. Darüber hinaus zeigt sich hier noch etwas anderes: Naturwissenschaftliche Befunde sind nicht an sich bedeutsam, sondern verweisen in ihrem Zusammenhang auf eine hinter der Welt der Erscheinungen verborgene Ordnung.

Als Charles Darwin sein berühmtes Buch über den »Ursprung der Arten« schrieb, schien das historische Zeugnis, soweit es in Gestalt der damals schon bekannten fossilen Überlieferung vorlag, der realen Existenz der von ihm angenommenen »Evolution« eher zu widersprechen. Die meisten Paläontologen hingen damals noch der Ansicht von Cuvier an, der die Aufmerksamkeit darauf gelenkt hatte, daß die neuen Tier- und Pflanzenarten in der vorliegenden Fossilreihe immer ganz unvermittelt auftauchten, ohne nachweisliche Vorfahren, die doch existiert haben müßten, wenn die neuen Arten ihre Entstehung einem evolutionären Prozeß verdankten.

Darwin vertrat demgegenüber die Meinung, daß sich die Fossilfolge der Hauptgruppen der Lebewesen dennoch als Ausdruck einer evolutionären Weiterentwicklung interpretieren lasse, die von niedrigen, primitiveren zu höheren und fortgeschritteneren Lebensformen verlaufen sei. Das scheinbar unvermittelte Auftreten bestimmter neuer Arten in der fossilen Überlieferung wurde von ihm einleuchtend und überzeugend einfach als Folge der Unvollständigkeit der fossilen Funde erklärt. Tatsächlich ist, wie wir auch heute noch zugeben müssen, nur ein sehr kleiner Teil der Arten, die es im Verlaufe der Erdgeschichte gegeben hat, in Form von Fossilien im Erdboden konserviert worden. Und von dieser ohnehin kleinen Anzahl ist nur der kleinste Teil bis heute gefunden, identifiziert und beschrieben.

Die Zahl der fossilen Funde ist seit den Tagen DARWINS enorm angewachsen. Unter diesen Umständen war zu erwarten, daß die weitere Suche dann, wenn es wirklich eine Evolution gab, früher oder später Beispiele dafür liefern mußte, daß sich bestimmte Organismenarten innerhalb einer bestimmten geologischen Zeitspanne tatsächlich von einer Form zu einer anderen entwickelt haben. Das erste einigermaßen überzeugende Beispiel wurde schon 1872 von THOMAS HENRY HUXLEY beschrieben, DARWINS Freund und entschiedenem Gefolgsmann. Er wies nach, daß vier bekannte Gattungen fossiler europäischer Säugetiere eine Reihe von Schritten darstellten, die stufenweise bis zu den heute lebenden Pferden führte, wenn man sie chronologisch richtig anordnete: Es handelte sich um das *Paläotherium* aus dem frühen Tertiär, das *Anchitherium* aus dem mittleren Tertiär, das *Hipparion*, das im Pliozän, dem letzten Abschnitt des Tertiär, gelebt hatte, und schließlich *Equus*, das Pferd, das heute noch lebt und dessen älteste Fossilien aus dem Pleistozän stammen. 1873 und nochmals 1876 unterstützte der Russe VLADIMIR KOVALEVSKY diese These HUXLEYS durch die Lieferung weiterer Details, womit er auch zu den Pionieren der paläontologischen Evolutionsforschung zu rechnen ist. Schon vor HUXLEY und KOVALEVSKY hatte JOSEPH LEYDY 1869 eine ganze Anzahl fossiler Pferde aus Amerika beschrieben. Seine Nachfolger OTHNIEL CHARLES MARSH und EDWARD DRINKER COPE verfolgten dieses Thema mit großem Eifer und als erbitterte Konkurrenten. Bereits 1874 sagte MARSH von seiner Sammlung amerikanischer fossiler Pferde: »Die Abstammungslinie scheint direkt gewesen zu sein, und die nunmehr vorliegenden Fossilien belegen jeden wichtigen Schritt der Entwicklung.« Sein Anspruch, »jeden wichtigen Schritt der Entwicklung« belegt zu haben, war zwar eine kräftige Übertreibung. MARSH hatte aber insofern recht, als die direkte Abstammungslinie tatsächlich in Amerika und nicht in der europäischen Fossilfolge von HUXLEY und KOVALEVSKY auftrat.

HUXLEY war MARSHS Behauptungen gegenüber skeptisch. Aber als er 1876 auf einer Vorlesungsreise nach Amerika kam und zwei Tage damit verbracht hatte, MARSHS Sammlung zu studieren, war er völlig überzeugt. HUXLEYS früheste Gattung, das *Paläotherium*, hatte mit den Pferden zwar einen gemeinsamen Vorfahr, war aber ein europäischer Seitenzweig. Es wird heute klassifikatorisch nicht mehr zu den *Equidae*, den Mitgliedern der Pferdefamilie, gerechnet. HUXLEYS übrige europäische Gattungen: *Anchitherium*, *Hipparion* und *Equus* sind dagegen zwar tatsächlich Glieder dieser Familie, sie alle entwickelten sich aber in Nordamerika und wanderten von dort aus, jede für sich, über Asien nach Europa ein.

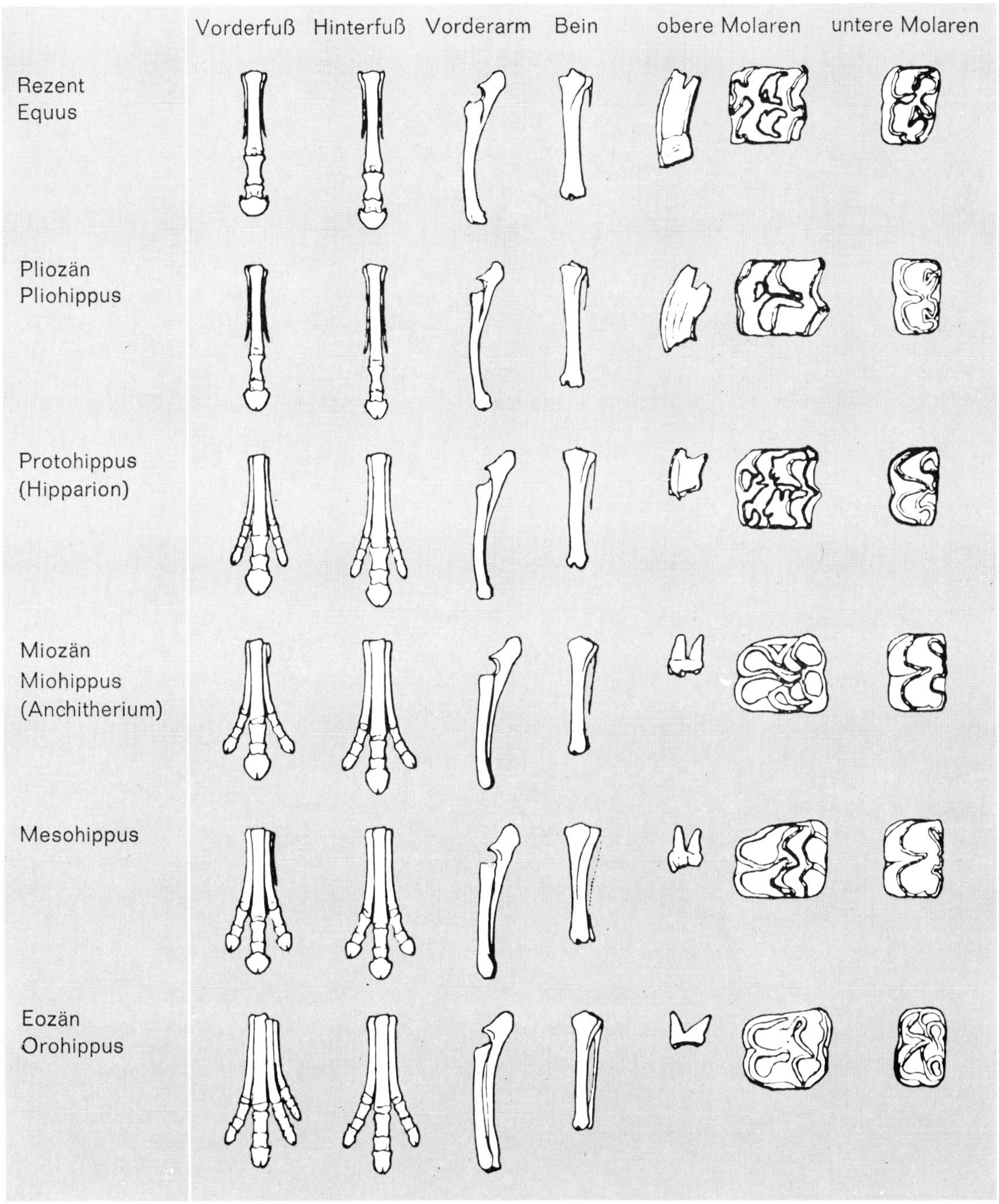

Abb. 1: Die von Marsh ursprünglich angenommene Stammesgeschichte der Equidae. Von links nach rechts sind für jede Gattung angegeben: Vorderfuß, Hinterfuß, Unterarm, Unterschenkel, ein oberer Molar (seitlich und Kaufläche) und die Kaufläche eines unteren Molaren (hier alle gleich groß). In Wirklichkeit nimmt die natürliche Größe von den frühen Formen (unten) zu den späteren Formen (oben) zu.

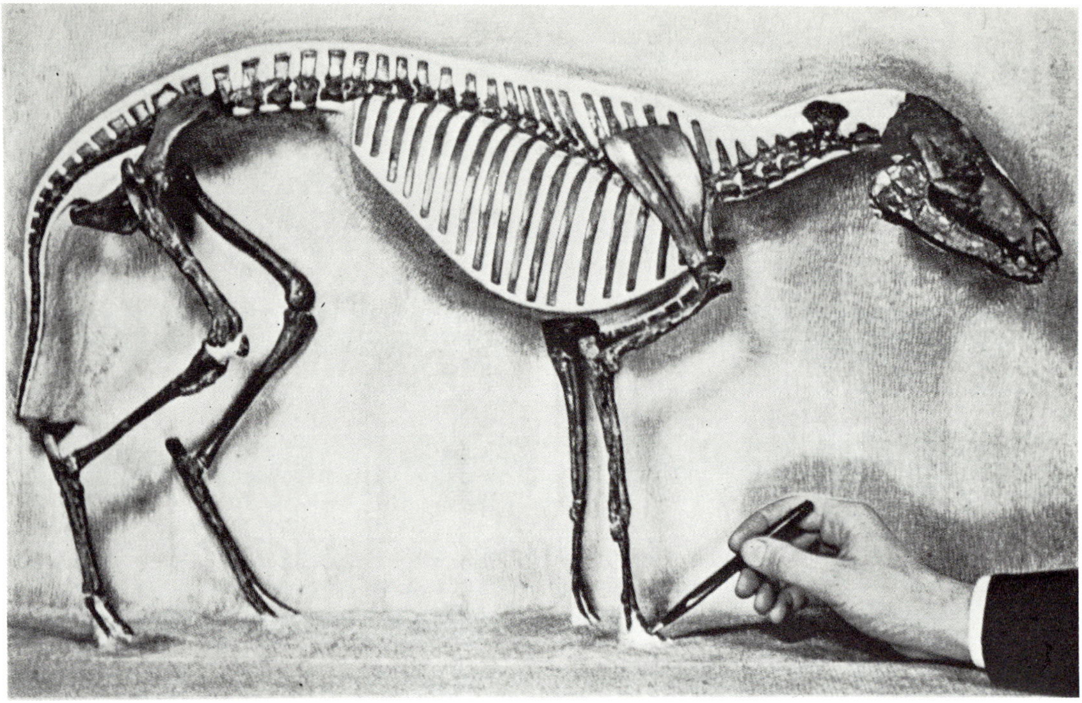

Abb. 2: Skelett des Hyracotherium („Eohippus«), des ältesten Mitgliedes der Pferde-Familie aus dem frühen Eozän (vor etwa 50 Mill. Jahren). Fundstelle Wyoming, USA (Museum of Natural History, New York).

Es ist seltsam und in gewissem Sinne bezeichnend, daß das früheste und berühmteste Glied der Pferde-Familie aus dem frühen Eozän schon sehr viel früher, nämlich bereits 1838, in England entdeckt worden war. Richard Owen, ein englischer Anatom, der übrigens niemals an eine Evolution der Pferde glauben wollte, nannte es *Hyracotherium*, weil es ihn an die heute noch in Afrika und dem Nahen Osten lebenden Hyracoiden (Klippschliefer) erinnerte. Die Pointe dieser Geschichte besteht darin, daß sich *Hyracotherium* von allen späteren Pferdearten, dessen Vorfahr es in der Tat ist, in solchem Maße unterschieden hat, daß die Tatsache dieser Verwandtschaft erst 35 Jahre nach seiner Entdeckung erkannt worden ist. Dies Beispiel kann vor Augen führen, wie radikal die evolutionären Veränderungen in der Familie der *Equidae* tatsächlich gewesen sind. Das *Hyracotherium* gab es auch in den Vereinigten Staaten, wo Marsh es *Eohippus* taufte, weil er von der – falschen – Voraussetzung ausging, die amerikanischen Arten seien mit den europäischen genetisch nicht identisch. *Eohippus* (»Frühpferd«) ist zwar ein passenderer Name als *Hyracotherium* (»Hyrax-Tier«), dennoch muß es aus historischen Gründen bei dem zweiten ursprünglichen Namen bleiben.

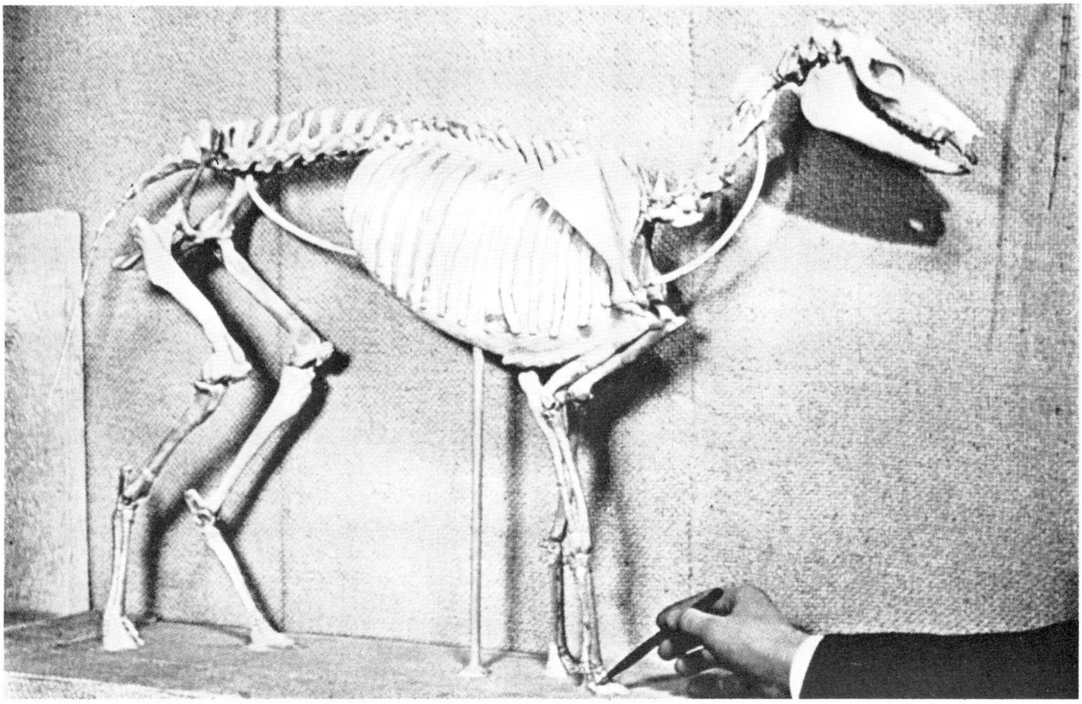

Abb. 3: Skelett des kleinen dreizehigen Mesohippus aus dem Oligozän (vor etwa 30 bis 35 Mill. Jahren). Fundstelle Süd-Dakota, USA (Museum of Natural History, New York).

Am Ende des vorigen Jahrhunderts war die Entwicklung, die vom *Hyracotherium* (oder »*Eohippus*«) zu *Equus*, dem heutigen Pferd, geführt hatte, in der Art und Weise, in der Marsh sie rekonstruiert hatte, zu dem am vollständigsten belegten und am besten bekannten Beispiel der Evolution geworden. Es machte das Phänomen der Evolution mit einem Male konkret sichtbar und wurde als überzeugender und endgültiger Beweis ihrer Realität anerkannt. Heute gibt es noch viele andere Beispiele, gleich überzeugend und mit gleicher Vollständigkeit durch Fossilien belegt, nicht nur bei Säugetieren, sondern auch bei anderen Wirbeltieren, bei Wirbellosen, Pflanzen und sogar Protozoen. Dennoch hat die Evolution der Pferde-Familie bis heute nichts von ihrem Interesse verloren, sie wird weiterhin zitiert und dient in fast allen Lehrbüchern und populären Darstellungen der Evolution als anschauliches Beispiel. Zur Demonstration der Realität der Entwicklungsgeschichte ist sie tatsächlich unübertrefflich geeignet. Sie kann darüber hinaus als Beleg für bestimmte Grundprinzipien der Evolution dienen, jedoch wird gerade dieser Aspekt auch heute noch oft genug falsch interpretiert oder mißverständlich dargestellt.

Ein Vergleich von *Hyracotherium* und *Equus* zeigt auf den ersten Blick die eindrucksvollen Veränderungen, die während der 50 Millionen Jahre erfolgten, die zwischen diesen beiden Vertretern der gleichen Familie liegen. Betrachten wir einmal die wichtigsten: Am auffälligsten ist wohl die Zunahme der Körpergröße. Die kleinsten Vertreter von *Hyracotherium* hatten eine Schulterhöhe von weniger als 30 cm. Für die heutigen Pferde sind $1^1/_2$ m noch ein relativ bescheidenes Maß. Das heutige Pferd ist im Durchschnitt 125mal so schwer wie *Hyracotherium*. Die Augen von *Hyracotherium* waren relativ groß, sie saßen vorn, beinahe in der Mitte des Kopfes. Das relativ sehr viel kleinere Auge unserer heutigen Pferde ist dagegen am Kopf seitlich weit nach hinten gerückt. Das Gehirn von *Hyracotherium* war außerordentlich primitiv, beinahe noch das eines Reptils. Das Gehirn des Pferdes ist groß, seine Rinde reichhaltig gewunden. Die Zähne von *Hyracotherium* waren in einer praktisch zusammenhängenden Reihe angeordnet, sie hatten niedrige Kronen mit einem ganz einfachen Muster und keinen Zement. Zwischen den Schneide- und den Backzähnen des heutigen Pferdes klafft ein weiter Zwischenraum. Die Zähne haben außerdem hohe Kronen mit einem komplizierten Muster auf der Kaufläche und reichlichem Zement. Bei *Hyracotherium* waren die Prämolaren kleiner und einfacher gebaut als die Molaren. Beim Pferd sind die Prämolaren sogar noch größer als die Molaren, und die Muster sind bei beiden fast identisch. Die Füße von *Hyracotherium* waren noch »Pfoten«, ähnlich denen eines Hundes, mit vier Zehen am Vorderfuß und drei Zehen am Hinterfuß. Der Fuß des heutigen Pferdes dagegen hat nur noch eine funktionierende Zehe, die auch nicht gepolstert ist und die einen komplizierten Sehnenapparat zum Springen besitzt. Bei *Hyracotherium* sind Speiche und Elle sowie Schienbein und Wadenbein noch voneinander getrennt und können unabhängig voneinander bewegt werden. Beim Pferd sind diese beiden Knochen jeweils unbeweglich miteinander verbunden und außerdem Elle und Wadenbein in der Größe stark reduziert. Im Verlauf der Geschichte, die diese Veränderungen hervorbrachte, wurden die Pferde immer größer, sie breiteten sich immer mehr aus und entwickelten sich zu Tieren, die sehr rasch laufen konnten und ihre Füße und schließlich ihre schweren und scharfen Hufe zu Flucht und Kampf benutzten. Sie wurden intelligenter, ihr Nervensystem wurde komplizierter, ihre Nahrung wechselte von kleinen saftigen Pflanzen zu harten Gräsern. Im Verlaufe dieser Geschichte verließen sie auch ihre ursprüngliche Heimat, nämlich die Wälder und das Dickicht, um in die offene Landschaft der freien Grassteppen und Savannen auszuziehen.

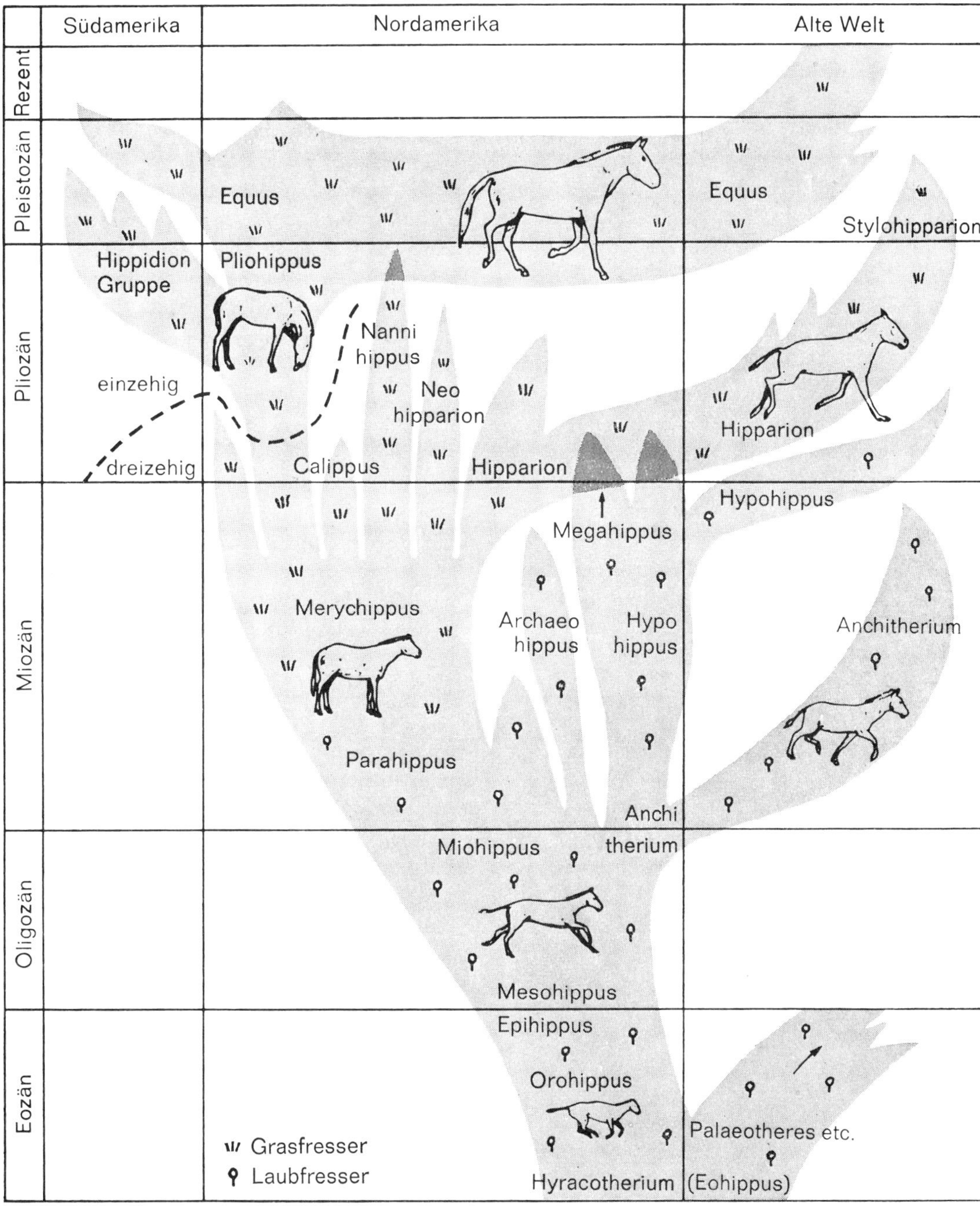

Abb. 4: Vereinfachte Zusammenstellung von Stammesgeschichte, Lebensraum und geographischer Verbreitung der Equidae. In Wirklichkeit verlief die Entwicklung noch wesentlich komplizierter. So gab es im späten Miozän und im frühen Pliozän noch viel mehr verschiedene Linien, die ebenso wie die Aufsplitterung in Spezies und Subspezies nicht angegeben sind. Die Rekonstruktionen sind zueinander maßstabgerecht gezeichnet.

All dies ist richtig. Aber wenn man es einfach so in dieser Form darstellt, ohne die Einzelheiten der Entwicklung genauer zu beachten, entsteht dennoch ein falscher Eindruck. Man könnte dann nämlich auf den Gedanken kommen, daß die Geschichte der Entwicklung, die von *Hyracotherium* bis zum heutigen Pferd führte, eingleisig und gleichsam zielsicher, bildlich gesprochen: in einer schnurgeraden Linie erfolgt sei. Diese Folgerung wurde von den frühen Evolutionisten tatsächlich gezogen, und sie wurde von ihnen so sehr zum Dogma erhoben, daß sie in manchen Köpfen heute noch spukt. Die Darstellungen in den meisten Museen und die Abbildungen in vielen Schulbüchern suggerieren auch heute noch eine solche einfache Folge der Ereignisse und unterscheiden sich damit kaum von MARSHS Illustrationen, die inzwischen 75 Jahre alt geworden sind. In Wirklichkeit ist diese Konzeption einer stetigen, geradlinig erfolgenden Entwicklung nachweislich und von Grund auf falsch.

Bei dieser Frage handelt es sich nicht einfach um einen Streit unter Spezialisten über technische Einzelheiten, sondern um eine entscheidende Grundfrage der Evolution überhaupt und damit der ganzen Biologie. Die Frage, die hier auftaucht, hat sogar für Philosophie und Theologie noch Konsequenzen. Sie hängt mit dem Begriff der »Orthogenese« zusammen. Im ursprünglichen Wortsinne (wörtlich: direkte [gerade] Entwicklung) soll dieser Terminus lediglich eine evolutionäre Entwicklung kennzeichnen, die völlig geradlinig, ohne Aufsplitterungen oder Abweichungen verlaufen ist. Dergleichen ist zwar gelegentlich wohl vorgekommen, aber niemals für beliebig lange Zeiträume und ganz sicher nicht in der Entwicklungsgeschichte des Pferdes. Aber wie dem auch sei, der Begriff »Orthogenese« wurde von seinen Urhebern ohnehin kaum jemals in diesem rein deskriptiven Sinne verwendet. Er wird vielmehr fast ausschließlich dazu benutzt, um eine Entwicklung zu kennzeichnen, von welcher der betreffende Autor behauptet, daß sie unabhängig von der natürlichen Auslese oder dem biologischen Zwang der Anpassung an die Umwelt von einer geheimnisvollen »inneren Kraft« gesteuert worden sei. Diese innere Kraft hat schon viele Namen erhalten, sie ist als »élan vital« (BERGSON) oder »Entelechie« (DRIESCH) bezeichnet worden. So ist dieses Wort längst zu einem Terminus geworden, der eine wahrscheinlich immaterielle und jedenfalls *unbeobachtbare* Ursache ins Spiel bringt und damit das Phänomen der Evolution aus dem Bereich wissenschaftlicher Diskussion herausnimmt. Ganz konsequent wird diese Tendenz von dem späten TEILHARD DE CHARDIN vertreten, der die Evolution insgesamt grundsätzlich als orthogenetisch auffaßt, und zwar als eine Entwicklung, die einem bestimm-

ten göttlichen Plan – in einem mystischen, theologischen Sinne verstanden – folgt.
Zum Teil entspringen derartige Überlegungen der Annahme, daß die Entwicklungsgeschichte der *Equidae* einen Beleg für den orthogenetischen Charakter der Evolution darstelle. Aber selbst dann, wenn die Entwicklungsgeschichte des Pferdes tatsächlich wenigstens im wörtlichen Sinne dieses Terminus »orthogenetisch« verlaufen wäre, so würde selbst das natürlich noch keineswegs gleich eine vitalistische oder mystische Erklärung erfordern, geschweige denn den gewissermaßen »mystischen Charakter« einer solchen Entwicklung beweisen. Auch eine Evolution, die innerhalb gewisser Grenzen und für einen bestimmten Zeitraum ohne Abweichungen verliefe, könnte noch immer auf natürliche Weise erklärt werden, z. B. durch eine Selektion, die in eine einzige, ganz bestimmte Richtung drängt, wie das theoretisch durchaus möglich erscheint und in einigen speziellen Fällen, hier als »Orthoselektion« bezeichnet, auch schon postuliert worden ist. Wenn sich auf der anderen Seite aber herausstellt, daß es bei der Evolution der *Equidae* noch nicht einmal im Wortsinn »orthogenetisch« zugegangen ist, dann ist damit zumindest einmal bewiesen, daß die Orthogenese in der Natur keineswegs etwa die Regel darstellt. Und jedenfalls läßt eine solche Feststellung dann die bestehenden vitalistischen Theorien ohne empirisches Rüstzeug. Dies ist tatsächlich die Situation, und diese Konsequenz ist vielleicht sogar die wichtigste Folgerung, die wir aus dem Studium der Evolution des Pferdes ziehen können.

Der tatsächliche Verlauf der Stammesgeschichte der Equidae

Betrachten wir daher einmal einige der Veränderungen etwas genauer, die sich innerhalb des großen Zeitraumes abgespielt haben, der zwischen *Hyracotherium* und *Equus* liegt. Da müssen wir gleich zu Anfang feststellen, daß die Abstammungslinie selbst keineswegs eingleisig ist. Wiederholt kam es in dieser Geschichte zu plötzlichen Aufsplitterungen und unterschiedlichen Anpassungen, bei denen jeweils mehrere neue Linien entstanden, die sich selbständig und voneinander abweichend weiterentwickelten. So entstanden im Eozän in Europa aus dem *Hyracotherium* (oder einer nah verwandten Form) sieben oder acht verschiedene Arten der *Paläotherien*. Einige von ihnen sind schon Cuvier bekannt gewesen. Sie wurden, wie bereits erwähnt, von Huxley und Kovalevsky als Vorfahren des Pferdes angesehen. In Wirklichkeit gehören sie einer ausgestorbenen Seitenlinie an, sie bilden eine Sackgasse in der Evolution des Pferdes, die im frühen Oligozän, also vor etwa 30 bis 35 Millionen Jahren, erlosch.

In Nordamerika unterschieden sich die Nachkommen des *Hyracotherium* , also die genuinen Mitglieder der Pferde-Familie, während des ganzen Eozän und des größten Teils des Oligozän, also während einer Zeitspanne von mindestens 25 Millionen Jahren, nicht wesentlich voneinander. Obwohl in diesem gewaltigen Zeitraum eine ganze Reihe verschiedener Arten auftritt, die sich hauptsächlich in der Größe unterscheiden, scheint es zu keiner Zeit mehr als zwei Gattungen gleichzeitig gegeben zu haben, und, soviel wir wissen, meist sogar nur jeweils eine. Etwa am Ende des Oligozän und zu Anfang des Miozän, also vor etwa 25 Millionen Jahren, kam es dann zu einer Aufsplitterung, die zur Entstehung von vier bis sechs Gattungen dreizehiger, mit niedrigen Kronen ausgestatteter, also laubfressender Pferde führte. Eine von ihnen, und zwar *Anchitherium*, gelangte im mittleren Miozän nach Europa. Pferde dieser Gattung wurden tatsächlich erstmals in Europa gefunden, wo sie 1844 auch von MEYER ihren Namen erhielten. Wie anfangs schon erwähnt, haben HUXLEY und KOVALEVSKY ja geglaubt, *Anchitherium* sei der zweite Schritt, der vom *Paläotherium* (das, wie wir heute wissen, in Wirklicheit einer ausgestorbenen Seitenlinie angehörte) zum Pferd geführt habe. Auch *Anchitherium* aber war in Wirklichkeit das Mitglied einer längst ausgestorbenen Seitenlinie, wenn es auch mit den echten Vorfahren des heutigen Pferdes große Ähnlichkeit hatte.

Eine weitere, wohl ebenfalls durch spezielle Anpassungsbedingungen veranlaßte Aufsplitterung, und zwar die ausgiebigste von allen, fand im mittleren Miozän wiederum in Nordamerika statt. Bei ihr entstanden Pferde, die »hypsodont« geworden waren, die also Zähne mit hohen Kronen entwickelt hatten und daher vom Laubfressen zum Grasen übergingen. Auch ihre Füße begannen, nachdem sie ihre bisherige Umwelt, den Wald, verlassen hatten, sich dem flachen, harten Boden des offenen Landes anzupassen.

Als Folge dieser Aufsplitterung gab es im frühen Pliozän Nordamerikas zeitweilig zwischen 5 und 13 verschiedene Gattungen grasender Pferde gleichzeitig. Dieser weite Spielraum in der Zahl der damals lebenden Gattungen ist übrigens nicht etwa der Ausdruck einer mangelhaften Übereinstimmung der verschiedenen Autoren im Hinblick auf die wesentlichen Unterschiede zwischen den damals lebenden Vertretern der Pferde-Familie. Er ist lediglich die Folge der Unsicherheit in der subjektiven Beurteilung der Grenze, von der ab diese Unterschiede als so groß erachtet werden müssen, daß man im Einzelfall von einer selbständigen Gattung sprechen kann. Von ihnen wanderte wieder eine Gattung, und zwar *Hipparion*, über Asien nach Europa ein. Auch sie wurde zuerst in Europa entdeckt und erhielt dort – schon 1832 – von CHRISTOL ihren Namen. In dem Stammbaum HUXLEYS und KOVALEVSKYS spielt sie wieder die Rolle eines direkten Vorfahren des Pferdes, ob-

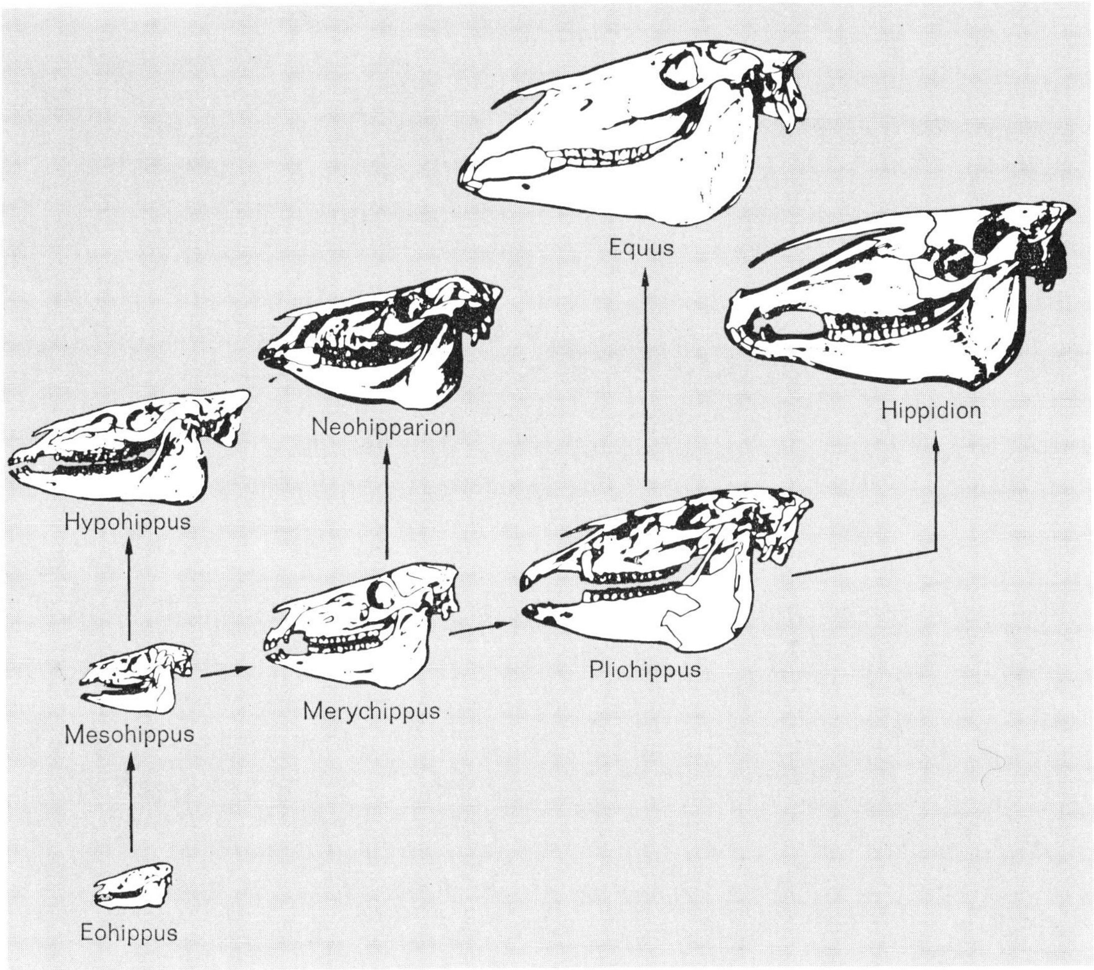

Abb. 5: Entwicklungsreihe der Schädel einiger Equidae. Hypohippus war ein spätes Glied der Laub fressenden Pferde, Neohipparion gehörte zu einem später erloschenen Seitenast schon weidender Pferde, Hippidion zu einer ebenfalls ausgestorbenen südamerikanischen Seitenlinie. Die Größenverhältnisse sind maßstabgerecht.

wohl auch *Hipparion*, wie wir heute wissen, nur einer der zahlreichen blind endenden Seitenlinien der Familie angehört.

Die heutigen Pferde stammen aus einer anderen Linie dieser im mittleren Miozän erfolgten Aufsplitterung. Sie erreichten Eurasien erst viele Millionen Jahre später im Pleistozän. Bemerkenswerterweise scheint es in Afrika bis zum frühen Pleistozän, also bis vor ungefähr zwei Millionen Jahren, keine Pferde gegeben zu haben. Erst dann tauchten einige recht ungewöhnliche Formen auf, die wahrscheinlich von *Hipparion* abstammten und heute längst wieder ausgestorben sind. Noch später kamen die heute lebenden afrikanischen Mitglieder der Pferde-Familien dorthin: Drei Zebra-Arten und eine Wildesel-Art. Eine der nordamerikanischen Linien des Pliozän gelangte am Ende dieser Epoche bis nach Südamerika und wurde dort zum Ausgangspunkt dreier später wieder ausgestorbener Gattungen. Später im Pleistozän wanderte auch *Equus* selbst nach Südamerika ein. Am Ende des Pleistozän aber starben alle Pferde nicht nur in Südamerika, sondern ebenso auch in Nordamerika aus. Als die ersten Europäer in der Neuen Welt Fuß faßten, gab es auf dem amerikanischen Kontinent, auf dem sie entstanden waren und der so viele Millionen Jahre hindurch ihre Heimat gewesen war, keine lebenden Pferde mehr.

Die Entwicklung einzelner Merkmale innerhalb der Pferde-Familie

Der Stammbaum der *Equidae* stellt also keineswegs eine einfache Linie dar, die vom *Hyracotherium* zum Pferd führte, genau genommen nicht einmal wirklich einen »Baum«, sondern eher einen sich immer von neuem verzweigenden »Busch«. Es gab in dieser Entwicklung keine Tendenzen, die etwa allen Ästen dieses Busches gemeinsam gewesen wären, und keine, die sich in irgendwelchen Ästen durch die ganze Geschichte hindurch verfolgen ließen. Da dieser Umstand den entscheidenden Einwand gegen die orthogenetische These darstellt, müssen wir ihn etwas genauer betrachten.
Das Zunehmen der Größe im Verlaufe der Evolution des Stammes ist eine der verbreitetsten Tendenzen in der Stammesgeschichte aller Tiere und wahrscheinlich noch am ehesten als »generelle Tendenz« in der Evolution der *Equiden* anzusehen. Trotzdem aber nahm die durchschnittliche Größe während des Eozän, also während der ganzen ersten, mindestens 15 Millionen Jahre dauernden Zeit der Evolution, wenn überhaupt, dann nur sehr wenig zu. Einige später auftauchende Linien zeigten keine Tendenz zu weiterem Wachstum, und einige wurden sogar wieder etwas kleiner. Veränderungen der Schädelproportionen ergaben sich als mechanisch notwendige Anpassungserscheinungen im Zusammenhang mit der Verlängerung des Maules und der Ausbildung einer langen Zahnreihe mit hohen Kronen. Diese Veränderungen erfolgten hauptsächlich als Folge des Wechsels der Lebensgewohnheiten und der Veränderung der Umwelt während des Miozän, später waren sie nur noch geringfügig. Die Veränderungen des Gehirns sind besonders in den entfernteren Linien noch nicht detailliert genug untersucht. Aber auch sie scheinen sich mehr episodisch als kontinuierlich vollzogen zu haben. Der Übergang des Kauflächen-Musters der Backzähne auf die Prämolaren erfolgte allmählich während des Eozän, später gab es in die-

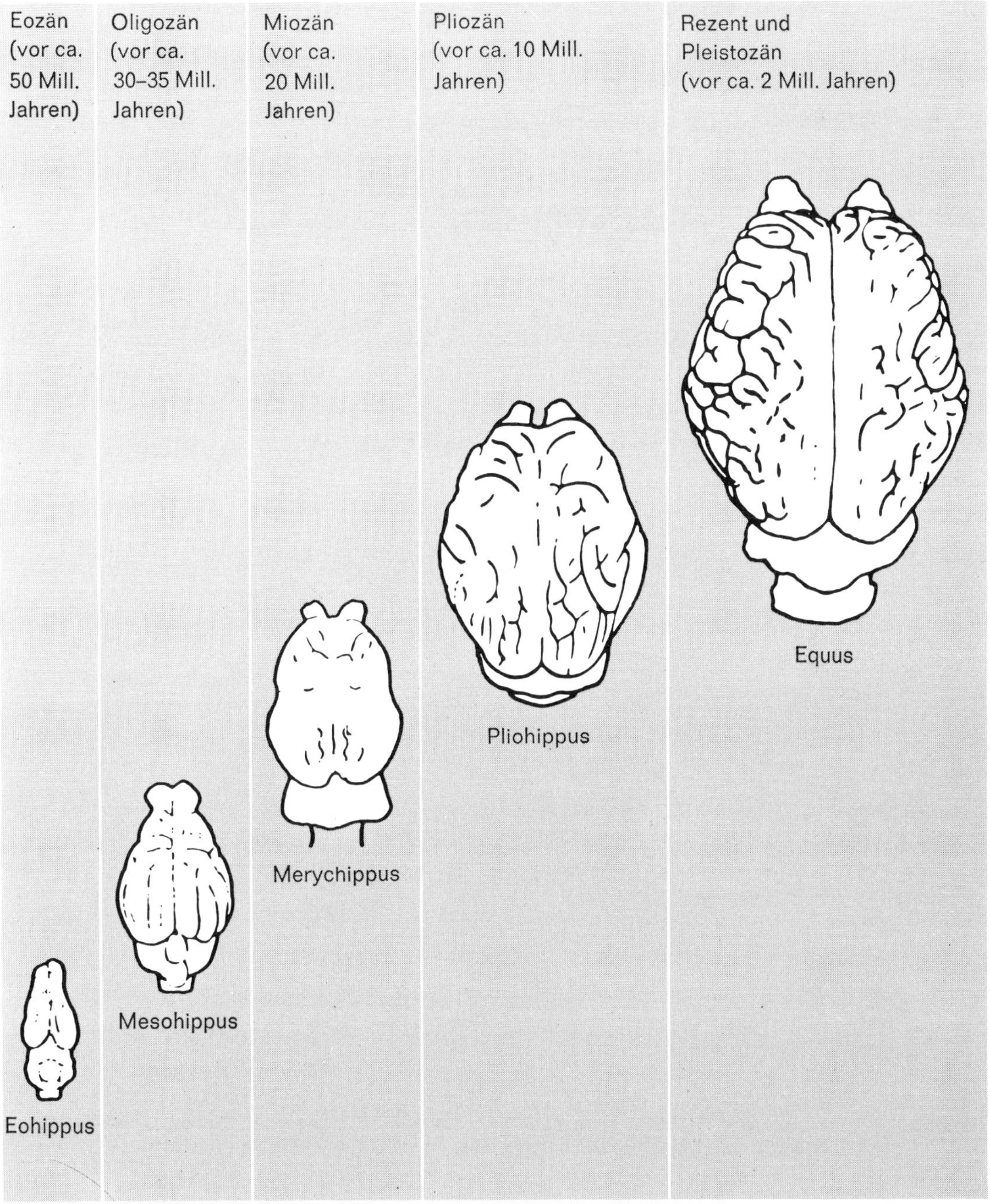

Abb. 6: Einige Schritte der Hirnentwicklung. Es handelt sich um Schädelausgüsse, welche der ursprünglichen Hirnoberfläche zwar nicht exakt entsprechen, aber doch nahekommen. Alle Beispiele stammen von mehr oder weniger direkten Vorfahren der heute lebenden Pferde. Charakteristisch ist die Zunahme von Größe und Windungsreichtum.

ser Hinsicht keine nennenswerte Weiterentwicklung mehr. Vom Oligozän an blieben die Zahnmuster bei allen laubfressenden Pferden praktisch unverändert, bis das letzte Pferd dieser Art im Pliozän ausstarb. Bei einigen Arten zeigte sich sogar eine rückläufige Vereinfachung der Zahnmuster.
Bei den grasenden Pferden, die im Miozän auftauchten, kam es relativ rasch in allen Linien zu einer zunehmenden Kompliziertheit der Zahnmuster. Aber auch dabei gab es keine generelle, »orthogenetische« Tendenz. Die Komplizierung des Musters erfolgte bei jeder Linie in einer eigenen, nur für sie charakteristischen, von allen anderen Linien unterschiedenen Art und Weise. Alle an dieser Veränderung beteiligten Linien der Pferde-Familie entwickelten ferner relativ rasch hohe, mit Zement überzogene Zahnkronen, aber in ganz unterschiedlichem Tempo und auf in jedem Falle etwas andere Art und Weise. So wurden bei einigen der ausgestorbenen Pferde, und zwar bei der gewöhnlich *Pliohippus* genannten Art, die Kronen der oberen Zähne stark gewölbt, bei den meisten anderen Pferden dagegen nicht. Außergewöhnlich hohe Kronen (eine sogenannte Hypsodontie) finden sich bei den jüngsten Formen, vor allem *Equus* selbst, nicht, wie es die Theorie der Orthogenese verlangen müßte, dagegen aber bei früheren Formen, so z. B. bei der Art *Nannippus*.
Auch die Entwicklung der Gliedmaßen erfolgte in einer Weise, die gewiß nicht orthogenetisch genannt werden kann. Während des ersten Viertels der gesamten Entwicklungszeit – oder noch länger – änderte sich der Bau der Gliedmaßen im wesentlichen überhaupt nicht. Dann wurde die mittlere Zehe plötzlich – aber keineswegs übergangslos – immer kräftiger als die übrigen, während der »Pfotencharakter« des Fußes zunächst erhalten blieb. Eine Zehe des Vorderfußes ging dabei ganz verloren. (Es war die 4. Zehe von *Hyracotherium* , die dem 5. Zeh noch früherer Huftiere und dem 5. Finger unserer Hand entsprach.) Danach kam es zu keinen grundsätzlichen weiteren Veränderungen, auch nicht bei jenen Pferden im Pliozän, die weiter in Wäldern und von Blättern lebten. Selbstverständlich führte die Anpassung dazu, daß die größeren Arten einfach aus mechanischen Gründen etwas kräftigere Füße entwickelten, aber das ist auch alles. Bei jenen Pferden aber, die im Miozän plötzlich die bisherige Umwelt verließen und auch ihre Freßgewohnheiten änderten, ging der Pfotencharakter des Fußes verloren, und gleichzeitig entwickelte die Mittelzehe einen Springmechanismus. Die beiden seitlichen Zehen (von den dreien an jedem Fuß) wurden immer kleiner. Mit irgendwelchen statischen Funktionen hatten sie schließlich gar nichts mehr zu tun. Auch dieser Wechsel erfolgte wiederum in relativ kurzer Zeit, wenn auch in stufenlosen Übergängen, und danach gab es in den meisten Stammbäumen wieder keine bemerkenswerten weiteren Verände-

rungen. Nur in einigen wenigen Linien, vielleicht sogar nur in einer einzigen, entwickelte sich dann im Pliozän plötzlich eine weitere Verstärkung der mittleren, zum Springen benutzten Zehe, wobei von den seitlichen Zehen jetzt nur noch Spuren zurückblieben. Und wiederum kam es zu einem Stillstand, nachdem dieses Stadium einmal erreicht war. Darüber hinaus kam es zu einer ganzen Reihe ziemlich merkwürdiger Entwicklungen, zwar nicht bei *Equus* selbst, aber in mehreren Seitenlinien. Zum Beispiel entwickelte eines der südamerikanischen Pferde, und zwar *Hippidion*, eine lange Kerbe zwischen dem Nasenbein und den vorderen Kieferknochen. Ein afrikanisches Pferd, *Eurygnathohippus*, entwickelte eigenartig ausladende und kompliziert gemusterte untere Schneidezähne. Und einige der frühen amerikanischen Pferde, darunter *Pliohippus*, hatten tiefe Taschen an beiden Seiten des Gesichtsschädels.

Die entscheidende Rolle von Anpassung und natürlicher Auslese

Es steht somit fest, daß die Evolution der Pferde-Familie in einem ständig wechselnden Tempo erfolgte, daß sie verschiedene Merkmale zu verschiedenen Zeiten betraf, daß sie für manche Merkmale lange Zeiträume hindurch stillstand, daß sie ihre Richtung mehrfach wechselte oder bei verschiedenen Linien sogar verschiedene Richtungen einschlug, und daß sie in manchen Fällen sogar rückläufig verlief. Hierfür eine »orthogenetische« Erklärung geben zu wollen, ist völlig unmöglich. Die meisten Veränderungen innerhalb der einzelnen Linien dienten dagegen offensichtlich einer Verbesserung der Anpassung bzw. dem Wechsel der Anpassung bei einem Wechsel der Umwelt. Dementsprechend stehen auch die wichtigsten Unterschiede zwischen den verschiedenen Gattungen, wie z. B. die zwischen Wald- oder Steppen-Bewohnern, zwischen Laubfressern und weidenden Tieren hauptsächlich mit den Unterschieden der jeweiligen Umwelt bzw. den Unterschieden zwischen den Lebensgewohnheiten der jeweiligen Gattung im Zusammenhang. Evolutionistische Veränderungen dieser Art lassen sich völlig ausreichend, ja sogar elegant durch das bekannte Prinzip der natürlichen Auslese erklären. Zu ihrem Verständnis ist keine vitalistische, erst recht keine mystische, undefinierbare und unbeobachtbare »innere Kraft« erforderlich.

Diese Schlußfolgerung wird keineswegs widerlegt durch die Tatsache, daß wir auch heute noch keine sichere adaptive Begründung für *alle* Einzelheiten der Geschichte des Pferdes geben können. Hier gibt es noch zwei Arten von Ausnahmen: Da sind erstens die Phänomene, die ich eben am Schluß des letzten Abschnitts erwähnt habe. Auch diese bei *Hippidion, Eurygnathohippus* und *Pliohippus* festzustellenden Eigentümlichkeiten lassen

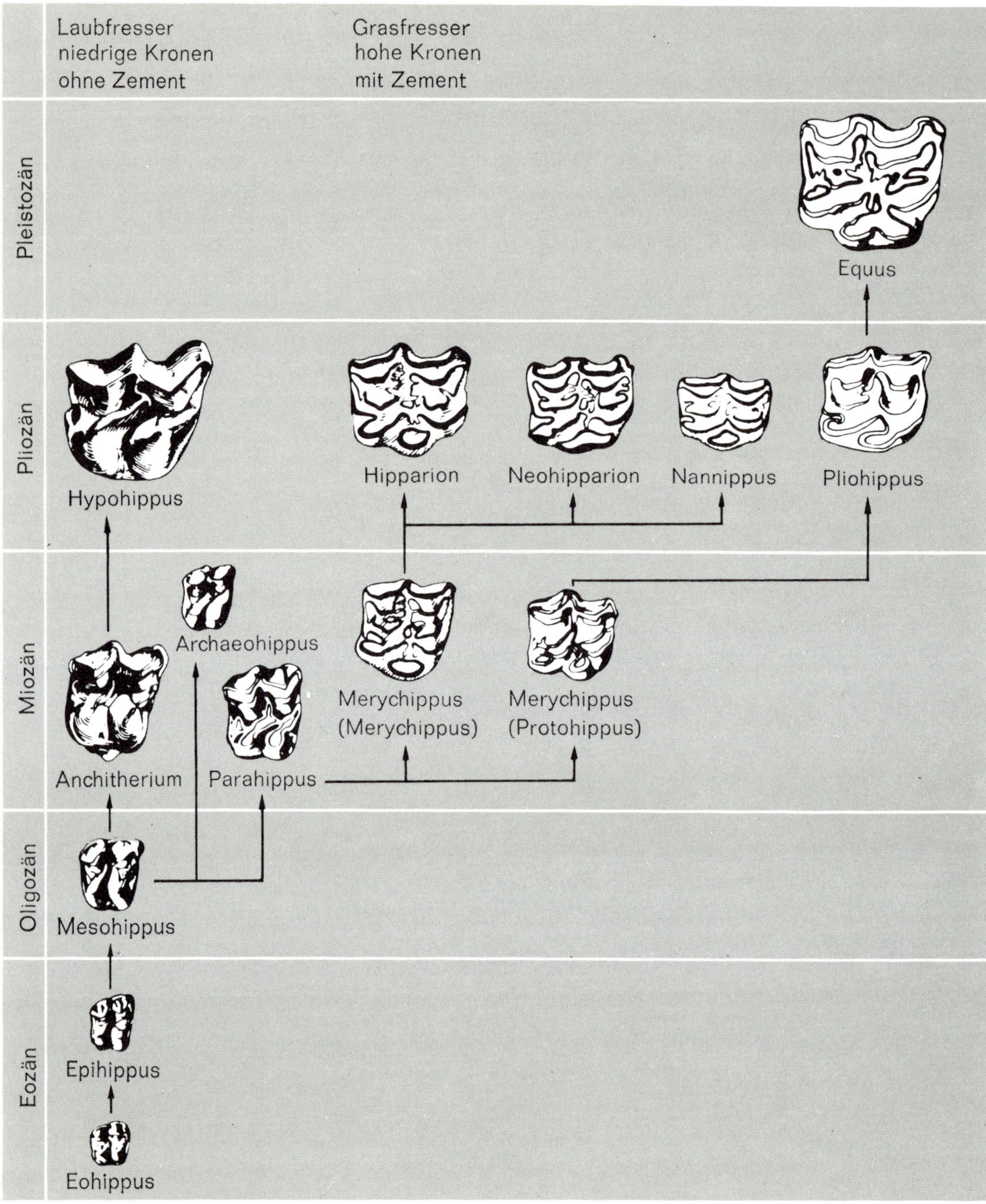

Abb. 7: Kronenformen (Kauflächen) der rechten oberen Molaren einiger Equidae. Bemerkenswert ist die wiederholte Abspaltung selbständiger Linien mit eigenen Kauflächenmustern. Ihre Zahl war in Wirklichkeit noch sehr viel größer (maßstabgerecht).

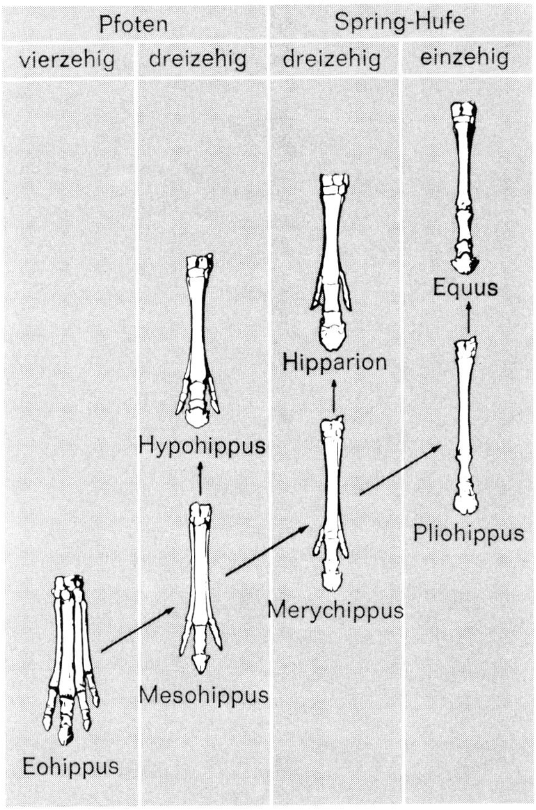

Abb. 8: Ausgewählte Beispiele aus der Entwicklung des linken Vorderfußes der Equidae. Es gab 4 mechanisch unterschiedene Fußformen. Die Übergänge von einer zur anderen (von links nach rechts, schräge Pfeile) erfolgten relativ rasch. Jede der 3 spezialisierten Formen blieb für Jahrmillionen ohne wesentliche Änderungen erhalten (von unten nach oben, senkrechte Pfeile), sogar dann noch, wenn die nächste, weiter entwickelte Form bereits entstanden war. Jede Form repräsentiert folglich eine selbständige Richtung der Entwicklung.

sich ohne Schwierigkeiten als Anpassungserscheinungen erklären. Wir können dies jedoch nicht mit letzter Sicherheit beweisen, da ja physiologische Experimente mit Fossilien nicht mehr möglich sind und weil kein heute noch lebendes Tier analoge Merkmale bietet, die einen Rückschluß zuließen. Zu den Ausnahmen der zweiten Art gehören die außerordentlich nuancenreichen Unterschiede zwischen den Zahnmustern, die sich bei den Pferden im Pliozän entwickelten. Die hier festzustellenden Unterschiede repräsentieren wohl kaum einen unterschiedlichen Anpassungswert. Es ist nicht wahrscheinlich, daß ihnen unterschiedliche Lebensgewohnheiten der einzelnen Linien entsprochen haben, obwohl auch diese Möglichkeit nicht ausgeschlossen werden kann. Wahrscheinlicher ist es aber, daß wohl die *Zunahme* der Kompliziertheit des Zahnmusters, die bei jeder einzelnen Linie selbständig erfolgte, als solche einen Anpassungswert hatte und durch natürliche Auslese begünstigt wurde, daß aber die *individuelle Form des* Musters sich von Linie zu Linie einfach nur deshalb unterschied, weil die Linien eben voneinander getrennt waren und weil es deshalb bei jeder von ihnen zu verschiedenen Mutationen und genetischen Rekombinationen kam.

Höherentwicklung durch sprunghafte Mutationen?

Eine andere, für das Verständnis des Evolutionsprozesses kaum weniger fundamentale Frage bezieht sich darauf, ob die entscheidenden Fortschritte der Entwicklung sprunghaft erfolgen, durch plötzlich auftretende »große« Mutationen. Dies war die Annahme der ersten Genetiker, insbesondere von DE VRIES, sie wird aber auch in jüngerer Zeit noch von einigen Genetikern und wenigstens einem bekannten Paläontologen vertreten. Alle übrigen Paläontologen dagegen und fast alle Genetiker sind heute längst zu der Ansicht gekommen, daß der evolutionäre Fortschritt ein Prozeß ist, der sich an einer ganzen Population abspielt, und nicht ein einmaliges, zu einem bestimmten Zeitpunkt an einem bestimmten Individuum auftretendes Ereignis. Dieser Fortschritt scheint sich vielmehr durch eine allmähliche Zunahme an sich geringfügiger Mutationen vorzubereiten, die meist nur sehr geringe, wenn überhaupt spürbare Merkmalsveränderungen bewirken, gefolgt von einer Reihe von Rekombinationen dieser Mutationen innerhalb der betreffenden Population. Es ist uns bis heute kein genetischer Prozeß bekannt, der den Ursprung einer neuen Familie oder Art oder eine andere gleich radikale Veränderung durch einen einzigen Schritt, verwirklicht an einem einzigen, einzelnen Individuum hervorbringen könnte. Ein evolutionärer Fortschritt, der sich in einzelnen, aufeinander folgenden, mehr oder weniger willkürlich auftretenden genetischen Sprüngen vollzieht, erscheint vor dem Hintergrund unseres heutigen Wissens über die den genetischen Veränderungen zugrunde liegenden biologischen Vorgänge als ein Ding der Unmöglichkeit.
Auch in dieser Hinsicht hat die Stammesgeschichte des Pferdes entscheidende Einsichten gebracht. In der von HUXLEY und KOVALEVSKY vorgeschlagenen Stammesfolge schien sich tatsächlich noch jeder größere Fortschritt in einem plötzlichen Sprung vollzogen zu haben. Das lag aber nur daran, daß die von diesen Autoren als Vorfahren von *Equus* angesehenen Exemplare in Wirklichkeit eben keine Vorfahren der heutigen Pferde waren, sondern verwandtschaftlich mehr oder weniger weit voneinander getrennte Mitglieder verschiedener Seitenlinien. Auch die von MARSH ausgearbeitete Entwicklungsfolge verlief noch nicht lückenlos, auch bei ihr waren die einzelnen, zeitlich aufeinander folgenden Arten durch offensichtliche Sprünge getrennt. Hier bestand der Grund einfach darin, daß man die entscheidenden Zwischenglieder noch nicht gefunden hatte. Außerdem rechnete auch MARSH zwei Gattungen, und zwar *Hipparion* und *Anchitherium*, zu den Vorfahren von *Equus*, obwohl auch sie in Wirklichkeit anderen Ästen des Familienstammbaumes (oder Familien-»Busches«) angehören.
In den vollständigsten Sammlungen, über die wir heute verfügen, erfolgen

aber tatsächlich alle Übergänge völlig stufenlos. Dies gilt sogar für die auffälligste und wichtigste Veränderung, nämlich die vom pfotenfüßigen Laubfresser zum grasfressenden, mit einem »Springfuß« ausgestatteten Tier. Gerade dieser Übergang wird auch heute noch gelegentlich als Beispiel eines unvermittelten Mutationssprunges angeführt. In den besten gegenwärtigen Sammlungen kann man sich dagegen davon überzeugen, daß auch dieser Übergang vom laubfressenden *Parahippus* zum weidenden *Merychippus* so allmählich erfolgt ist, daß es nicht möglich ist anzugeben, wo die eine Gattung aufhört und die andere beginnt. Oben war schon davon die Rede gewesen, daß der Übergang vom einen zum anderen Fußtyp verhältnismäßig plötzlich, jedoch keineswegs übergangslos erfolgt sei. Damit war gemeint, daß dieser Übergang relativ zu den sehr langen vorhergehenden Zeiträumen, in denen der Fuß unverändert blieb, rasch vor sich ging, daß er sich trotzdem aber stufenlos vollzog und ohne Zweifel in Auswirkung einer Selektion, die jeweils auf an sich geringfügige und unbedeutend erscheinende Merkmalsveränderungen innerhalb der ganzen Population einwirkte. Zwischen diesen Phasen lagen immer wieder große Zeiträume, in denen das Tempo der Weiterentwicklung des Fußes gleich Null war.
Ohne Zweifel gibt es auch heute noch viele Lücken in der fossilen Überlieferung. Eine solche Lücke besteht z. B. zwischen dem frühen *Hyracotherium* aus dem Eozän und seinen noch älteren Vorfahren aus dem Paläozän. Die ganze Geschichte der fossilen Entdeckungen und die Art und Weise, in der es in ihrem Verlaufe zur Ausfüllung immer neuer Lücken kam, lassen aber nicht mehr den geringsten Zweifel daran, daß DARWIN recht hatte, wenn er die scheinbaren Sprünge in der Evolution auf die Unvollständigkeit unseres Wissens und der vorliegenden fossilen Funde zurückführte. Die Stammesgeschichte der Pferde-Familie ist nur zu verstehen, wenn man von der Annahme ausgeht, daß sie das Ergebnis einer natürlichen Auslese ist, die an einer großen Zahl geringfügiger Veränderungen innerhalb einer ganzen Population ansetzte.

Offene Fragen

Obwohl die Abstammungsgeschichte des Pferdes seit mehr als 100 Jahren untersucht worden ist, gibt es auch heute noch viele Einzelheiten, die unbekannt oder umstritten sind. So besteht unter den Paläontologen bis heute z.B. noch keine volle Übereinstimmung über die genaue Abstammung der sechs heute lebenden Arten: zahme Pferde und echte Wildpferde (die zusammen eine einzige Art bilden); die asiatischen »Wildesel«; zahme Esel und afrikanische echte Wildesel (die wiederum eine zusammengehörende

Art darstellen); und die drei existierenden Zebra-Arten. Die übliche Annahme ist, daß sie sich alle in der Alten Welt entwickelt haben, und zwar als Nachkommen primitiver zebraähnlicher Einwanderer aus Nordamerika. Einige amerikanische Paläontologen sind dagegen der Ansicht, daß die Aufsplitterung zwischen diesen Arten bereits in Amerika im späten Pliozän oder frühen Pleistozän begann, und ein Autor vertritt sogar den extremen Standpunkt, daß Zebras, Esel und echte Pferde im engeren Sinne schon im späten Miozän in Texas als voneinander getrennte Arten existierten.

Die in den heutigen Sammlungen noch bestehenden Lücken lassen manche Einzelheiten, besonders der Entwicklung in den frühen Phasen des Pleistozän in Asien, Afrika und Südamerika, nach wie vor im Dunkel. Die weitaus größte Sammlung fossiler, hauptsächlich nordamerikanischer Pferde, die jemals zusammengetragen worden ist, soll die des verstorbenen CHILDS FRICK in New York sein. Diese Sammlung wird seit vielen Jahren von Beauftragten der *Frick Corporation* untersucht. Die Ergebnisse sind bisher aber nicht veröffentlicht worden, und allen anderen Paläontologen blieb der Zugang zu dieser Sammlung verwehrt. Die Publikationen, die wir als Resultat der Untersuchung dieser Sammlung zu erwarten haben, werden sicher einige Änderungen der bisherigen Nomenklatur notwendig machen. Das ist aber natürlich nicht von entscheidender Bedeutung für das Wesen der Sache. Die Ausfüllung einiger der heute noch bestehenden Lücken und die Klärung mancher der immer komplizierter werdenden Einzelheiten der Abstammung bestimmter spezieller Arten sind wissenschaftlich dagegen natürlich von größtem Interesse. Eine entscheidende Veränderung unserer heutigen Kenntnisse über die Entwicklungsgeschichte der *Equidae* überhaupt ist aber auch von ihnen nicht zu erwarten. Die außerordentlich bedeutsamen Folgerungen, die sich aus der Stammesgeschichte des Pferdes für unsere grundsätzlichen Auffassungen über den Prozeß der Evolution und die damit verbundenen allgemein-biologischen Gesetze ergeben, liegen schon heute klar auf der Hand und werden auch durch zukünftige Veröffentlichungen in den entscheidenden Punkten nicht mehr beeinflußt werden.

Bernhard Rensch

Über ästhetische Faktoren im Erleben höherer Tiere

Seit Darwin wissen wir, daß uns vom Reich der Tiere keine prinzipielle Grenze trennt. Wir haben uns als das Ergebnis einer biologischen Entwicklung zu sehen gelernt, deren einzelne Stadien noch heute in den unterschiedlichen Entwicklungsstufen der übrigen irdischen Lebewesen repräsentiert sind. Das gilt auch für unsere psychischen Fähigkeiten. Vor diesem Hintergrund behandelt der Autor die Frage, ob die Malereien von Menschenaffen als eine evolutionistische Vorstufe der künstlerischen Betätigung des Menschen anzusehen sind.

In einer kurzen Veröffentlichung über die »Intelligenz« eines Schimpansen berichtete W. S. Shepherd im Jahre 1915 zum ersten Male davon, daß ein solcher Menschenaffe mit einem Bleistift auf Papier gekritzelt und sogar in unvollkommener Weise versucht habe, ein Kreuz und ein W zu kopieren. Seitdem sind mit Schimpansen, Gorillas, Orang-Utans und Kapuzineraffen viele ähnliche Versuche angestellt worden, bei denen es sich gezeigt hat, daß alle vier Arten befähigt sind, ohne besondere Anleitung »abstrakte« Zeichnungen und Malerien zustande zu bringen.

Wie sind solche Produktionen nun zu bewerten? Handelt es sich hier nur um eine spielerische motorische Betätigung? Oder wirken bei den Tieren womöglich schon primitive ästhetische Lustgefühle mit? Über diese Fragen setzte eine lebhafte Diskussion ein, als das Londoner »Institute of Contemporary Arts« 1957 eine Ausstellung von Malereien zweier Schimpansen veranstaltete. In der Eröffnungsansprache wies der große Biologe Sir Julian Huxley darauf hin, daß es sich bei den Ausstellungsstücken nicht nur um beliebige spielerische Machwerke handele, sondern daß hier grundlegende Fragen menschlicher Kunstentwicklung berührt würden. Dr. Desmond Morris, der die Malversuche mit den Affen im Londoner Zoo durchgeführt und die Ausstellung angeregt hatte, vertrat die Auffassung, daß bei den Tieren schon beschränkte ästhetische Gefühle vorauszusetzen seien.

Zu meinen eigenen, 1954 begonnenen Experimenten benutzte ich zunächst einen Kapuzineraffen *(Cebus apella)*, den ich – nomen est omen – *Pablo* getauft hatte. Ich gab dem Tier ein Stück Schreibkreide in die Hand und zeigte ihm durch Andrücken an die dunkle Käfigwand, daß es damit eine weiße Spur erzeugen konnte. Daraufhin begann *Pablo* sofort, kurze Linien zu ziehen und dann auch viele Male spontan Kritzeleien auf Wand und Sitzbrett herzustellen. In weiteren Versuchen zeichnete er mit Bleistift und malte mit Pinsel auf Papier. Ohne weitere Hilfe entstanden dabei verschiedenartige Liniengruppen und vor allem fächerartige Muster. Später führte ich dann auch mit zwei Schimpansen des Zoologischen Gartens in Münster und mit einem jungen weiblichen Schimpansen meines Instituts planmäßige Zeichen- und Malversuche durch. Auch ich gewann dabei den Eindruck, daß es sich hier nicht nur um ein beliebiges Spiel handelte, sondern daß wahrscheinlich auch bereits primitive ästhetische Lustgefühle mitwirkten. Um das zu entscheiden, waren aber Versuche nötig, bei denen die Tiere nicht selbst etwas produzieren, sondern nur zwischen einfachen Figuren von unterschiedlicher ästhetischer Qualität auswählen sollten.

Wie experimentelle Studien mit Menschen gelehrt haben, bevorzugen wir – wenigstens solange wir gewissermaßen elementar, durch Kultureinflüsse einigermaßen unbeeinflußt, urteilen – rhythmische und symmetrische Muster vor ähnlichen, aber unregelmäßigen Figuren. Offenbar geschieht dies deshalb, weil die Wiederholung des Gleichen bei Rhythmus und Symmetrie leichter zu erfassen ist als ein Muster mit unregelmäßigen Linien. Auch eine stetig gekrümmte Linie, etwa ein Halbkreis, ein Kreis oder eine Spirale, ist für uns besser und schneller zu erfassen als eine unregelmäßige oder unterbrochene oder verzweigte Linie. Diese erleichterte »Komplexibilität« ist mit einer positiven Gefühlsbetonung verbunden, welche die ästhetische Lust bedingt.

Entsprechende rhythmische, symmetrische und unregelmäßige Muster legten wir nun verschiedenen höheren Tieren zur Auswahl vor. Dabei machten wir uns die Tatsache zunutze, daß Affen und Rabenvögel gern mit kleinen Gegenständen, darunter auch mit Stückchen von Pappkarton, spielen. Die Versuche begannen mit dem Kapuzineraffen *Pablo*. Auf dem Boden seines Käfigs wurden schachbrettartig, später in einem Kreis 6 quadratische Pappstücke (5 × 5 cm) ausgelegt, auf die photographisch vervielfältigte Schwarzweiß-Muster aufgeklebt waren. Die Hälfte der Muster zeigte jeweils ein rhythmisches oder symmetrisches Muster, z. B. parallele schwarzweiße Streifen, konzentrische Kreise, Quadrate oder Halbkreise, die andere Hälfte ein unregelmäßiges Muster (Abb. 1). Beide Mustertypen waren im Wechsel angeordnet. Zumeist sah sich *Pablo* die Muster einen Augenblick lang an, ehe er eines davon, manchmal auch zwei oder drei, zum Spielen aufnahm.

Abb. 1: Muster für die Bevorzugungs-Experimente. Die Tiere hatten zwischen je 3 Exemplaren eines rhythmischen oder symmetrischen (links) und eines unregelmäßigeren Musters (rechts) von gleichem Schwarz-Weiß-Verhältnis zu wählen.

Notiert wurde, welches Muster er zuerst wählte. Viele Serien derartiger Experimente lehrten, daß unser Kapuzineraffe zumeist in statistisch gesicherten Prozentsätzen die regelmäßigen vor den unregelmäßigen Mustern bevorzugte. Nur in zwei Fällen, in denen der Unterschied der Muster gering war (E, K), wurde die Grenze der statistischen Signifikanz nicht erreicht. Waren beide Muster radiär symmetrisch, wie das bei den konzentrischen Kreisen und Quadraten der Fall war (H), so wählte sie *Pablo* annähernd gleich häufig. Waren die Muster aus vielen Einzelteilen zusammengesetzt (L), bevorzugte er das symmetrische Muster aber nicht.
Anschließend wurden entsprechende Versuche mit einer Grünen Meerkatze *(Cereopitheous aethiops)*, mit einer Saatkrähe und mit einer Dohle durchgeführt, also mit Vögeln, die auch gern mit solchen Pappstücken spielen. Tatsächlich reagierten alle diese Tiere ähnlich wie der Kapuzineraffe. Die Meerkatze war allerdings an dem Spiel nicht besonders interessiert. Immerhin bevorzugte sie fünf der regelmäßigen Muster in statistisch gesicherten Prozentsätzen und niemals ein unregelmäßiges Muster. Dohle und Saatkrähe (Abb. 2), welche die Muster meist aufmerksam betrachteten, bevorzugten die rhythmischen und symmetrischen Muster in 7 Fällen, und nur in einem Falle wählte die Dohle eine überwiegend unregelmäßige Figur. Frau M. Tigges, die später die Experimente mit 5 weiteren Dohlen fortsetzte (und noch weitere Musterpaare einfügte), erhielt insgesamt ähnliche Resultate.

Abb. 2: Saatkrähe (Corvus frugilegus) bei der Musterwahl.

Darüber hinaus konnte Frau TIGGES sogar feststellen, daß bei der Musterwahl der Dohlen auch das »Prinzip der enttäuschten Erwartung« wirksam ist. Ich hatte vorgeschlagen, den Vögeln dafür in wechselnder Anordnung jeweils auf einem Karton folgende Figuren nebeneinander zu bieten: 2 gleich große Quadrate, 2 deutlich verschieden große Quadrate und 2 fast gleich große Quadrate, sowie noch 3 Muster mit entsprechend gleichen bzw. ungleichen Kreisen. Menschen bevorzugen bei einer solchen Wahl normalerweise die Muster, bei denen beide Komponenten gleich groß oder deutlich ungleich groß sind. Bei Mustern, bei denen die Größendifferenz der Komponenten so gering ist, daß beinahe eine Gleichheit vorliegt, reagieren wir meist mit einem mehr oder minder deutlichen negativen Gefühlston. Auch bei der Wahl der Dohlen war nun eine Vernachlässigung solcher Muster mit 2 fast gleich großen Quadraten oder Kreisen zu erkennen. Allerdings konnte die statistische Signifikanz dieses Resultates nur erwiesen werden, wenn die Ergebnisse aller 1000 Einzelversuche mit Quadraten und Kreisen zusammengefaßt wurden.

Ähnliches hatte ich schon zuvor bei Experimenten mit dem Kapuzineraffen festgestellt. Ich hatte *Pablo* farbige Holzwürfel zum Spielen gegeben, die er kettenförmig zusammenstecken konnte. Dabei bot ich ihm viele Male auch eine Serie, deren einzelne Würfel in 7 Abstufungen dunkelrotbraun bis chromgelb gefärbt waren. Hier fügte das Tier nun in statistisch signifikanten Prozentsätzen seltener sehr ähnliche als deutlich unterschiedene oder gleiche Farbstufen aneinander.

Schließlich stellte sich bei den Versuchen von Frau TIGGES auch noch heraus, daß die Dohlen im allgemeinen reine Farben, d. h. Rot, Gelb, Grün und Blau, vor Mischfarben wie Violett, Braun und Olivgrün bevorzugen[1], ähnlich wie dies meist auch menschliche Kleinkinder tun. Nur eine von fünf Dohlen wählte Lila häufiger als Karminrot. Bei solchen Farbwahlen ist aber stets zu beachten, daß hier oftmals auch *angeborene* Bevorzugungen vorliegen, speziell für körpereigene Farbmerkmale, wie G. DÜCKER 1963 in unserem Institut an einer Reihe von Singvögeln, speziell an bunten Finkenvögeln nachweisen konnte. In manchen Fällen wechseln die Tiere auch die bevorzugte Farbe. Es ist nun von Interesse, daß Fische auf rhythmische und symmetrische Figuren, die neben unregelmäßigen Mustern geboten werden, völlig anders reagieren als Vögel und Säugetiere. Drei verschiedene Arten, *Karauschen, Macropoden* und der Maulbrüter *Cichlasoma biocellatum* (insgesamt 11 Exemplare) verhielten sich ganz gleich: alle bevorzugten in mehr als 10 000 Einzelversuchen die unregelmäßigen Muster. Dies liegt

1 Auch dieses Ergebnis ließ sich statistisch sichern.

wahrscheinlich daran, daß Fische stärker instinktgebunden sind und daß streng symmetrische und rhythmische Dinge zwischen den vorherrschend unregelmäßigen Komponenten ihrer Umwelt selten auftreten.

Die Ergebnisse der Bevorzugungsexperimente machen es möglich, anzunehmen, daß eventuell auch bei Affenmalereien primitive ästhetische Lustgefühle die Gestaltung beeinflussen. Wie einleitend erwähnt wurde, ist es sehr einfach, Menschenaffen und Kapuzineraffen zum Zeichnen oder Malen zu veranlassen. Es ist das für die Tiere ein Spiel, das wohl von der Freude bestimmt wird, sichtbare Spuren hervorzubringen. Bei den nun zu besprechenden Experimenten waren unser Kapuzineraffe etwa 8 Jahre, zwei Schimpansen des Zoologischen Gartens in Münster 7 bis 8 Jahre und die junge Schimpansin unseres Instituts 2 bis 3 Jahre alt. Die unruhigen Menschenaffen waren jeweils nur einige Wochen lang willig, mit einiger Aufmerksamkeit zu malen, aber jeweils meist nicht länger als 10 bis 30 Minuten. Anfänglich vermieden wir dabei jeden Einfluß von unserer Seite, so daß völlig selbständige Produktionen zustande kamen.

Die Mal- und Zeichenmethoden wechselten etwas. Der Kapuzineraffe nahm Pinsel, Stift oder Kreide meist in die rechte Hand zwischen Daumen und Zeigefinger, wie wir es ihm gezeigt hatten. Manchmal packte er den Pinsel aber auch mit beiden Händen (Abb. 3). Normalerweise saß er vor dem an der Wand zwischen Schienen senkrecht eingespannten Zeichenblatt. Soweit Pinsel benutzt wurden, tauschten wir sie aus, sobald sie keine Farbe mehr hatten. Wenn es sich nicht um Malereien mit schwarzer Tusche handelte, wechselten wir die Farbe mit jedem Pinselwechsel. Das hatte den Vorteil, daß wir bei den fertigen Bildern am gegenseitigen Überdecken der Pinselstriche (und durch Protokollieren) feststellen konnten, welche davon zuerst und welche später gemacht waren. Sehr wesentlich wurde die Malweise von Größe, Gestalt und Lage des Blattes beeinflußt. Auf kleine rechteckige Querformate von 10 bis 20 cm Breite, die auf dem Sitzbrett lagen, zeichnete *Pablo* vornehmlich etwas gebogene, mehr oder minder parallele Linien, indem er die Hand ziemlich gleichmäßig hin und her bewegte. Solche Produktionen glichen weitgehend den Kritzeleien menschlicher Kinder von etwa 1½ Jahren. Mit Kreide entstanden neben ähnlichen Linienbündeln und unregelmäßigen Krakeln auch fächerartige Strukturen (Abb. 4). Wenn der Affe dagegen auf senkrecht eingespannten größeren Blättern von 22×34 cm mit dem Pinsel malte, zog er lange, senkrechte oder schräge, selten mehr horizontale Linien und Schnörkel, die nur gelegentlich über den Blattrand hinausführten. Derartige Malereien zeigten meist einen gewissen Rhythmus und eine mehr oder minder harmonische Verteilung über das Blatt.

Die Zoo-Schimpansen saßen beim Malen auf einem Stuhl und hatten die

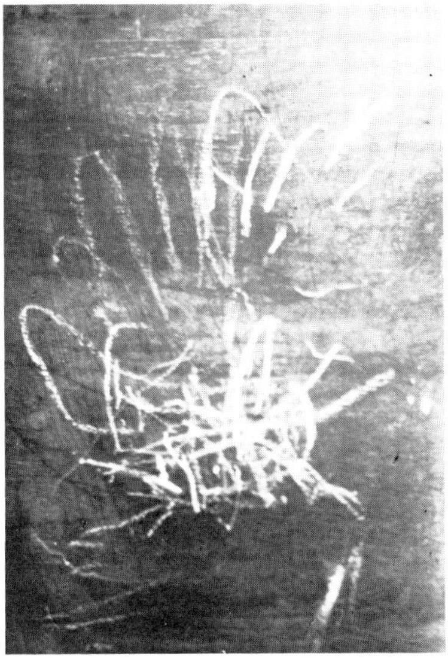

Abb. 3 (oben links): Der Kapuzineraffe Pablo beim Malen mit beiden Händen.
Abb. 4 (oben rechts): Eines der 1954 mit Kreide an der Käfigwand gezeichneten Fächerbilder von Pablo (Höhe etwa 20 cm).

Abb. 5 (unten): Die Schimpansin Julia beim Malen.

Zeichenblätter vor sich auf dem Tisch liegen. Für unsere kleine Institutsschimpansin hatten wir ein schräges Zeichengestell konstruiert (Abb. 5). Gewöhnlich begannen die Schimpansen mehr oder minder in der Mitte des Blattes. Auch sie brachten gelegentlich nur schräge, z. T. parallele Kurven fertig. Manchmal zeigten sie auch die Tendenz, größere Flächen einheitlich zuzumalen (Abb. 6). Sobald die Affen aber etwas kühner wurden, produzierten sie auch stärker fächerartige Bilder, die einen gewissen Rhythmus erkennen ließen. Die kleine *Julia* malte gelegentlich auch ringförmige Figuren.
Soweit von uns beim Pinselwechsel nacheinander verschiedene Farben geboten wurden, entstanden oftmals ganz ansprechende »abstrakte Bilder« (Abb. 7 bis 9). Viele solcher eindrucksvollen Bilder schuf auch der Schimpanse *Congo* des Londoner Zoos. Einige besonders schöne Beispiele bildete D. Morris in seinem kürzlich erschienenen Buch über Affenmalerei ab. Nun dürfen wir dabei aber nicht übersehen, daß die Farben und die Art des Papiers nicht von den Affen selbst ausgewählt wurden. Immerhin lehren solche Produktionen, daß Schimpansen so wie auch Kapuzineraffen ein Blatt einigermaßen harmonisch mit Linienzügen zu füllen vermögen. Wieweit dabei tatsächlich primitive ästhetische Lustgefühle im Spiele sind, ist meist schwer zu entscheiden. Die Resultate einiger spezieller Versuche machen dies jedoch wahrscheinlich.
So darf z. B. das Prinzip der Zentralisation, das in vielen Bildern deutlich wird, als Hinweis auf das Wohlgefallen an einer gewissen Ordnung und Harmonie gelten. Um dies genauer zu prüfen, gab ich den Schimpansen kleine, kreisförmige Blätter von 14,5 und 7,5 cm Durchmesser. In 13 von 17 Fällen begannen die Tiere ihre Kritzeleien ziemlich genau in der Mitte, was dadurch kontrolliert werden konnte, daß ich die Blätter schon jeweils nach 2 bis 3 Sekunden wieder fortnahm (Abb. 10).
Solche Versuche lehrten auch, daß die Affen ihre Produktionen bis zu einem gewissen Grade dem Format der Papiere anpaßten. Die kreisförmigen Blätter veranlaßten mehrfach rundliche Linienführungen (Abb. 7 und 11), während auf schmalen, rechteckigen Formaten (meist 30 bis 31 cm hoch und 4 bis 8,5 cm breit)– lange, den Blatträndern z. T. parallele Linien vorherrschten (Abb. 12).
Von Interesse ist auch das Verhalten der Affen zu einfachen Figuren, die vom Menschen vorgezeichnet sind. Normalerweise werden die Tiere davon angezogen und kritzeln darüber (Abb. 13). Wie P. Schiller schon 1951 feststellte, wählen sie dabei aber oftmals auch den freien Raum im Innern eines vorgezeichneten Kreises oder Quadrates oder bei einem nur zu vier Fünfteln ausgezogenen Kreis den freien Sektor. Unser Kapuzineraffe paßte sich mit dem Duktus seiner Pinselstriche in einigen Fällen den vorgezeichneten Li-

Abb. 6: Tendenz, eine Fläche einheitlich zuzumalen. Schimpansin Julia (45×31 cm).

Abb. 7 (oben): Malerei des Kapuzineraffen sukzessive in Blau, Rot, Gelb und Schwarz (Durchmesser 31 cm): Angleichung an das Format.
Abb. 8 (rechts oben): Malerei der Schimpansin Julia sukzessive in Rot, Ocker und Braun (31 × 45 cm): zentralisiert und ausgewogen.
Abb. 9 (rechts unten): Malerei der Schimpansin Julia sukzessive in Gelb, Rot und Blau auf grauem Untergrund (31 × 45 cm): zentralisiert und ausgewogen.

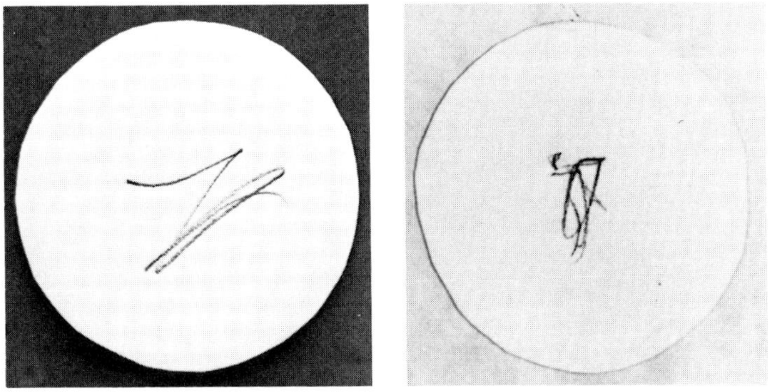

Abb. 10: Zentralisation der Kritzeleien mit Bleistift, links Schimpanse Fips (Durchmesser 10 cm), rechts Schimpansin Lotte (Durchmesser 7,5 cm).

Abb. 11: 6 Malereien der Schimpansin Lotte auf kreisförmigen Blättern (Durchmesser 15 cm).

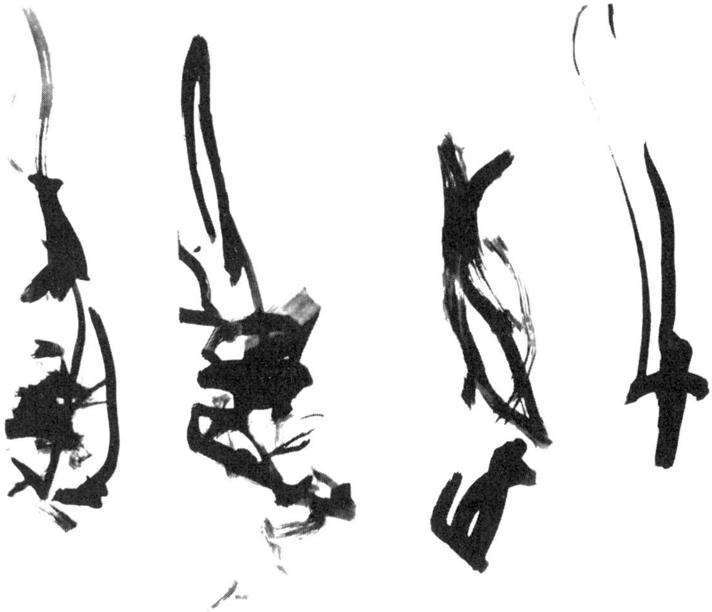

Abb. 12: 4 Malereien des Kapuzineraffen Pablo auf rechteckigen Blättern (Höhe 31 cm).

Abb. 13: Malerei des Kapuzineraffen mit Kreide auf ein vorgegebenes Rechteck (11×15,5 cm): keine Herstellung einer Rechts-Links-Ausgewogenheit.

Abb. 14: Übermalen eines vorgegebenen Kreises durch den Kapuzineraffen (45×31 cm).

Abb. 15: Malereien der Schimpansen auf weiße Streifen auf grauem Untergrund. Obere Reihe: Dreiecke (Basis 17 cm), Schimpansin Lotte. Mittlere Reihe: Quadrate (Breite 15 cm), links Fips, kein Nachziehen der Streifen, Mitte und rechts Lotte. Untere Reihe: die drei besten Leistungen von Julia.

nien, einem Kreise oder zwei senkrechten Geraden, ziemlich gut an (Abb. 14). Bei den Schimpansen kam es aber auch vor, daß sie sehr auffällige vorgemalte schwarze Kreise kaum beachteten und beliebig auf dem Blatte herumpinselten. Noch aufschlußreicher waren Experimente von D. MORRIS, bei denen auf ein rechteckiges Querformat ein graues oder ein ausgezogenes Quadrat nicht in der Mitte, sondern seitlich vorgezeichnet wurde. In diesen Fällen zeichnete der Schimpanse meist seine Linienbündel nicht oder nicht nur auf das Quadrat, sondern in den freigebliebenen Raum, so daß das Ganze stärker ausgewogen wirkte. Ein Gefühl für das »Ausbalanciertsein« der rechten und linken Blatthälfte ließen auch viele der unbeeinflußten Malereien und Zeichnungen erkennen.

Die weitestgehende Anpassung an bereits vorhandene Muster konnten wir auf folgende Weise erzielen: Wir klebten auf grauen Karton 1,4 bis 2,2 cm breite weiße Papierstreifen in Form von Dreiecken, Vierecken, Schlangenlinien, Spiralen usw. auf und wiesen die Schimpansen auf den Linienverlauf mit dem Finger oder mit einem Schlüssel hin. In solchen Fällen gelang es, die Tiere anzuregen, mit schwarzen Pinselstrichen die Figuren zum Teil nachzuziehen (Abb. 15).

Das Nachfahren einer komplizierten Linie beobachteten J.S. HUXLEY und E.B. FORD auch einmal zufällig bei einem jungen Gorilla des Londoner Zoos. Dieses Tier sah seinen scharf markierten Schatten auf der hellen Käfigwand und fuhr viermal mit dem Zeigefinger an der Kontur dieser Figur entlang.

Niemals aber gelang es bisher, einen Menschenaffen dahin zu bringen, eine vorgezeichnete Figur daneben zu kopieren. Auch mit unserer Schimpansin *Julia* versuchten wir viele Wochen lang vergeblich, dies zu erreichen. Einen beschränkten Erfolg erbrachten nur folgende – zusammen mit J. DÖHL durchgeführte – Versuche. Wir zeichneten auf einer kleinen Wandtafel mit Kreide ein Dreieck oder ein Quadrat vor und machten daneben 3 bzw. 4 weiße Punkte, die den Eckpunkten der Figur entsprachen. Dann wiesen wir das Tier durch Nachfahren der Linien mit unserem Finger auf die Gestalt der Figur hin. Nun lernte *Julia* allmählich, die 3 bzw. 4 Punkte in einem Zuge mit einem Kreidestrich zu verbinden (Abb. 16). Was kann nun aus den vielfältigen Experimenten verschiedener Biologen mit insgesamt mehr als 30 Schimpansen, Gorillas, Orang-Utans und Kapuzineraffen geschlossen werden? Gewiß handelt es sich bei den Kritzeleien oftmals nur um ein Spiel, um die Freude, sichtbare Spuren hervorzubringen. Bei einem Teil dieser Zeichnungen und Malereien muß man aber wohl doch annehmen, daß die Affen auch von Faktoren beeinflußt waren, die wir nicht zögern würden, als elementare ästhetische Gefühle zu bezeichnen, wenn wir entsprechende Produktionen menschlicher Kinder zu beurteilen hätten. Auf ziemlich vielen Af-

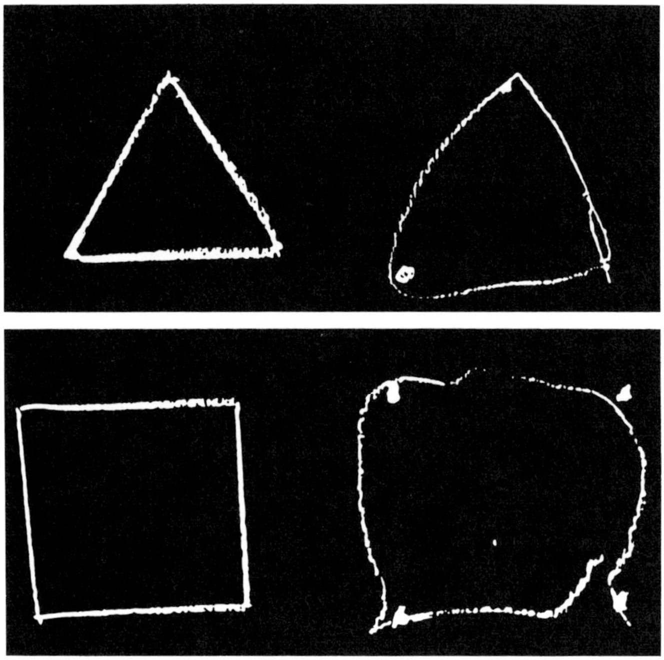

Abb. 16: Nachmalen eines links vorgegebenen Dreiecks (Basis 14 cm) und Vierecks (Basis 14 cm) an Hand von 3 bzw. 4 vorgezeichneten Punkten mit Kreide durch die Schimpansin Julia.

fenbildern – und keineswegs nur auf einzelnen ausgesuchten Exemplaren – lassen sich zweifellos ein gewisser Rhythmus, eine Zentralisation, ein Erregungsgleichgewicht der rechten und linken Bildhälfte und in anderen Fällen eine Anpassung der Linienführung an das Format der Zeichenblätter oder an vorgegebene Figuren erkennen.

Diese Feststellung ist nicht besonders überraschend, wenn wir bedenken, daß die physiologische Grundlage derartiger einfachster ästhetischer Lustgefühle bei Menschen und höheren Tieren wahrscheinlich die gleiche ist. Eine Anpassung an die Konturen eines Blattes oder an schon vorhandene Linien erleichtert das Gestalten und ist deshalb positiv gefühlsbetont. Und andererseits ist auch der Anblick gut erfaßbarer, »komplexibler« Strukturen von Lustgefühlen begleitet. Daher werden bis zu einem gewissen Grade wohl auch schon von manchen Tieren Rhythmen und Symmetrien, ausgewogene Kompositionen und Anpassungen an die Richtung der Blattränder oder an bereits vorhandene Figuren als angenehm empfunden.

Als Charles Darwin 1871 seine berühmte Hypothese der geschlechtlichen Zuchtwahl aufstellte, setzte er voraus, daß die Weibchen der Vögel ein gewisses Gefühl für die Schönheit des Gefieders ihrer Männchen hätten. Diese Auffassung wurde von A. R. Wallace (1889), K. Möbius (1906) und anderen Zoologen indes bald kritisiert, die erklärten, daß die erblich übermittelte Reaktion der Weibchen auf bestimmte Abzeichen der Männchen nichts mit ästhetischen Gefühlen zu tun habe. Wie spätere Untersuchungen mit stark vereinfachten Attrappen anstelle der Geschlechtspartner lehrten, müssen tatsächlich angeborene Reaktionen auf bestimmte »Auslöse-Schemata« vorausgesetzt werden, durch welche die beiden Geschlechter einer Art zusammenfinden. Wie aber die eingangs erwähnten Bevorzugungs-Experimente erkennen lassen, müssen diese an sich durchaus zutreffenden Vorstellungen von der heutigen Tierpsychologie vielleicht doch noch etwas modifiziert werden. Wir müssen wohl einräumen, daß der Auslöser-Effekt arteigener Färbungen und Zeichnungen manchmal auch von »ästhetischen« Lustgefühlen begleitet ist. Solche Lustgefühle können dazu beigetragen haben, die Bevorzugung harmonischer und »schöner« Muster im Laufe der stammesgeschichtlichen Entwicklung zu fördern.

Entsprechendes gilt für den uns oft so angenehmen *Gesang* mancher Vögel. Auch bei dessen Herausbildung können »ästhetische« Faktoren mitgewirkt haben. Hat es doch den Anschein, daß manche Vögel »Freude« am Kombinieren von Strophen und am Imitieren von den Gesängen und Rufen anderer Arten oder auch von menschlichen Lauten haben, wie dies besonders bei Starenarten, Papageien und Leierschwänzen der Fall ist. Wichtig ist in diesem Zusammenhang auch, daß solche Vögel befähigt sind, die »Gestalt« von Tonfolgen, d. h. kurze Melodien zu erfassen und in andere Tonfolgen einzubauen.

Alle diese Feststellungen widersprechen der verbreiteten Überzeugung, daß ästhetische Gefühle lediglich dem Menschen zukämen. Wenn wir indes bedenken, daß die ersten vor 20 000 bis 30 000 Jahren in südwesteuropäischen Höhlen angefertigten menschlichen Malereien z. T. bereits höchst vollendet sind, so dürfen wir wohl elementare ästhetische Gefühle auch schon bei sehr viel älteren und vielleicht auch bei noch tierischen Ahnformen voraussetzen. Andererseits ist aber auch eine gewisse Ähnlichkeit der Affenmalereien mit manchen modernen tachistischen Bildern menschlicher Künstler nicht ganz zu leugnen. Handelt es sich nun hier nur um eine ganz oberflächliche Ähnlichkeit, oder liegen doch irgendwelche gemeinsamen Wesenszüge zugrunde? Diese delikate Frage hat schon manche erregte Diskussion hervorgerufen. Bekanntlich sind gelegentlich schon »Gemälde« von Schimpansen in Ausstellungen moderner Kunst gemogelt worden, ohne daß dies dem Publikum auffiel. Auch ich selbst stellte einmal solche etwas unhöflichen Experimente an. Ich zeigte Affenmalereien verschiedenen Sachverständigen für moderne Malerei, Museumsdirektoren, Kunsthistorikern und Architekten, ohne zu verraten, wer die Künstler waren. Die meisten von ihnen hielten die Bilder für diskutable menschliche Leistungen, und einzelne priesen ihren Rhythmus, ihre Spannung und ihre Ausgewogenheit sogar ziemlich enthusiastisch. Sind diese Fachleute damit etwa blamiert? Ich glaube das keineswegs. Sie urteilten auf Grund der *tatsächlich vorliegenden* rhythmischen, harmonischen und dynamischen Elemente. Solche unverkennbaren Übereinstimmungen mit menschlicher tachistischer Kunst hatten ja auch das »Institute of Contemporary Arts« in London zu seiner berühmten Ausstellung veranlaßt.

Nun dürfen wir aber auch nicht die Tatsache übersehen, daß die Malereien der Affen offenbar nie »geplant« sind und daß die Tiere zumeist aufhören, wenn sie keine Lust mehr haben oder wenn ihnen das Blatt fortgenommen wird. Wenn man es ihnen längere Zeit beläßt, schmieren sie gewöhnlich immer wieder über die anfänglichen Linienzüge hinweg. Nicht selten herrscht auch einfach die Freude am Manipulieren vor. Unsere Schimpansen liebten es gelegentlich, mit dem Pinsel oder Bleistift auf dem Papier zu bohren, damit zu tupfen oder den Pinsel auf dem flach liegenden Blatt hin und her zu rollen. Wenn auf einem schräg liegenden Blatt ein Farbtropfen herabzurinnen begann, war das für die Tiere oft interessanter als das Malen. Sie berührten den Tropfen dann meist mit dem Finger oder leckten ihn ab. Aber einmal abgesehen von allen solchen Einschränkungen bleibt doch eine gewisse Ähnlichkeit mit manchen tachistischen Bildern moderner Künstler. Diese Tatsache sollte Malern wie allzu avantgardistischen Kunstkritikern Anlaß sein, etwas realistischer über die Grenzen wirklicher Kunst nachzudenken. In den letzten Jahren wurden wir in zunehmendem Maße belehrt, daß nicht nur kindliche, sondern auch kindisch wirkende Produktionen als eine legitime Stilrichtung anzusehen seien. Nun gut, aber warum sollen wir dann nicht auch Affenmalereien als eine legitime Richtung anerkennen?

Literatur

Rensch, B., Ästhetische Faktoren bei Farb- und Formbevorzugungen von Affen. Z.f. Tierpsychologie 14, 1957, S. 71–99.

–, Die Wirksamkeit ästhetischer Faktoren bei Wirbeltieren. Z.f. Tierpsychologie 15, 1958, S. 447–461.

–, Malversuche mit Affen. Z.f. Tierpsychologie 18, 1961, S. 357–364.

–, Ästhetische Grundprinzipien bei Mensch und Tier. In: G. Altner: Kreatur Mensch, München 1969, S. 134–144.

–, Play and Art in Apes and Monkeys. Symposia of the Fourth Internat. Congress of Primatology, Basel 1973. Vol. 1, S. 102–123.

Gerhard Heberer

Von der Abstammung des Menschen

Die Erforschung der biologischen Abstammung des Menschen ist aus verständlichen Gründen ein zentrales Thema der Naturwissenschaft. Der Autor rekonstruiert unsere biologische Ahnenreihe unter besonderer Berücksichtigung des Übergangsstadiums vom Tier zum Menschen.

Wir leben in einer Zeit der Jahrhundertfeiern. Solche erinnernden Würdigungen von Ereignissen und geistigen Großtaten sind Rückblicke auf die oft nicht immer geradlinigen Entwicklungen im vergangenen Jahrhundert, auf die geistige Situation von damals aus dem Blickwinkel von heute. Dabei zeigen sich die Leistungen von damals keineswegs etwa im Lichte eines selbstgerechten » wie wir es dann zuletzt so herrlich weit gebracht«. Im Gegenteil: bei angemessener historischer Würdigung der früheren Situation erscheinen sie als Gründertaten oft erst in ihrer wahren Größe. Die Erforschung der Abstammungsgeschichte des Menschen, die menschliche Phylogenetik, hat während des laufenden Jahrzehntes bereits drei solcher Jahrhundertfeiern erlebt.

Die erste war die Wiederkehr der Entdeckung des fossilen Menschen, des »Neandertalers« (Abb. 1), im Tale der Düssel (nach dem Kirchenlieddichter NEUMANN [= Neander] das Neandertal genannt). Diese Entdeckung erfolgte 1856 durch den Elberfelder Gymnasialprofessor und Heimatforscher CARL FUHLROTT Zwar waren schon vorher in einer Höhle des Felsens von Gibraltar und in Höhlen bei Namur (Engis) »Neandertaler« gefunden worden, jedoch hatte bis 1856 niemand ihre Bedeutung erkannt. So feierten wir 1956 auf einem internationalen Jubiläumskongreß die hundertjährige Wiederkehr des Beginns der wissenschaftlichen Erforschung des fossilen Menschen.

Die zweite Jahrhundertfeier war die Wiederkehr des Erscheinens des Hauptwerkes von CHARLES DARWIN: »Über die Entstehung der Arten«. Mit ihm begründete DARWIN auf einer für die damaligen Verhältnisse unerhört breiten Basis die allgemeine Theorie der Evolution der Organismen und des

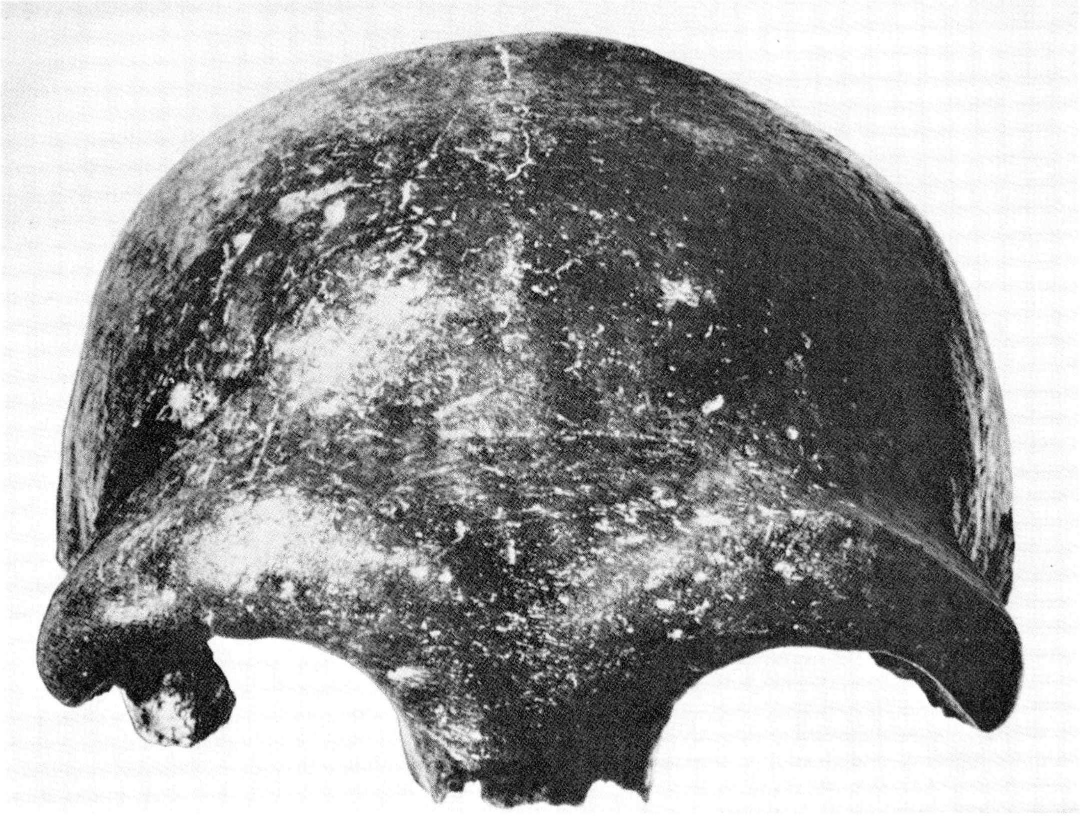

Abb. 1: Schädeldach des »Neandertalers« von vorn.

Mechanismus, der dieser Evolution kausal zugrunde liegt (Zusammenwirken von Mutationen und ihrer Auslese durch die Umweltfaktoren). DARWIN behandelte in diesem Buche, das die wissenschaftliche Abstammungslehre allgemein begründete, die besondere Frage der evolutionsgeschichtlichen Herkunft des Menschen allerdings noch nicht. Dies Problem schien ihm noch zu sehr von Vorurteilen umgeben zu sein. Immerhin findet sich am Ende des Werkes der vielzitierte prophetische Satz, daß bei der Anwendung seiner Theorie auch »auf den Ursprung und auf die Geschichte des Menschen Licht fallen« würde.

Es war insbesondere THOMAS HENRY HUXLEY, der universal gebildete englische Biologe, der nachhaltig für den »Darwinismus« wirkte und allen Vorurteilen entgegentrat. Er veröffentlichte 1863 dann auch das klassische Erstlingswerk der menschlichen Abstammungslehre unter dem Titel »Zeugnisse für die Stellung des Menschen in der Natur«. Im gleichen Jahre nahmen zu dem Problem der Herkunft des Menschenstammes die deutschen Forscher ERNST HAECKEL und CARL VOGT positiv Stellung. Der Mensch habe, so formulierte es HAECKEL in seinem Vortrag auf der 38. Versammlung der Gesellschaft der deutschen Naturforscher und Ärzte (Stettin 1863), »seine nächsten Verwandten zunächst in affenartigen Säugetieren (Primaten)« zu sehen. Damit war die bis heute so oft perhorreszierte »Abstammung des Menschen vom Affen« von der Wissenschaft erstmals offiziell ausgesprochen worden. Das Jahr 1863 ist daher das eigentliche Zentenarium der Begründung der wissenschaftlichen Erforschung der Phylogenetik des Menschen. In diesem Beitrag will ich versuchen, den Stand, welchen die Rekonstruktion des historisch-biologischen Weges unseres Geschlechts in dem seit den ersten Funden verstrichenen Jahrhundert erreicht hat, in seinen Grundzügen zu schildern. Selbstredend kann es sich bei dieser Schilderung, was ich in letzter Zeit schon wiederholt betont habe, nur um die Darstellung unseres augenblicklichen Wissens über diesen Entwicklungsweg handeln, wobei wir nicht vergessen wollen, daß auch unser heutiges Wissen nur vorläufig ist und in Zukunft seinerseits noch wesentliche Ergänzungen und auch Korrekturen erfahren dürfte. Allerdings gibt es wesentliche Elemente, die sich in allen Stadien des Prozesses unserer paläoanthropologischen Einsichten wiederfinden. Wir können daher mit hoher Wahrscheinlichkeit annehmen, daß sie der Wirklichkeit weitgehend entsprechen. Ein solches Element, das sich seit dem Anfangsjahr 1863 konstant und sogar mit zunehmender Festigkeit erhalten hat, ist die Ableitung der *Hominiden*linie von ausgestorbenen Menschenaffen. DARWIN selbst sprach von einem »ancient member«, einer primitiv-menschenaffenartigen Ausgangsgruppe der eigenen Geschichtslinie der »Menschenartigen« *(Hominiden)*, und zwar in seinem erst 1871 erschienenen Buch »Die Abstammung des Menschen«. Von diesem ancient member aus muß die weitere Evolution der *Hominiden* selbständig verlaufen sein, was besagt, daß diese von da an in ihrer Geschichte nicht mehr in genetische Beziehungen zu der Evolutionslinie der Menschenaffen *(Pongiden)* traten. Die fossile Dokumentation der menschlichen Geschichtslinie allerdings blieb äußerst spärlich und mußte vielfach durch vergleichend-anatomische Analysen – indirekt also – ergänzt werden. Wenn sich auch im Laufe des seit HUXLEY vergangenen Jahrhunderts ein relativ großes Material angesammelt hat, das gewisse Grundzüge in der Folge der historischen Ereignisse während der Hominidenevolution klarer hervortreten läßt, so gilt das doch prinzipiell auch heute noch.

ERNST HAECKEL konnte um die Jahrhundertwende (1898) auf dem IV. Internationalen Zoologenkongreß in Cambridge in einem Vortrag »Über unsere gegenwärtige Kenntnis vom Ursprung des Menschen« die damalige Lage folgendermaßen zusammenfassen: »Die Abstammung des Menschen von einer ausgestorbenen tertiären Primatenkette ist keine vage Hypothese mehr, sondern eine historische Tatsache.« Diese Auffassung ist bis auf den heutigen Tag zu keiner Zeit mit wissenschaftlich relevanten Argumenten in Zweifel gezogen worden. Die Feststellung HAECKELS würde heute, etwas spezieller formuliert, lauten, daß in der tertiären Primatenkette ein *Pongide* (Menschenaffe) – moderner ausgedrückt: eine Population primitiver *Pongiden* – die Ausgangsbasis für die *Hominiden*linie bildete. Aber darüber hinaus läßt sich heute noch, wie gleich genauer ausgeführt werden soll, als einzige belegbare Auffassung feststellen, daß diese ancestrale *Pongiden*population aus *kurzarmigen* Typen bestand, und noch nicht aus langarmigen, an den tropischen Regenwaldbiotop angepaßten Schwinghanglern oder »Brachiatoren«. Mit anderen Worten: Alle fossilen Dokumente, die uns heute zur Verfügung stehen, sprechen dafür, daß das »ancient member« ein »prä-brachiatorischer Stemm-Greif-Kletterer« gewesen ist, der sich noch nicht zu dem typischen »brachiatorischen Schwinghangler« spezialisiert hatte, wie ihn u. a. auch die heutigen Menschenaffen verkörpern. Alle anderen Hypothesen, die einen tieraffenähnlichen *(Catarrhinen-* oder *Schmalnasen*-ähnlichen) oder einen schon ausgeprägt brachiatorisch diffenzierten Ancestorentyp annehmen, sind im Laufe der Zeit immer unwahrscheinlicher geworden. Auf diese Weise ist das ursprüngliche Meinungschaos über den stammesgeschichtlichen Ausgangspunkt der Hominiden nach einem Jahrhundert intensiver Forschung einem weitgehenden Consensus, wenn auch noch keinem consensus omnium, gewichen.

Wie sieht das dieser Auffassung entsprechende moderne Bild der formalen

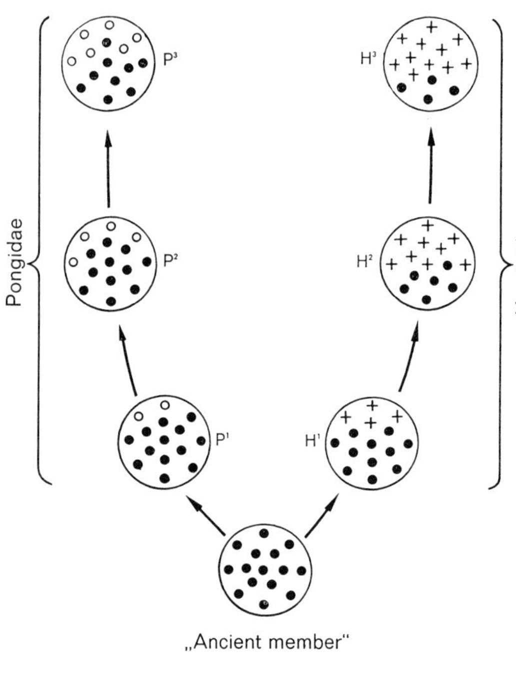

Abb. 2: Schema der Evolution von Menschenaffen und Menschen, abgeleitet von einem gemeinsamen Ausgangspunkt, dem sogenannten »ancient member«. (Nach Le Gros Clark)

Evolutionsgeschichte der *Hominiden* nun aus? Wir wollen das Resultat des eben erwähnten heutigen Consensus mit einem von dem Oxforder Anatomen LE GROS CLARK stammenden Schema (Abb. 2) veranschaulichen:

Eine gemeinsame Stammgruppe (deren Mitglieder das ancient member repräsentieren), die zoologisch zu noch präbrachiatorischen *Pongiden* zu stellen wäre, besaß einen typischen »Genpool« (Erbfaktorenbestand). Sie bewahrte in der einen Adaptationslinie im wesentlichen den ursprünglichen Bestand (schwarz), erwarb aber in der Zeit vom Miozän zum Pliozän (also im Verlaufe von etwa 20 Millionen Jahren) neue Gene dazu (helle Scheiben), die mit den altererbten Genen zusammen schließlich das Genkomplement bzw. Merkmalsgefüge der an den geschlossenen tropischen Regenwald angepaßten Brachiatoren, also der heutigen Menschenaffen, ergab. In der *Hominiden*linie dagegen erfolgte eine Anpassung an den Biotop der Steppe, die u. a. zu dem Erwerb des aufrechten Ganges führte. In dieser Linie wurden weniger ancestrale Gene bewahrt und dafür eine größere Anzahl hominidentypischer Gene (Kreuze) erworben. Das Ergebnis war der aufrecht gehende, an die Steppe angepaßte, »bipede« *Hominide*.

Wenn Außenseiter auch heute noch gelegentlich die phylogenetische Abstammung der *Hominiden* von *Pongiden* bestreiten, so braucht das hier nicht mehr diskutiert zu werden. Eine solche Auffassung ignoriert die elementarsten Befunde und ist daher schlechthin anachronistisch. Neuerdings haben Genetik, Serologie und auch die Verhaltensforschung eine Fülle von neuen Daten geliefert, die den zwangsläufig ausschließlich vergleichend-morphologisch arbeitenden Klassikern der menschlichen Phylogenetik noch nicht verfügbar waren und als zusätzliche, voneinander und von den bisherigen Argumenten völlig unabhängige Beweise für diese Verwandtschaft angesehen werden können. Ich erwähne hier nur den Genträgerapparat, die Chromosomen. Abb. 3 zeigt eine Zusammenstellung der Chromosomen der *Hominoidea*. (Die Familien der *Pongidae* = Menschenaffen und der *Hominidae* = Menschenartigen werden in der modernen Primaten-Systematik zu der Überfamilie der *Hominoidea* zusammengefaßt.) Es ist heute bei allen Vertretern dieser Überfamilie möglich, die Chromosomen nicht nur zu zählen, sondern jedes einzelne Exemplar eines Chromosomenbestandes individuell zu kennzeichnen und wiederzuerkennen. Dabei ergeben sich außerordentliche Ähnlichkeiten zwischen allen bei den *Hominoidea* vorkommenden Chromosomensätzen. Die Genetik kann nun zeigen, daß es äußerst unwahrscheinlich, ja praktisch ausgeschlossen ist, daß diese Übereinstimmungen der Chromosomenbestände unabhängig voneinander, also durch einen bloßen Zufall zustande gekommen sind. Die einzige Möglichkeit der Erklärung besteht auch hier wieder in der Annahme einer gemeinsamen Abstammung.

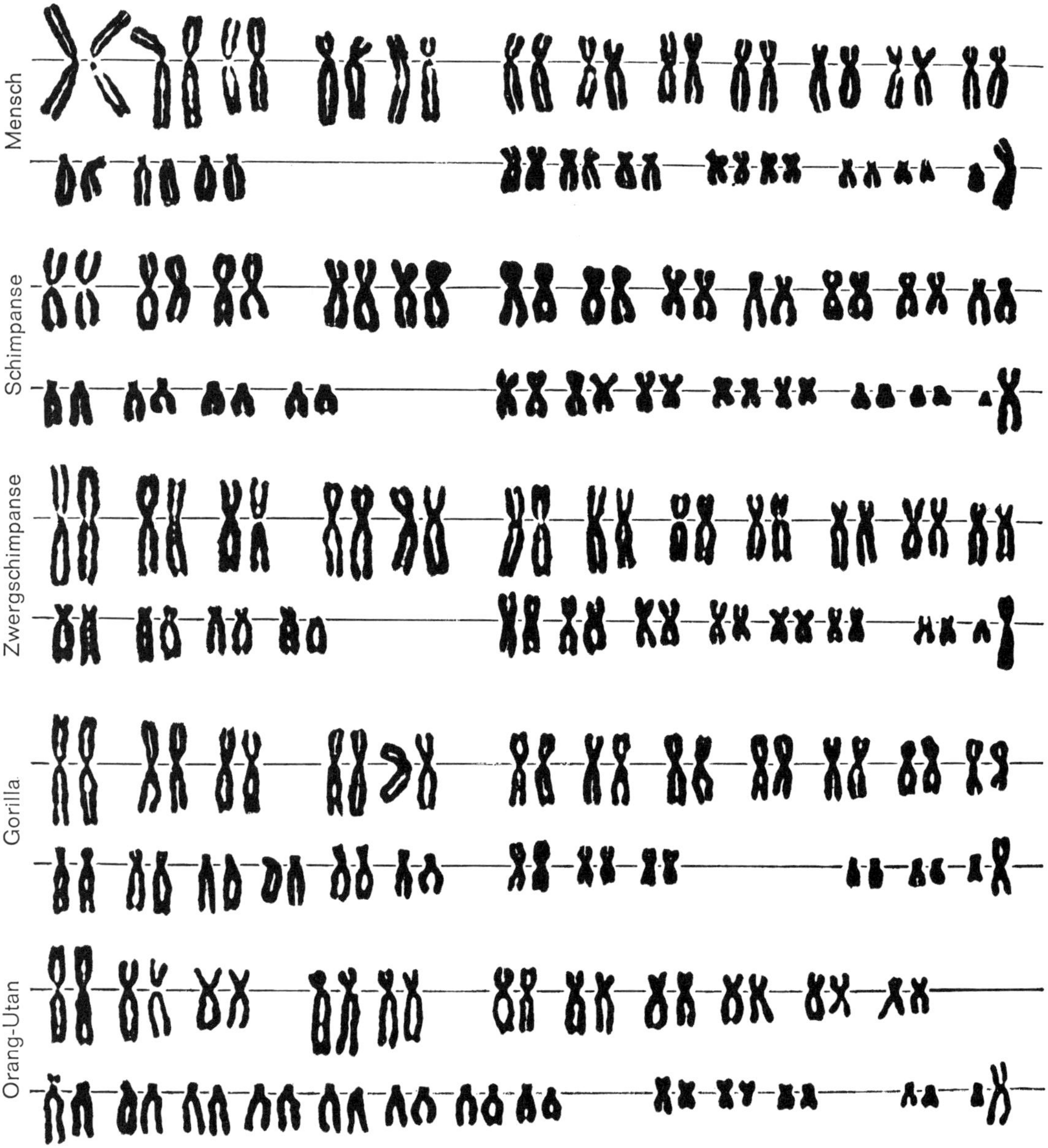

Abb. 3: Vergleich der Chromosomensätze von Mensch und Menschenaffen. (Nach Klinger)

Zu dem gleichen Schluß führen heute in analoger Weise auch die Untersuchungen der serologischen Verwandtschaftsbeziehungen oder auch die vergleichende Morphologie des Zahnkronenbaus, um nur noch zwei der moderneren Methoden zu nennen, mit denen die Paläoanthropologie der Gegenwart die klassischen Fragestellungen untersucht. Ein Zweifel an der phylogenetischen Verwandtschaft aller *Hominoidea* untereinander ist angesichts dieser und zahlreicher anderer Befunde einfach nicht mehr möglich.
Auf Grund der verfügbaren Indizien ist anzunehmen, daß die Isolierung der *Hominiden*linie innerhalb der Überfamilie der *Hominoidea* im mittleren Tertiär, also vor etwa 20 Millionen Jahren, von einer präbrachiatorischen *Pongiden*population aus erfolgte. Die Geschichtslinie erreichte dann im oberen Pliozän, vor mehr als 2 Mill. Jahren, kaum später, eine entscheidende Phase, das sogenannte »Tier-Mensch-Übergangsfeld«. Der vor diesem Feld liegende Geschichtsabschnitt kann als die »subhumane Phase« der Evolution des Menschen, und der zeitlich nach dem Tier-Mensch-Übergangsfeld liegende Abschnitt als deren »humane Phase« bezeichnet werden. In der subhumanen Phase befinden sich die *Hominiden* auf einem noch tierischen Status und unterliegen hier den bei Tieren wirksamen Evolutionsmechanismen. In der humanen Phase dagegen sind sie durch das Tier-Mensch-Übergangsfeld hindurch und über das Tier hinausgelangt. Hier setzt bereits, sehr langsam anlaufend, aber in historischer Zeit dann in immer stärkerem Maße sich auswirkend, jener bedeutungsvolle Prozeß ein, demzufolge das Verhalten dieser neuartigen Lebewesen seinerseits als ausrichtender Faktor auf ihre eigene Evolution zurückwirkt. Ich komme darauf noch einmal zurück.
Welche Vorstellungen dürfen wir uns nun von dem Beginn und dem Ablauf des subhumanen Abschnittes der *Hominiden*geschichte machen? Das Bild bleibt weithin theoretisch, da wir das »ancient member«, also die Ausgangspopulation der *Hominiden*, nicht kennen. Aus der fossilen Geschichte der *Pongiden* gibt es jedoch eine Anzahl von Funden, die gewisse Rückschlüsse auf den anatomischen Typus der Ausgangspopulation zulassen. Da kennen wir vor allem fossile präbrachiatorische Menschenaffen und Gibbons, die zeigen, daß diese heute zum Teil sogar extrem brachiatorischen *Hominiden* noch im oberen Miozän, vor rund 10 Millionen Jahren, keine langarmigen Schwingkletterer waren. So treffen wir im unteren bis mittleren Miozän Ostafrikas die pongide *Proconsul*-Gruppe. Sie steht mit den geologisch meist späteren *Dryopithecinen* – die sozusagen die charakteristischen tertiären Menschenaffen darstellten – in Beziehung. Die Vertreter dieser *Proconsul*-Gruppe waren noch keine typischen Brachiatoren. Zwar dürften sie, wie eine genauere Untersuchung der Gliedmaßenreste ergab, auf dem Wege zur Brachiatorengestalt gewesen sein. Doch zeigt zum Beispiel der Bau der Hand

eine Proportionierung (Abb. 4), die mehr der Greifhand eines Stemmgreifkletterers als der langfingrigen, aber mit relativ kurzem Daumen versehenen »Hakenhand« der rezenten schwingkletternden *Pongiden* und Gibbons entspricht: Die *Proconsul*-Gruppe war in ihrer Anpassung noch nicht in den geschlossenen Regenwaldbiotop »eingenischt«, ihr Lebensraum war eine Baumsteppe, vielleicht waren auch mehr oder weniger lockere Galeriewälder von ihnen bewohnt.

Der *Proconsul*-Typus darf damit in gewissem Sinne als ein Modell für die Gestalt des ancient member gelten, wenn er selbst auch in manchen Merkmalen schon zu weit in Richtung auf den *Pongiden*-Typ spezialisiert war, um selbst als »ancient member« in Betracht zu kommen. Wichtig ist *Proconsul* ferner als Indiz dafür, daß die Erwerbung der typischen Brachiatoren-(Langarmaffen)-Struktur im Laufe der Geschichte der *Pongiden* erst relativ spät erfolgte. Das machen auch die Umstände wahrscheinlich, unter denen auch die im Gebiß schon typsich pongiden *Dryopithecinen* des oberen Miozäns und unteren Pliozäns (vor 15 bis 10 Millionen Jahren) vorwiegend in Eurasien gefunden wurden. Wären sie bereits Bewohner tropischer Regenwälder gewesen, so würde man von ihnen kaum so zahlreiche fossile Reste angetroffen haben, wie bekannt geworden sind. Es ist bezeichnend, daß man von sicheren Regenwaldpongiden keine fossilen Reste kennt. Außer einigen subfossilen Orang-Utan-Zähnen sind von den rezenten Menschenaffen ebenfalls keine fossilen Reste bekannt geworden. Auch die *Dryopithecinen* dürften also noch keine ausdifferenzierten Langarmhangler gewesen sein. Dieses Fehlen von fossilen langarmigen *Pongiden* deutet gleichfalls darauf hin, daß die Anpassung an den Regenwaldbiotop geologisch erst relativ spät erfolgt ist. Die späte Erwerbung der Brachiatorenstruktur ist nun auch durch die glückliche Auffindung obermiozäner (ca. 12 Millionen Jahre alter) kurzarmiger Vorfahren einer Gruppe extremer Langarmschwinger, nämlich aus der Verwandtschaft der Gibbons oder *Hylobatinen*, in obermiozänen Spaltenfüllungen bei Neudorf an der March *(Pliopithecus)* bestätigt worden. H. Zapfe (Wien) hat diese kurzarmigen Gibbonverwandten kürzlich in einer prachtvollen Monographie beschrieben (Abb. 5).

Dieser Punkt ist deshalb so wichtig, weil sich aus diesen und anderen Funden bedeutsame Stützen für die Auffassung ergeben, daß das Brachiatorenstadium der *Pongiden* eine Endspezialisation darstellt. Sie wurde allem Anschein nach erst im Laufe des Pliozäns erworben, und zwar sicher in verschiedenen Linien (Gibbon, Orang-Utan, Gorilla und Schimpanse) unabhängig voneinander. In der *Hominiden*linie muß die Entwicklung des zweibeinigen Aufrechtgangs noch vor der Ausbildung typischer brachiatorischer Gliedmaßenproportionen eingesetzt haben. Jedenfalls ist diese Annahme

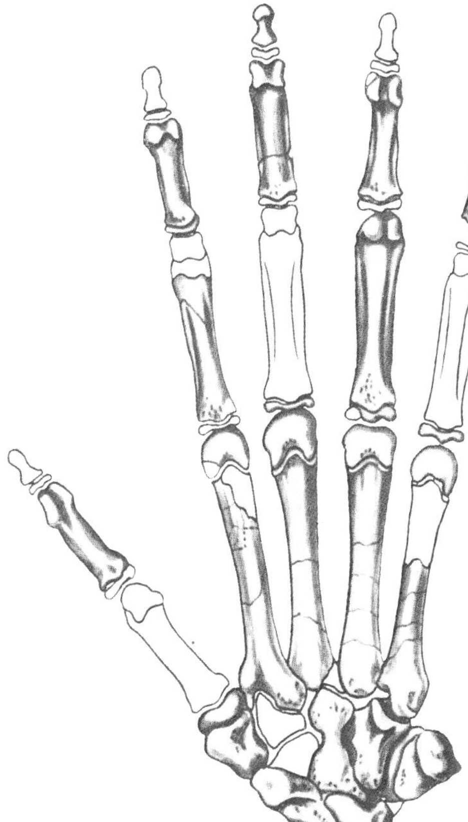

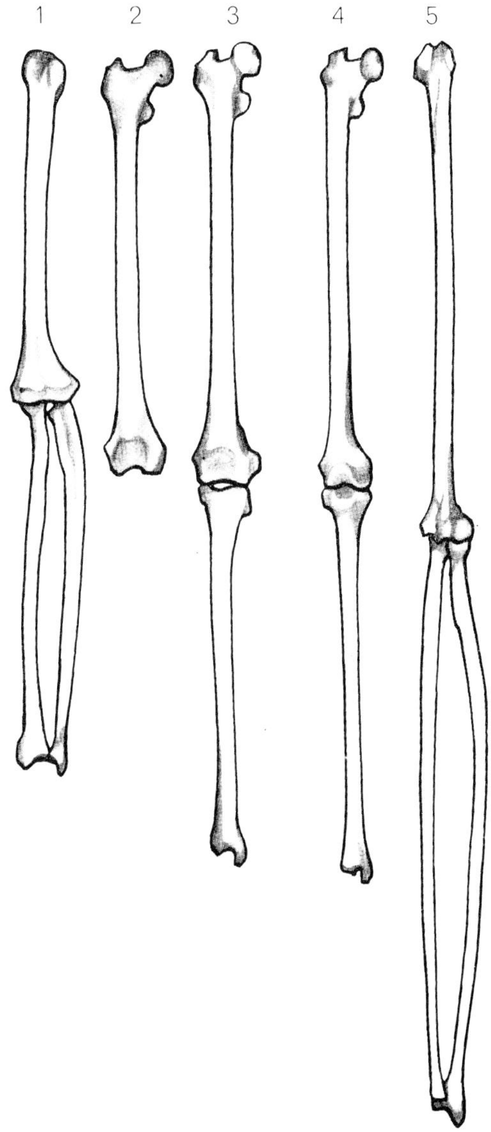

Abb. 4 (links): Hand von Proconsul. (Nach Napier)
Abb. 5 (rechts): Fossile Belege für die Brachiatoren-Spezialisation: 1. Arm von Pliopithecus, 2. Oberschenkel von Pliopithecus, 3. Oberschenkel mit Schienbein von Pliopithecus, 4. Oberschenkel mit Schienbein von Symphalangus (rezenter Gibbon), 5. Arm von Symphalangus.

weitaus besser fundiert als die Hypothese, daß erst im Pliozän bereits spezialisierte Waldbrachiatoren zum Bodenleben übergegangen seien und von da aus erst die aufrechte Haltung ausgebildet hätten.[1]

Über die Bedingungen, unter denen die Erwerbung des aufrechten Gangs erfolgte, gibt es viele Spekulationen. Unter einem biologisch-ökologischen Aspekt ist es nicht unwahrscheinlich, daß diese Bedingungen in einem Zwischenbiotop, wie es eine Savanne darstellt, am ersten gegeben waren. Augentiere wie die subhumanen *Hominiden* konnten hier ihr mangelhaftes Witterungsvermögen durch die während des Baumlebens erworbene Fähigkeit zum stereoskopischen Sehen kompensieren. Die ständig tätige Primatenhand wurde bei der Aufrichtung zur »Zweibeinigkeit« von ihrer Beteiligung an der Lokomotion in zunehmendem Maße entlastet und damit für andere Möglichkeiten der Tätigkeit freigestellt, nicht zuletzt für die Kompensation fehlender Fluchtanpassungen durch Werkzeuge zur Verteidigung. Daraus ergab sich nun wieder die Möglichkeit der Rückbildung des wehrhaften *Pongiden*gebisses zum hominiden Zustand. Echte Aufrechtgänger treten erst an der Wende vom Pliozän zum Pleistozän (Eiszeitalter) vor etwa zwei Millionen Jahren auf. Es sind das die afrikanischen *Australopithecinen.*

Die Herausbildung hominider Merkmalszüge während der subhumanen Phase unserer biologischen Geschichte hängt also von einem komplexen Gefüge von Umweltfaktoren ab, die zusammenwirkend einen zweibeinigen Steppenläufer entstehen ließen, indem sie durch Herausselektionierung der mutativ günstigen Varianten aus dem Genpool der Bewohner der Zone des Baumbiotops den Aufrechtgänger als den optimalen Anpassungstyp des Steppenbiotops herauszüchteten. Die Evolutionsgeschwindigkeit ist beim Übergang von einer adaptiven Zone zu einer anderen relativ beschleunigt gegenüber dem Ablauf in den adaptiven Zonen selber. Konkrete zeitliche Angaben darüber, wie lange die subhumanen *Hominiden* für den risikoreichen Übergang – es fehlte hier vorübergehend eine optimale Adaptation – von der Zone des Baumkletterns zur Zone des aufrechten Steppenlaufens gebraucht haben, sind allerdings nicht möglich. Mit dem Erreichen der adaptiven Zone des aufrechten Gangs war die subhumane Phase der Abstammungsgeschichte der Hominiden abgeschlossen, und der aus ihr hervorgegangene »bipede Steppenläufer« trat nunmehr in das eigentliche Tier-

1 Die hier vertretene Auffassung besagt u. a. auch, daß der Mensch nicht im vulgären Wortsinne »vom Affen« abstammt, also von einem Vorfahren, der den heutigen Menschenaffen ähnlich war. Die Situation ist dagegen offensichtlich die, daß beide, Mensch und Menschenaffe, von einem gemeinsamen (affenartigen) Vorfahren abstammen.

Mensch-Übergangsfeld ein. Von dieser theoretisch rekonstruierten Phase unserer Abstammungsgeschichte ist uns an Fossilien nichts Sicheres erhalten, doch geben einige Funde auch hier Hinweise. Ein Fundkomplex, der von der Wende vom Pliozän zum Miozän vor 10 bis 12 Millionen Jahren stammt, liegt in Kohlenschichten der Toskana. Es ist der viel umstrittene *Oreopithecus bambolii.*

Der Baseler Paläontologe J. Hürzeler hat die Zahl der Funde von Resten dieser problemreichen, seit 1884 bekannten Primatenform in den 50er Jahren ganz erheblich vermehren können und im Jahre 1958 durch die Bergung eines z. T. zwar zerdrückten, aber mehr oder weniger vollständigen Skelettes gekrönt. Die Morphologie von *Oreopithecus* ist merkwürdig. Ihre Analyse hat dazu geführt, daß die Urteile der Fachleute bezüglich der Stellung des Fundes stark voneinander abweichen. *Oreopithecus* wird entweder für einen aberranten Zweig der *Pongiden* gehalten oder für den Vertreter einer eigenen Familie »*Oreopithecidae*«, die zwischen den Menschenaffen und dem Menschen stehen soll, oder er wird zum Angehörigen eines Seitenzweiges der *Hominiden* selbst erklärt, und zwar auf Grund zahlreicher Ähnlichkeiten mit der hominiden Merkmalsbildung. Zwar wäre keines dieser Merkmale für sich allein ausreichend, *Oreopithecus*, wenn auch als Vertreter eines Seitenastes, den *Hominiden* zuzurechnen, die Kombination der Merkmale stimmt aber doch nachdenklich. Ich erwähne hier nur die Zweihöckerigkeit des unteren ersten Prämolaren, die gruppentypisch für die *Hominiden* ist (Abb. 6), und das Becken, das unter anderem mit seinen breiten Darmbeinschaufeln und der Kürze des Darmbeinhalses menschlichen Verhältnissen nahekommt. Kürzlich ist auch darauf hingewiesen worden, daß die Winkelbildung Oberschenkelschaft-Schenkelhals dafür spricht, daß *Oreopithecus* schon aufrecht zu gehen vermochte.

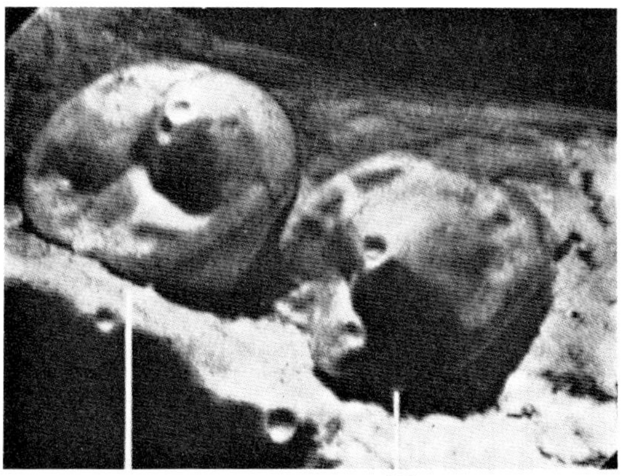

Abb. 6: Prämolaren aus dem Unterkiefer von Oreopithecus. P^1: erster Prämolar, P^2: zweiter Prämolar. (Nach Kälin)

Die Armproportionierung weist aber andererseits auf die Fähigkeit zum Hangelklettern hin. Neuerdings wurde darauf aufmerksam gemacht, daß zwischen der Struktur der Backzähne von *Oreopithecus* und den schon seit langem bekannten Zahnfunden eines oligozänen Primaten (*Apidium*, von dem neuerdings weiteres Fundmaterial geborgen werden konnte) starke morphologische Ähnlichkeiten bestehen. Daher wird für *Oreopithecus* auch eine auf *Apidium* zurückgehende phylogenetische Eigenlinie konstruiert. *Oreopithecus* wäre dann eine eigentümliche Primatenform, die neben der Fähigkeit zum Hangelklettern auch die des aufrechten Gangs besessen hätte. Die komplexe Konvergenz der Merkmale zu hominiden Verhältnissen bleibt aber jedenfalls auffällig. *Oreopithecus* zeigt zumindest, daß schon an der Wende vom Miozän zum Pliozän spezielle, für *Hominiden* charakteristische Gene auftraten.

Neben *Oreopithecus* lassen sich im Zusammenhang mit der subhumanen Phase unserer Abstammung nur noch zwei Funde anführen. Beide haben aus eben diesem Grunde in der jüngsten Vergangenheit die besondere Aufmerksamkeit der Forschung auf sich gezogen. Simons hat darauf hingewiesen, daß der Oberkiefer des aus unterpliozänen Schichten der nordindischen Sivalikberge stammenden *Ramapithecus* aus dem weiteren *Dryopithecinen*kreis einen hominid gestalteten Zahnbogen besaß (Abb. 7). Und Leakey fand am Victoriasee in Schichten etwa gleichen Alters Kieferfragmente einer als *Kenyapithecus* bezeichneten Form, die dem indischen *Ramapithecus* sehr

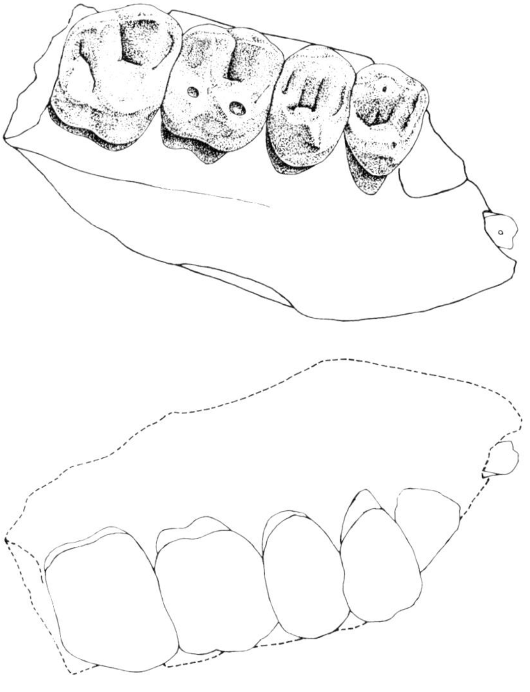

Abb. 7: Zahnbogen von Ramapithecus. Oberkiefer, linke Seite spiegelbildlich rekonstruiert. (Nach Simons)

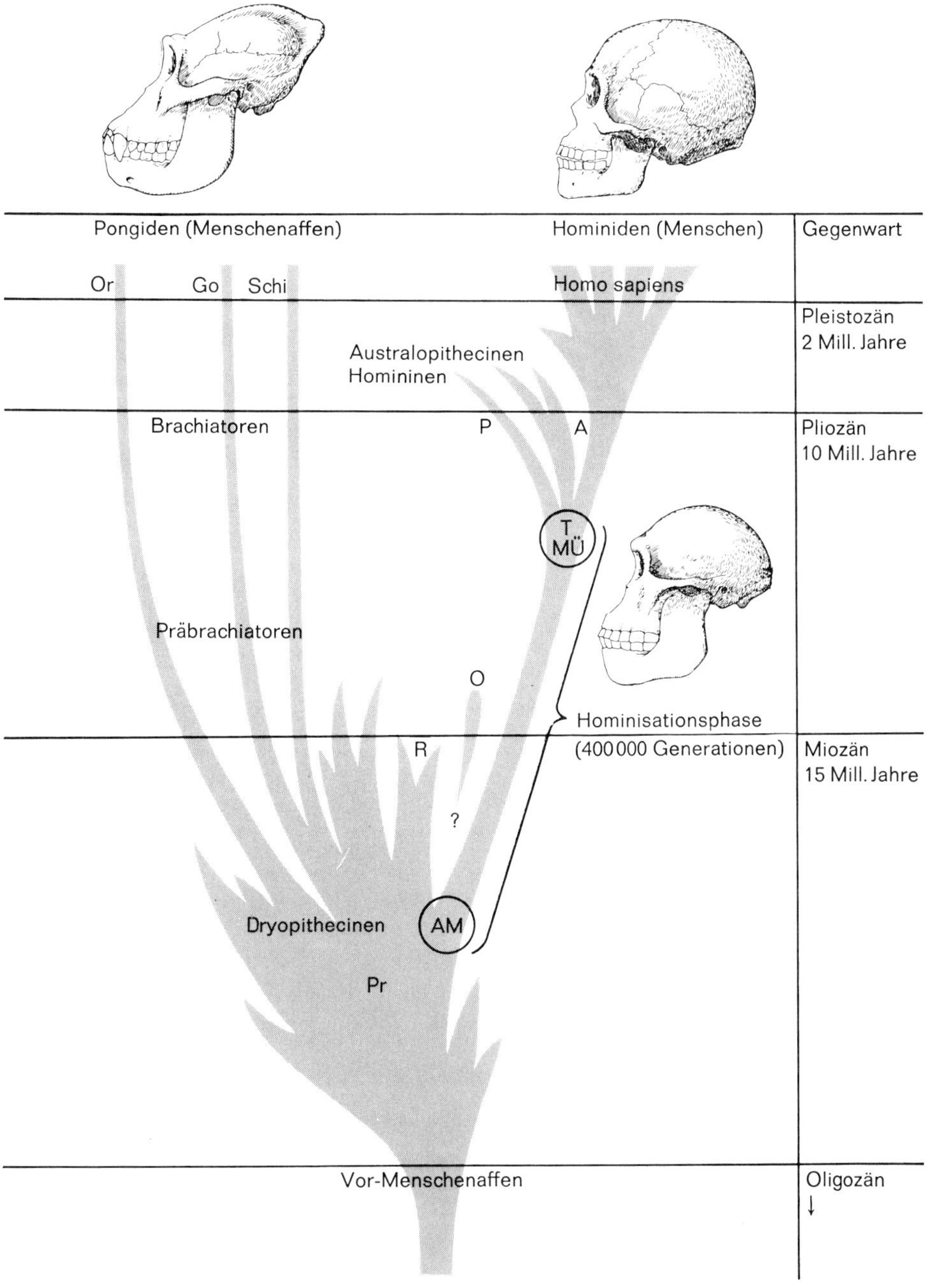

Abb. 8: Stammschema für Pongiden (Menschenaffen) und Hominiden (Menschen). Or = Orang Utan, Go = Gorilla, Schi = Schimpanse, P = P-Typus der Australopithecinen, A = A-Typus der Australopithecinen, TMÜ = Tier-Mensch-Übergangsfeld, O = Oreopithecus, R = Ramapithecus, AM = Ancient member, Pr = Proconsul.

ähnlich ist und ebenfalls einige hominide Eigenschaften besitzt. Aber das sind bruchstückhafte Einzelfunde mit Einzelmerkmalen, bei deren Beurteilung der Spielraum der individuellen Variationsbreite nicht vergessen werden darf: Die bei *Ramapithecus* und *Kenyapithecus* feststellbaren Merkmale brauchen nicht gruppentypisch zu sein, sie könnten auch zufällige Varianten darstellen, denen keine phylogenetische Bedeutung beizumessen ist.

Wir können also für die subhumane Phase unserer Geschichte urkundlich kaum Belege beibringen. Das besagt aber natürlich nichts dagegen, daß diese Phase notwendigerweise existiert hat. Das Tier-Mensch-Übergangsfeld muß in das obere Pliozän verlegt werden, denn im untersten Pleistozän – nach neueren, mit atomphysikalischen Methoden durchgeführten Bestimmungen des absoluten erdgeschichtlichen Alters vor etwa zwei Millionen Jahren – treten schon ausdifferenzierte, aufrecht laufende, wenn auch noch kleinhirnige Hominiden auf: die schon mehrfach erwähnten *Australopithecinen*, die bereits in die humane Phase unserer Abstammung gehören. Die *Australopithecinen* waren nämlich nicht nur in der Lage, Werkzeuge zu gebrauchen – diese Fähigkeit besaßen auch schon ihre Vorfahren seit langer Zeit –, sondern sie konnten darüber hinaus Werkzeuge intentionell zu Geräten verbessern.

Bevor ich auf die Probleme des Tier-Mensch-Übergangsfeldes und auf die ältesten *Hominiden* der humanen Phase eingehe, wollen wir uns mit Hilfe des Stammschemas eine Übersicht über die tertiäre Geschichte der höheren Primaten (mit Einschluß der subhumanen Phase der *Hominiden*geschichte) verschaffen (Abb. 8). Diese Darstellung dürfte zur Zeit die größte Wahrscheinlichkeit für sich haben. Zwar trifft für die hier dargestellte Geschichte noch immer das Wort Darwins von der »Lückenhaftigkeit der paläontologischen Überlieferung« zu. Aber das ändert sich! Jederzeit kann ein Einzelfund oder eine Fundgruppe geborgen werden, die dann plötzlich weite, bisher dunkle Strecken der Geschichte unserer Evolution sichtbar werden läßt. Die fossile Dokumentierung der Evolution vieler Tiergruppen hat schon derartige Ausmaße erreicht, daß wir die Hoffnung auf weitere Funde auch aus unserer eigenen Vorgeschichte noch keineswegs aufzugeben brauchen. Man denke nur an die weitgehend durchgeführte Analyse der Fossilgeschichte des Pferdes! Zu dieser Hoffnung berechtigen insbesondere auch die Funde fossiler Urkunden, wie sie seit Mitte der zwanziger Jahre aus Transvaal und in jüngster Zeit durch die Initiative von L. S. B. Leakey aus den altpleistozänen Schichten der Oldowai-Schlucht in Tanganyika geborgen (Abb. 9) worden sind. Mit diesen ältesten *Hominiden*, den *Australopithecinae*, müssen wir uns jetzt etwas näher befassen.

Der Bautypus dieser Gruppe, die meist als eine Unterfamilie der *Hominidae*

Abb. 9: Die Oldowai-Schlucht am Ostrande der Serengeti, Ostafrika. (Foto: Bildarchiv Dr. Werner Wrage)

aufgefaßt wird, ist höchst eigenartig: »Pygmoide, kleinhirnige Aufrechtgänger mit typischen Standfüßen und grundsätzlich menschlichem Gebiß«, das wäre vielleicht die kürzeste Definition ihres Status. Es liegen auch genügend Beckenfunde vor, die den Aufrechtgang eindeutig beweisen. Der vollständigste Fund, ein fast ganz erhaltenes Becken, stammt aus altpleistozänen Höhlenbreccien aus Sterkfontein bei Johannesburg. Eine ebenfalls dort gefundene Wirbelsäule weist bereits die typisch menschliche S-förmige Biegung auf. An dem übrigen Skelett zeigen sich gleichzeitig keine Spuren einer etwa erst kürzlich verlassenen Hangler-Anpassung. Der Fuß ist, wie erwähnt, ein typischer Standfuß. Das Gebiß (als Beispiel ist hier die Form »*Zinjanthropus*« = *Paranthropus* aus dem untersten Schichtenkomplex [Bed I] der Oldowai-Schlucht genommen, s. Abb. 10) zeigt bei hominidem Zahnbogen und ebensolchen Zahnstrukturen eine Spezialisation insofern, als das Vordergebiß (Eck- und Schneidezähne) relativ klein gegenüber dem

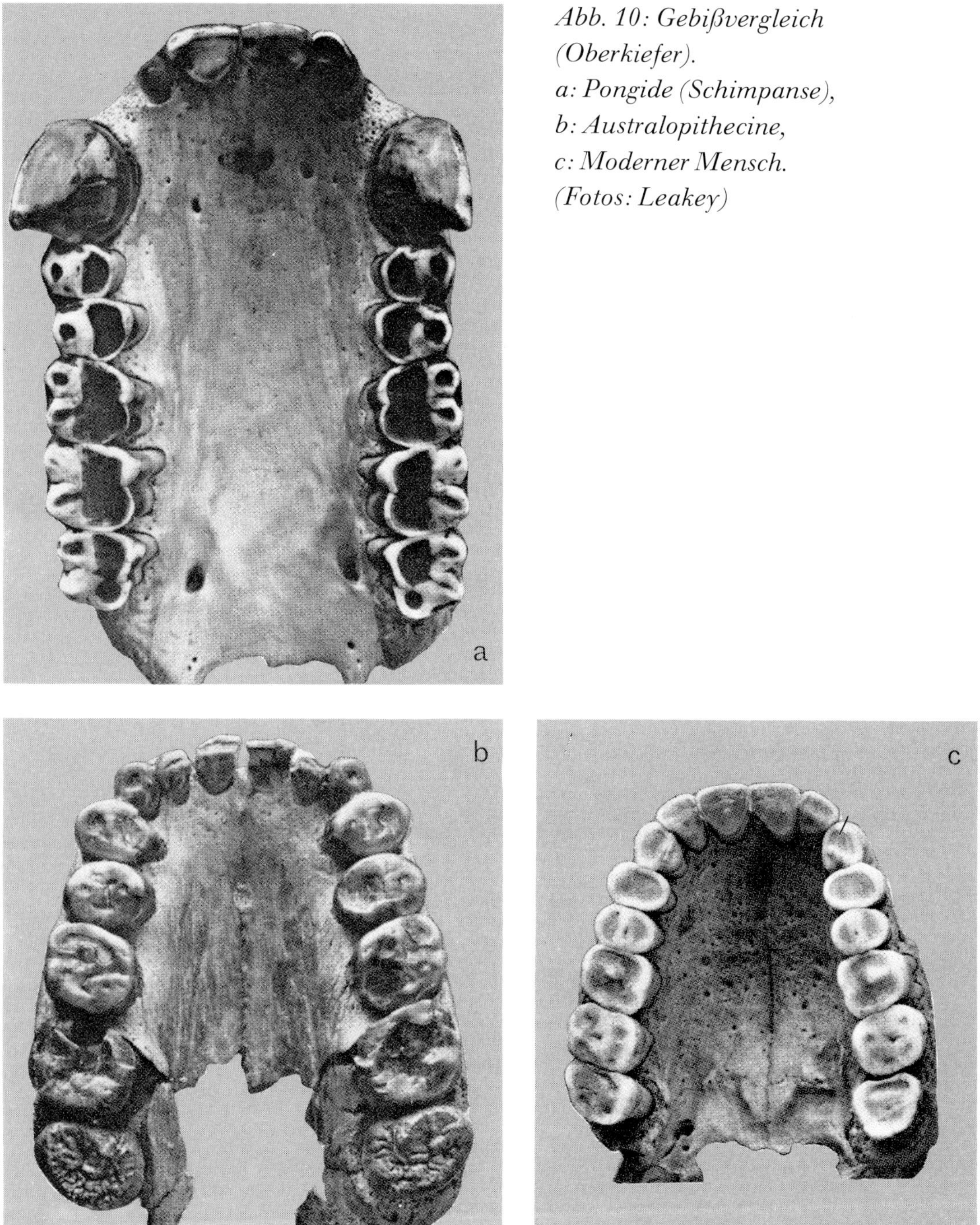

Abb. 10: Gebißvergleich (Oberkiefer).
a: Pongide (Schimpanse),
b: Australopithecine,
c: Moderner Mensch.
(Fotos: Leakey)

großen Hintergebiß (Vormahl- und Mahlzähne) ist. Die Proportionierung des Schädels entspricht der der heutigen Menschenaffen: kleiner Hirnschädel mit einem Innenraumvolumen, das noch in die Variationsbreite der Menschenaffen fällt (Maximum bei Gorilla 685 ccm, bei *Australopithecus* ca. 600 ccm bis 680 ccm), und großer Kieferschädel.

Es lassen sich bis jetzt zwei Typengruppen unterscheiden, die neuerdings als Arten zu der gleichen Gattung *Australopithecus* gestellt werden: Der A *(Australopithecus)*-Typus und der P *(Paranthropus)*-Typus. Sie stellen verschiedene adaptive Ausprägungen dar. Der A-Typus ist etwas weniger robust gebaut und weist einen etwas weniger starken Größenunterschied von Vorder- und Hintergebiß auf als der kräftigere P-Typus. Bei diesem ist die Schläfenmuskulatur zur Bewegung des Kiefer-Gebiß-Apparates so mächtig entwickelt, daß die Hirnschädeloberfläche nicht mehr für ihren Ansatz ausreicht und zum Ausgleich eine mittlere Knochenlamelle auf dem Schädeldach entstanden ist (vgl. Brustbein flugfähiger Vögel!), deren Morphologie aber von der beim Menschenaffen abweicht.

Das stratigraphische Alter dieser so auffallend gestalteten uralten *Hominiden* ist das untere Pleistozän, vielleicht reichen sie auch bis in das untere Mittelpleistozän hinauf. Die absolute Datierung mit der Kalium/Argon-Methode ist in der Oldowai-Schlucht (vulkanisches Material) zu überraschend hohen Werten gelangt. Für das dortige unterste Schichtenpaket (Bed I) ergaben sich Werte in der Größenordnung von 1,5 bis 2 Millionen Jahren! Die Transvaal-Formen wurden früher auf 0,5 bis höchstens 1 Million Jahre geschätzt. Da verschiedene voneinander unabhängige Bestimmungen in Oldowai jetzt in der Größenordnung gut übereinstimmen, müssen wir die Grenze zwischen Pliozän und Pleistozän, die vorher etwa bei einer Million Jahre angesetzt wurde, um eine weitere Million Jahre zurückverlegen. Schon kommen Nachrichten, daß die Datierung der *Archanthropinen* oder Frühmenschen (allgemein als *»Pithecanthropus«* = *Homo erectus* bekannt) absolut-zeitlich wesentlich früher anzusetzen ist als bisher!

Waren nun die *Australopithecinen* bereits *Hominiden*, die das Tier-Mensch-Übergangsfeld durchschritten hatten? Man hat versucht, die Grenze zwischen subhumanem und humanem Status, diesen »Rubikon der Paläoanthropologie«, auf ein Hirnvolumen von 750 bis 800 ccm festzusetzen. Da über die innere Differenzierung des Gehirns eines fossilen *Hominiden* aber natürlich keine Aussage möglich ist und da man aus dem Hirnvolumen allein keinen Schluß auf die Leistungsfähigkeit des Zentralnervensystems ziehen kann, ist das eine völlig willkürliche Grenze. So müssen wir nach anderen Kriterien suchen. Sie sind dann gegeben, wenn Lebensspuren vorliegen, die über die von Tieren bekannten Relikte hinausgehen.

Ich sehe in dem Vorhandensein von artefiziellen, für eine zukünftig beabsichtigte Tätigkeit planmäßig hergestellten[1] Instrumenten das entscheidende Merkmal. Wir nennen solche Instrumente »Geräte«. Geräte können von *Pongiden* (Schimpansen) zwar auch hergestellt werden, aber wohl nur unter experimentellen Bedingungen. Die Schaffung einfachster Geräte im weitesten Sinne, etwa durch das Abstreifen von Blättern von einem Zweig oder durch das Verschmälern eines breiten Grashalms zum Herausholen von Termiten aus ihren Bauten, sind bei *Pongiden* zwar auch im Freiland beobachtet worden. Aber die planmäßige, gezielte Herstellung von Stein- oder Knochengeräten ist allein einem »humanen« *Hominiden* möglich, der das Tier-Mensch-Übergangsfeld hinter sich gelassen hat. Geräte treten nun in mehreren Fällen zusammen mit *Australopithecinen* auf (Sterkfontein und Makapansgat in Transvaal, Oldowai Bed I und unteres Bed II). Nur in Sterkfontein besteht eine schwache Möglichkeit, daß die dort gefundenen Geröllgeräte von einer höher entwickelten Hominidenform (es fanden sich Fragmente einer als »*Telanthropus*« bezeichneten Form) hergestellt worden sind. In Makapansgat ist die vor einiger Zeit geäußerte Hypothese, daß ein höher als die *Australopithecinen* entwickelter *Hominide* der Hersteller der dortigen Knochengerätekultur war, inzwischen praktisch widerlegt worden. Für die Oldowai-Schlucht haben die neuesten Funde LEAKEYS den eindeutigen Beweis erbracht, daß die dortigen *Australopithecinen* vom A-Typus (auch der P-Typus kommt dort vor: »*Zinjanthropus*«) selbst die Gerätehersteller waren.

Neuerdings versuchen LEAKEY und seine Mitarbeiter, diesen Vertreter des A-Typus zur Gattung *Homo* unter dem Artnamen »*habilis*« zu stellen, was allerdings starken Widerspruch hervorgerufen hat. Jedenfalls aber sind die kleinhirnigen *Australopithecinen* der Oldowai-Schlucht die ältesten heute bekannten Gerätehersteller. Daraus aber ergeben sich bestimmte Konsequenzen für ihre psychische Leistungsfähigkeit überhaupt. Man wird *Australopithecus* mit anderen Worten also z. B. auch ein begriffliches Denken in einem gewissen Umfange und die Fähigkeit zu einer primitiven Sprachverständigung zugestehen müssen. Demnach haben wir mit den *Australopithecinen* die ältesten bisher bekannten humanen *Hominiden* vor uns, die das Tier-Mensch-Übergangsfeld passiert hatten und trotz ihrer kleinen Gehirne einen humanen psychophysischen Status besaßen.

Der A-Typus von Oldowai, der uns zuerst 1960 bekannt wurde und dessen Kenntnis durch die glücklichen Neufunde so erheblich vervollständigt wer-

1 Im Gegensatz z. B. zu einem Stein, der so, wie er gefunden wurde, als Faustkeil benutzt wird.

den konnte, zeigt – soweit bekannt – eine Merkmalskombination, die weniger differenziert ist als bei den Transvaal-Vertretern des A-Typus und bei allen bekannten Vertretern des P-Typus. Dies läßt den Schluß zu, daß dieser *Australopithecus habilis* (so müßte man diese Form des A-Typus wohl bezeichnen, falls wirklich eine neue Art dieses Typus vorliegt) der eigentlichen *Homo*-Linie näher stand.

Von der Oldowai-A-Form konnte auch die Struktur der Hand untersucht werden. Sie war im Vergleich zum Fuß weniger perfekt entwickelt. Die Ansicht erscheint plausibel, daß die Geräteherstellung selektiv *die* Mutanten begünstigt hat, die eine erhöhte Geschicklichkeit in der technischen Materialbeherrschung aufwiesen – in der Art einer Rückkoppelung beeinflußten sich so selektionsbegünstigte Mutanten und Technik wechselseitig in positivem Sinne.

Die weiteren phylogenetischen Beziehungen lassen sich zur Zeit etwa so wie in dem Stammschema (Abb. 8) darstellen: Von der Evolutionsstufe der Australopithecinen aus – daran wird kaum noch von einem kompetenten Sachkenner gezweifelt – ist die weitere Evolution der echten »*Homininen*« erfolgt. Die altertümliche Form derselben, die *Archanthropinen* oder Frühmenschen, waren zunächst von dem Status der Urmenschen noch nicht weit entfernt. Die Darstellung der Typenradiation (Auffächerung) dieser echten (Eu-)Homininen im Laufe des Pleistozäns aber würde den Rahmen dieses Berichtes bei weitem überschreiten.

Ich habe hier in erster Linie versucht, die »Entstehung« des Menschen im Sinne seines ersten Erscheinens auf der Erde als Urmensch zu schildern. Wir sahen dabei, daß die *Australopithecinen* Afrikas (auch aus der Nähe des Tschad-Sees ist jetzt ein Fund des A-Typus bekannt) ein Modell dieses Urmenschen bieten. Ob seine Heimat in Afrika lag, ist damit noch nicht entschieden. Vielleicht sind auch die *Australopithecinen* von Norden gekommen. Hierfür könnte sprechen, daß ihre geologisch jüngsten Vertreter am weitesten südlich gefunden wurden, im Transvaal, ihre ältesten dagegen, wie es scheint, am weitesten nördlich, in der Tschad-Gegend. Auch aus Java liegt übrigens ein Kieferrest vor, der anscheinend der P-Gruppe angehört.

Darwin kannte von der fossilen Dokumentierung der Geschichte der *Hominoidea* nur einige Gibbon- und *Dryopithecus*reste. Der Streit um den Neandertaler hatte zu seiner Zeit eben erst begonnen. Auch in seinem 1871 erschienen Buch über »Die Abstammung des Menschen« konnte er sich ausschließlich auf rezent-morphologische Schlüsse stützen. Um so größere Bewunderung verdient seine Prophezeiung, daß die neuen Entdeckungen der Paläontologie auch den Ursprung des Menschen und seine biologische Geschichte erhellen würden. Denn wenn hinsichtlich der fossilen Dokumentierung dieser unserer Geschichte auch noch immer sehr spürbare Lücken bestehen, so gründet sie sich doch längst nicht mehr nur auf Theorien. Was wir heute über unsere Herkunft aus dem Tierreich wissen, kann sich in seinen Grundzügen auf den objektiven Boden der Empirie stützen. Und dieses Wissen zeigt, daß DARWIN auch mit seiner Prophezeiung über die Geschichte des Menschen recht behalten hat.